智能制造系列教材

智能加工车间编程与实践

本书主编：梁伟文　陈　芳

中国劳动社会保障出版社

图书在版编目（CIP）数据

智能加工车间编程与实践 / 梁伟文，陈芳主编. -- 北京：中国劳动社会保障出版社，2020

ISBN 978-7-5167-4492-5

Ⅰ.①智… Ⅱ.①梁…②陈… Ⅲ.①数控机床－程序设计 Ⅳ.①TG659.022

中国版本图书馆 CIP 数据核字（2020）第 111235 号

中国劳动社会保障出版社出版发行

（北京市惠新东街 1 号 邮政编码：100029）

*

北京市艺辉印刷有限公司印刷装订 新华书店经销

787 毫米 ×1092 毫米 16 开本 18.25 印张 358 千字

2020 年 8 月第 1 版 2020 年 8 月第 1 次印刷

定价：46.00 元

读者服务部电话：（010）64929211/84209101/64921644

营销中心电话：（010）64962347

出版社网址：http://www.class.com.cn

内容提要

本书遵循“以‘中国制造2025’为目标，以智能工厂为引领，以‘三向设备[①]’为载体，以技能训练为主线，以核心技术为重点，以能力培养为核心，以基本概念为支撑”的编写思想，以生产步进电动机的智能工厂为蓝本，系统地介绍了智能工厂及智能加工车间认知、智能加工车间机器人的编程与调试、智能工厂数控加工车间的技术基础、智能加工车间的PLC编程与调试、智能加工车间的智能控制，按照“管用、适用、够用”的原则以及“基于工作过程导向”的教学模式重构教学内容，充分体现教材的科学性、先进性、实用性和可操作性。

本书是一本理论与实训一体化的教材，集理论知识、技术应用、工程设计与创新于一体，以步进电动机的端盖加工贯穿始终，内容涵盖了智能教学工厂SX-TF14及智能加工车间组成，上下料机器人的编程与控制，智能工厂数控加工车间数控车床的参数设置和程序编制、程序调试与运行，数控加工车间的PLC编程与调试，智能加工车间的智能控制等技术和知识。

本书内容由浅入深、通俗易懂、注重应用，可作为技工院校、中高职及本科院校机电类、自动化类等专业的理论和实训教材，也可作为技能培训教材，还可供相关工程技术人员参考。

---

① 广东三向科技研究院研制的设备。

前言

随着新一轮工业革命的发展，工业转型的呼声日渐高涨，德国提出了“工业 4.0”规划，美国出台了“再工业化”规划，我国则发布了“中国制造 2025”规划。这些规划的核心都是利用新兴信息化技术来提升工业的智能化应用水平，从而提升工业在全球市场的竞争力。打造具有国际竞争力的制造业，是我国提升综合国力、保障国家安全、建设世界强国的必由之路。在从中国制造到中国创造的跨越中，要更加落实好人才强国战略，加快培育制造业发展急需的经营管理人才、专业技术人才、高技能人才，建设一支素质优良、结构合理的制造业人才队伍，推动实现制造强国的战略目标。为适应现代企业对新型人才的要求，我们在总结了有关 PLC 应用技术、机器人应用技术、传感器应用技术、数控加工技术、物流控制技术、ERP 技术、MES 技术等课程的基础上，编写了适合技工院校、中高职及本科院校的机电类、自动化类及相关专业使用的理论与实训一体化的智能制造系列教材。本套智能制造系列丛书以广东三向科技研究院生产步进电动机的智能工厂作为载体，在编写过程中贯彻以下原则。

（1）在编写思想上，遵循“以能力培养为核心，以技能训练为主线，以基本概念为支撑”，较好地处理了理论与实训的关系。本书以智能工厂的智能加工车间为蓝本，以实际的生产车间数控加工单元的工艺流程和加工单元安装调试为技能训练主线，同时运用机器人编程与调试、数控车床的编程与调试、PLC 的编程与调试、加工车间的智能控制等主要任务，将理论与实训融为一体，互为依托。

（2）在内容选择上，按照“管用、适用、够用”的原则精选内容，教材内容实现了学校和企业的无缝对接。按照“基于工作过程导向”的教学模式编写，每个任务都包括“学习目标”“任务描述”“知识准备”“任务实施”“任务测评”，在“知识准备”中只介绍与技能相关的理论内容，避免了理论知识的广而全。

（3）在内容呈现上，除了传统的纸质图文呈现外，还配套提供了视频等数字化资源，通过扫描纸质教材上相应的二维码即可链接数字资源，实现视觉、听觉的全方位感知，培养及提高读者的学习兴趣。

此外，本书在内容阐述上，力求简明扼要、层次清楚、图文并茂、通俗易懂；在结构编排上，遵循循序渐进、由浅入深的原则；在任务的安排上，强调实用性、可操作性和可选择性。

本书由深圳职业技术学院梁伟文、陈芳担任主编，广东省技师学院郑楚云担任副主编，参与编写的还有阮友德、刘振鹏、宋志刚、张中洲、彭旭辉、钱素娟、李琴、曾珍、罗乔、官伦、叶光显、聂思明等。在编写过程中，得到了阮友德工业自动控制技能大师工作室、广东三向科技研究院及深圳市欧盛自动化公司的大力帮助，在此一并表示感谢。

由于编写时间仓促以及编者水平有限，书中不足之处在所难免，欢迎广大读者提出宝贵的意见和建议。

编者

2020 年 5 月

目录

项目一
智能工厂及智能加工车间认知

智能工厂是利用物联网技术与监控技术，集 ERP（Enterprise Resource Planning，企业资源计划）和 MES（Manufacturing Execution System，制造执行系统）等新兴技术于一体，构建的高效、节能、环保、舒适的人性化工厂。本项目主要学习智能工厂和 SX-TFI4 智能教学工厂及其物流管理的基本架构。

任务 1　智能工厂认知

学习目标

1. 了解“工业 4.0”的概念。
2. 了解智能工厂的概念。
3. 了解“中国制造 2025”规划。
4. 能进行智能工厂架构分析。

任务描述

通过查阅“中国制造 2025”“工业 4.0”和“智能制造”等相关资料，了解“工业 4.0”的概念及“中国制造 2025”规划，在此基础上，通过参观或实际参与 SX-TFI4 智能教学工厂步进电动机的生产，掌握智能工厂的主要组成部分及架构图。

知识准备

一、“工业 4.0”概述

1.“工业 4.0”的概念

“工业 4.0”（Industry 4.0）是指以 CPS（Cyber-Physical Systems，信息物理系统）

为基础，以供应、制造、销售信息的高度数据化、网络化、智能化为标志，最终实现快速、有效、个性化的产品供应。此概念于 2013 年由德国在汉诺威工业博览会上正式提出，其目标是建立一个高度灵活的个性化和数字化的产品与服务的生产模式。在这种模式中，传统的行业界限将消失，并会产生各种新的活动领域和合作形式，创造新价值的过程将发生改变，产业链分工将被重组。德国学术界和产业界认为，“工业 4.0”即是以智能制造为主导的第四次工业革命。

2.“工业 4.0”的由来

人类历史上曾发生过三次工业革命，人们将 18 世纪末引入机械制造设备定义为“工业 1.0”，20 世纪初的电气化定义为“工业 2.0”，始于 20 世纪 70 年代的制造自动化定义为“工业 3.0”，而物联网和制造业服务化迎来了以智能制造为主导的第四次工业革命，即“工业 4.0”，工业革命及其标志性事件如图 1–1–1 所示。

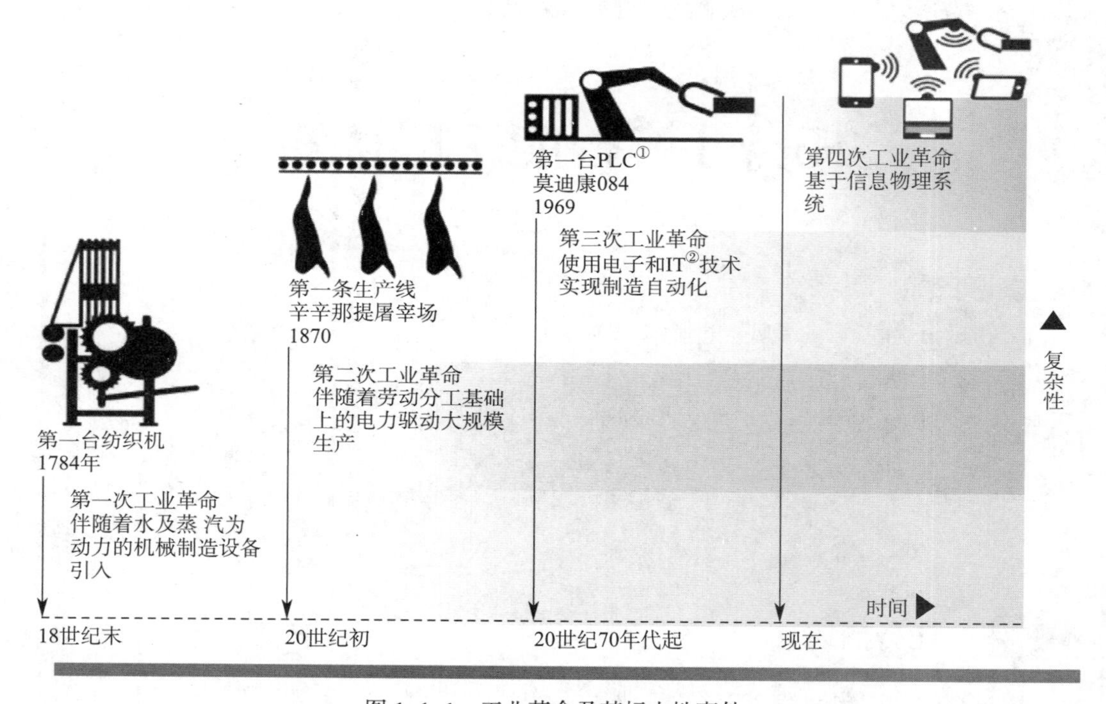

图 1–1–1　工业革命及其标志性事件

3.“工业 4.0”的特点

“工业 4.0”是基于虚拟世界与物理世界的全新制造体系，包含了互联网、工业云、大数据、工业机器人、增材制造、工业网络安全、虚拟现实和人工智能等多方面的技术。“工业 4.0”具有高度自动化、高度信息化和高度网络化三大主要技术特点。

① PLC：Programmable Logic Controller，可编程逻辑控制器。

② IT：Information Technology，信息技术。

4.“工业 4.0”的目标

无论是德国的“工业 4.0”、美国的“再工业化”、日本的“科技工业联盟”、英国的“工业 2050 战略”还是我国的“中国制造 2025”规划，都是为了实现信息技术与制造技术深度融合的数字化、网络化、智能化制造，在未来建立真正的智慧工厂。

未来真正的智慧工厂会是什么样，现在还不能确定，因为随着相关技术的不断发展，智慧工厂的概念也在不断升级进步。但是，有一点是可以肯定的，那就是在未来的智慧工厂里，工人的人身安全将得到最大保障，零污染排放让效益与环境问题不再对立，全球的竞争市场也会彻底改变。真正的智慧工厂需要建立以下四大核心目标：

（1）构建智能物联网

物联网在智慧工厂中是各元素沟通的“桥梁”。物联网数据终端通过传感器的运用，将工厂中的人、机器、物料、产品等联网，实现实时感知、实时指挥、实时监控。每个设备都具备独立自主的能力，可自动完成生产线操作，有效地将订单、指令（ERP、MES 等系统的生产指令）、生产人员、设备、生产时间等信息串联在一起，而在企业以外的应用也可通过各种装置得到相关的产品信息。此外，每个设备都能相互沟通，实时监控周围环境，随时找到问题并加以排除，同时也具有灵活、弹性的生产流程，以满足不同客户的产品需求。

（2）构建自动化物流

自动化物流包括运输、装卸、包装、分拣、识别等作业过程，如自动识别系统、自动检测系统、自动分拣系统、自动存取系统、自动跟踪系统等。这是许多制造业工厂目前重点发展的领域。

（3）构建 VR 工作环境

VR（Virtual Reality，虚拟现实）工作环境的构建是要将实体的工厂运作机制通过信息技术建构的平台，转化成可控制的虚拟环境。这项技术可通过工厂建模的工具将生产中的工单 / 指令、生产设备、产品、物料、生产区域等实体的生产要素转化成可控制的虚拟工厂，通过虚拟工厂的管理与监控，配合感测元件与工厂内的智能设备，不受空间与时间的限制，随时随地掌握工厂生产的相关信息，达到智慧产品、智慧流程、智慧生产的目标。

（4）构建绿色智慧工厂

智慧工厂具有高效节能、绿色环保的特点，将给企业提出节能环保的更高要求（如生产洁净化、废物资源化、能源低碳化等），在可持续发展领域，未来的智慧工厂将会大放异彩。

二、智能工厂概述

随着新一轮工业革命的发展，工业转型的呼声日渐高涨，面对信息技术和工业技术的革新浪潮，业界早已提出了数字化工厂、智能工厂以及智能制造等概念。

1. 数字化工厂

德国工程师协会对数字化工厂的定义如下：数字化工厂（DF，Digital Factories）是由数字化模型、方法和工具构成的综合网络，包含仿真和 3D[①]/ 虚拟现实可视化，通过连续的、没有中断的数据管理集成在一起。数字化工厂集成了产品、过程和工厂模型数据库，通过先进的可视化、仿真和文档管理，以提高产品的质量及生产过程所涉及的质量和动态性能。

在我国，对于数字化工厂接受度最高的定义如下：数字化工厂是在计算机虚拟环境中，对整个生产过程进行仿真、评估和优化，并进一步扩展到整个产品生命周期的新型生产组织方式。数字化工厂是现代数字制造技术与计算机仿真技术相结合的产物，是沟通产品设计和产品制造之间的桥梁。从定义中可以得出一个结论，数字化工厂的本质是实现信息的集成。

2. 智能工厂

从宏观层面而言，智能工厂是在数字化工厂的基础上，利用物联网技术与监控技术，加强信息管理，提高生产过程的可控性，减少人工干预以及合理安排生产流程；同时，集智能手段和智能系统等于一体，构建高效、节能、环保、舒适的人性化工厂。智能工厂已经具有了自主能力，可采集、分析、判断、规划；可自行组成最佳系统，具备协调、重组、扩充功能；还具有自我学习、自行维护的能力。智能工厂具备全局生产管控、生产计划、设备状态、生产统计、工艺指导、生产防错系统、质量管控、物料准时配送、产品及时发运等功能，如图 1-1-2 所示。

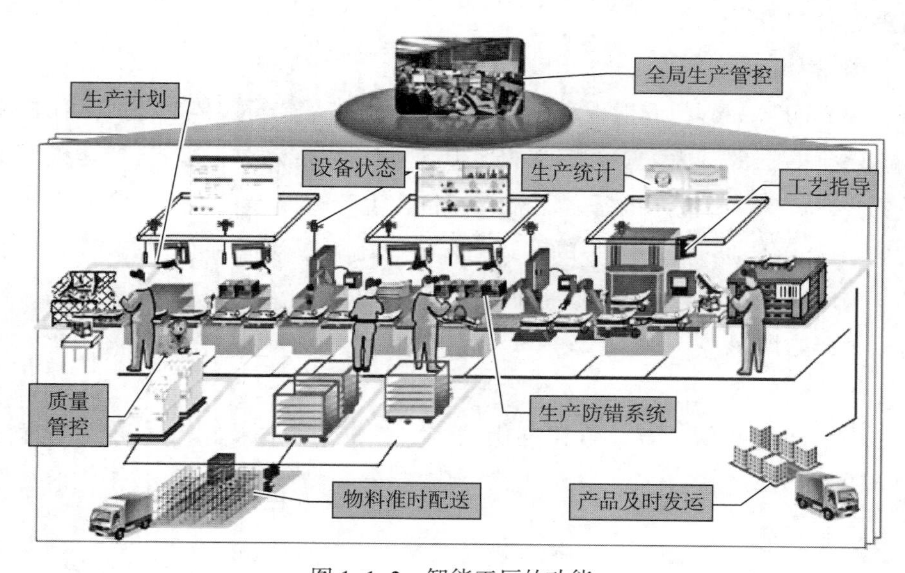

图 1-1-2　智能工厂的功能

① 3D：3 Dimensions，三维。

（1）框架结构

在著名业务流程管理专家奥古斯特－威廉·舍尔（August-Wilhelm Scheer）教授提出的智能工厂框架中，强调了MES系统在智能工厂建设中的枢纽作用，并将智能工厂分为基础设施层、智能装备层、智能产线层、智能车间层和工厂管控层五个层级，图1-1-3所示为智能工厂的框架结构。

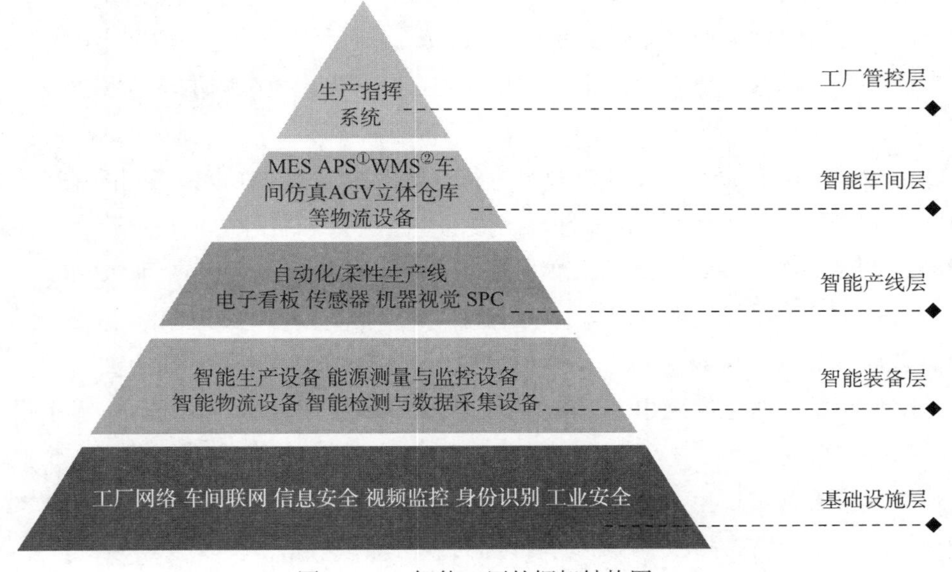

图1-1-3　智能工厂的框架结构图

1）基础设施层。企业首先应当建立有线或者无线的工厂网络，实现生产指令的自动下达和设备与产线信息的自动采集，形成集成化的车间联网环境；解决不同通信协议的设备之间，以及PLC、CNC（Computer Numerical Control，数控机床）、机器人、仪表/传感器和工控/IT系统之间的联网问题；利用视频监控系统对车间的环境和人员行为进行监控、识别与报警；同时，工厂应当在温度、湿度、洁净度的控制和工业安全（包括工业自动化系统的安全、生产环境的安全和人员安全）等方面达到智能化水平。

2）智能装备层。智能装备是智能工厂运作的重要手段和工具。智能装备主要包含智能生产设备、智能检测设备和智能物流设备。智能化的加工中心具有误差补偿、温度补偿等功能，能够实现边检测边加工。智能化的工业机器人通过集成视觉、力觉等传感器，能够准确识别工件、自主进行装配、自动避让障碍物、实现人机协作。金属增材制造设备可以直接制造零件，DMG MORI公司已开发出能够同时实现增材制造和切削加工的混合制造加工中心。智能物流设备则包括自动化立体仓库、智能夹具、

① APS：Adranced Planning and Scheduling，先进生产排产。

② WMS：Warehouse Management System，仓库管理系统。

AGV（Automated Guided Vehicle，自动导引车，又称“小车”）、桁架式机械手、悬挂式输送链等。

3）智能产线层。智能产线的特点是在生产和装配的过程中，能够通过传感器、数控系统或 RFID（Radio Frequency Identification，无线射频识别，俗称电子标签）自动进行生产、质量、能耗、设备绩效等数据采集，并通过电子看板显示实时的生产状态；通过“安灯”（Andon）系统实现工序之间的协作；生产线能够实现快速换模和柔性自动化；能够支持多种相似产品的混线生产和装配，灵活调整工艺，适应小批量、多品种的生产模式；具有一定冗余，如果生产线上有设备出现故障，能够调整到其他设备上进行生产；针对人工操作的工位，能够给予智能的提示。

4）智能车间层。要实现对生产过程进行有效管控，需要在设备联网的基础上，利用 MES、APS、劳动力管理等软件进行高效的生产排产和合理的人员排班，提高设备利用率，实现生产过程的可追溯，减少在制品库存，并应用人机界面（HMI，Human Machine Interface）以及工业平板等移动终端，实现生产过程的无纸化。另外，还可以利用 Digital Twin（数字双胞胎，又称数字映射）技术将 MES 采集到的数据在虚拟的三维车间模型中实时地展现出来，不仅提供车间的 VR 环境，而且还可以显示设备的实际状态，实现虚实融合。车间物流的智能化对于实现智能工厂至关重要。企业需要利用智能物流装备实现生产过程中所需物料的及时配送，可以用 DPS（Digital Picking System，电子标签拣选系统）实现物料拣选的自动化。

5）工厂管控层。工厂管控层主要功能是实现对生产过程的监控，通过生产指挥系统实时洞察工厂的运营，实现多个车间之间的协作和资源的调度。目前，流程制造企业已广泛应用 DCS（Distributed Control System，分散控制系统）或 PLC 控制系统进行生产管控。近年来，离散制造企业也开始建立中央控制室，实时显示工厂的运营数据和图表，显示设备的运行状态，并可以通过图像识别技术对视频监控中发现的问题进行自动报警。

（2）管理系统的组成

智能工厂的管理系统通常包括 ERP、PLM（Product Lifecycle Management，产品生命周期管理）、SCM（Supply Chain Management，供应链管理）、CRM（Customer Relationship Management，客户关系管理）、MES 五大管理系统。

1）ERP（企业资源计划）是一种主要面向制造行业进行物质资源、资金资源和信息资源集成一体化管理的企业信息管理系统。ERP 是一种以管理会计为核心，可以提供跨地区、跨部门，甚至跨公司整合实时信息的企业管理软件，是针对物资资源管理（物流）、人力资源管理（人流）、财务资源管理（财流）、信息资源管理（信息流）集成一体化的企业管理软件。ERP 具有整合性、系统性、灵活性、实时控制性等显著特点，能将系统的物资、人才、财务、信息等资源整合调配，实现企业资源的合理分配和利用。ERP 作为一种管理工具存在的同时也体现着一种管理思想。

2）PLM（产品生命周期管理）对产品的整个生命周期（包括投入期、成长期、成熟期、衰退期、结束期）进行全面管理，通过投入期的研发成本最小化和成长期至结束期的企业利润最大化来达到降低成本和增加利润的目标。

3）SCM（供应链管理）主要通过信息手段，对供应各环节中的各种物料、资金、信息等资源进行计划、调度、调配、控制与利用，形成用户、零售商、分销商、制造商、采购供应商全部供应过程的功能整体。

4）CRM（客户关系管理）作为一种实施于企业的市场营销、销售、服务与技术支持等与客户相关领域的新型管理机制，极大地改善了企业与客户之间的关系。CRM 系统可以及时获取客户需求并为客户提供服务，以使企业减少“软”成本。

5）MES（制造企业生产过程执行管理系统）是一套面向制造企业车间执行层的生产信息化管理系统。其可以为企业提供包括制造数据管理、计划排程管理、生产调度管理、库存管理、质量管理、人力资源管理、工作中心 / 设备管理、工具工装管理、采购管理、成本管理、项目看板管理、生产过程控制、底层数据集成分析、上层数据集成分解等管理模块，为企业打造一个扎实、可靠、全面可行的制造协同管理平台。

上面介绍的各系统不是简单的一款软件或者一款工具，而是在信息化时代企业管理、统筹规划、提高效率的一种管理思想，是针对相似流程、相似问题的一种成熟的解决方案。

（3）网络结构

智能工厂的网络结构包括了应用层、存储层、数据采集层（即数采层）、设备层四个层次，其网络结构如图 1–1–4 所示。

（4）智能工厂的特征

仅有自动化生产线和工业机器人的工厂还不能称为智能工厂。智能工厂不仅生产过程应实现自动化、透明化、可视化、精益化，在产品检测、质量检验和分析、生产物流等环节也应当与生产过程实现闭环集成，而且，工厂车间与车间之间也要实现信息共享、准时配送、协同作业。智能工厂具有以下六个显著特征：

1）设备互联。能够实现设备与设备互联，通过与设备控制系统集成，以及外接传感器等方式，由 SCADAS（Supervisory Control and Data Acquisition System，数据采集与监控系统）实时采集设备的状态及生产完工的信息、质量信息，并通过应用 RFID、条码（一维和二维）等技术，实现生产过程的可追溯。

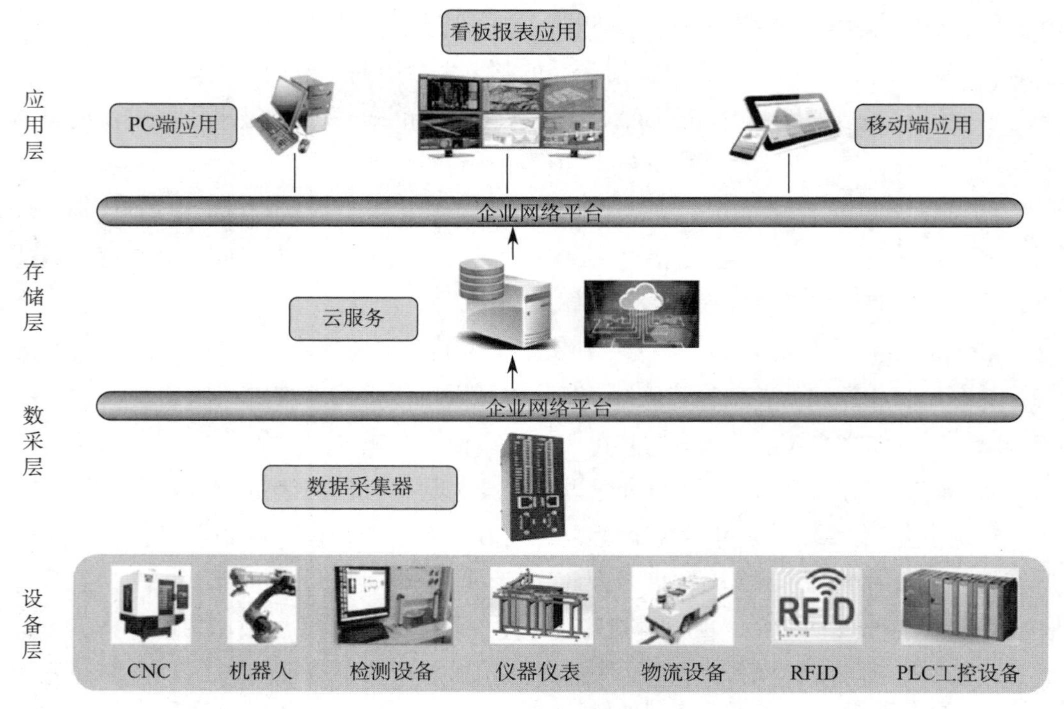

图 1-1-4　智能工厂网络结构

2）广泛应用工业软件。广泛应用 MES、APS、能源管理、质量管理等工业软件，实现生产现场的可视化和透明化。在新建工厂时，可以通过数字化工厂仿真软件进行设备和生产线布局、工厂物流和人机工程等仿真，确保工厂结构合理。在推进数字化转型的过程中，必须确保工厂的数据安全以及设备和自动化系统的安全。当通过专业检测设备检出次品时，不仅要能够使其自动与合格品分流，而且能够通过 SPC（Statistical Process Control，统计过程控制）等软件，分析出现质量问题的原因。

3）充分结合精益生产理念。充分体现工业工程和精益生产的理念，能够实现按订单驱动、拉动式生产，尽量减少在制品库存，消除浪费。推进智能工厂建设要充分结合企业产品和工艺特点。在研发阶段也需要大力推进标准化、模块化和系列化，奠定推进精益生产的基础。

4）实现柔性自动化。结合企业的产品和生产特点，持续提升生产、检测和工厂物流的自动化程度。产品品种少、生产批量大的企业可以实现高度自动化，乃至建立"黑灯工厂"（即无人化智慧工厂）；小批量、多品种的企业则应当注重少人化、人机结合，不盲目推进自动化，注重建立智能制造单元。工厂的自动化生产线和装配线充分考虑冗余，避免了由于关键设备出现故障而停线；同时，充分考虑如何快速换模，使工厂能够适应多品种的混线生产。工厂物流自动化对于实现智能工厂至关重要，企业可以通过 AGV、桁架式机械手、悬挂式输送链等物流设备实现工序之间的物料传递，并配置物料超市，尽量将物料配送到生产线边。工厂质量检测的自动化也非常重要，机器视觉在智能工厂的应用将会越来越广泛。此外，还考虑了如何使用助力设备，以减轻工人劳动强度。

5）注重环境友好，实现绿色制造。能够及时采集设备和生产线的能源消耗，实现能源高效利用和废料的回收和再利用。在存在危险和污染的环节，优先用机器人替代人工，以保障工人的人身安全。

6）可以实现实时洞察。从生产排产指令的下达到完工信息的反馈，全流程实现闭环。通过建立生产指挥系统，实时洞察工厂的生产、质量、能耗和设备状态信息，避免非计划性停机。通过建立工厂的 Digital Twin（数字映射），方便洞察生产现场的状态，辅助各级管理人员做出正确决策。

智能工厂的建设充分融合了信息技术、先进制造技术、自动化技术、通信技术和人工智能技术。每个企业在建设智能工厂时，都应该考虑如何能够有效融合这五大领域的新兴技术，并与企业的产品特点和制造工艺紧密结合，确定自身智能工厂的推进方案。

3. 智能制造

智能工厂是在数字化工厂基础上的升级，但是与智能制造还有很大差距。智能制造系统在制造过程中能进行智能活动，如分析、推理、判断、构思和决策等。它可以通过人与智能机器的合作，去扩大、延伸和部分取代技术专家在制造过程中的脑力劳动，把制造自动化扩展到柔性化、智能化和高度集成化。

智能制造系统不仅是人工智能系统，更是人机一体化智能系统，是混合智能。该系统可独立承担分析、判断、决策等任务，突出人在制造系统中的核心地位，同时在智能机器配合下，更好地发挥人的潜能。在系统中，机器智能和人的智能真正地集成在一起，互相配合，相得益彰，其本质就是人机一体化。智能制造的特征包括了产品智能化、装备智能化、生产方式智能化、管理智能化和服务智能化五个方面。

任务实施

学习并了解智能工厂的架构，教师组织学生分组，每小组由 4 ~ 6 名学员组成，选定 1 名学习组长（负责组织和分配任务）、1 名学习监督员（负责检查和记录学习情况），完成以下学习任务。

（1）查阅资料，了解德国、美国、中国在先进制造方面的相关规划。

（2）分析图 1–1–5 和图 1–1–6 所示某智能工厂的架构图，描述图中各系统或设备之间的关系。

（3）写出自己对中国“工业 4.0”规划的认识。

（4）根据自身认知，规划并设计心目中智能工厂的架构图。

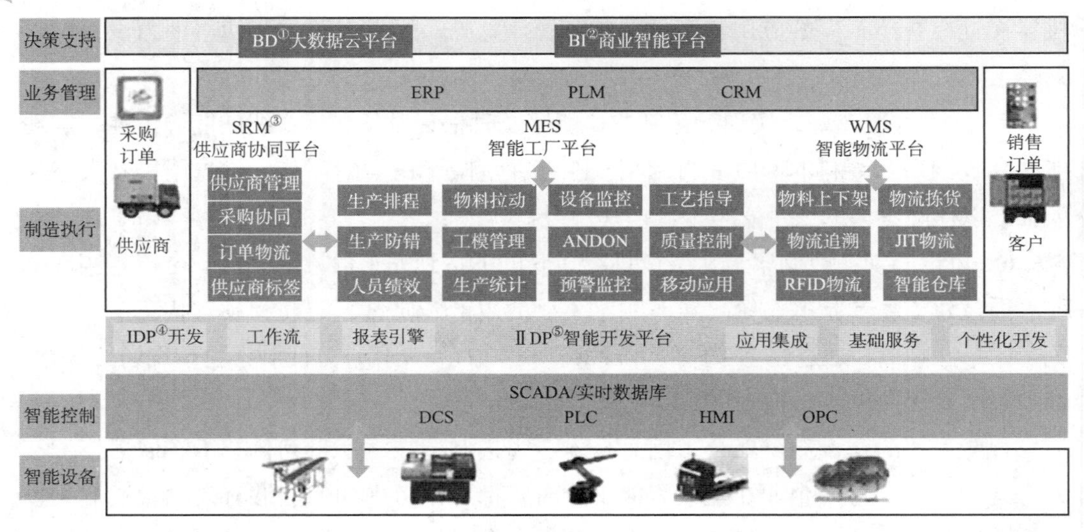

图 1-1-5 某智能工厂的架构图（1）

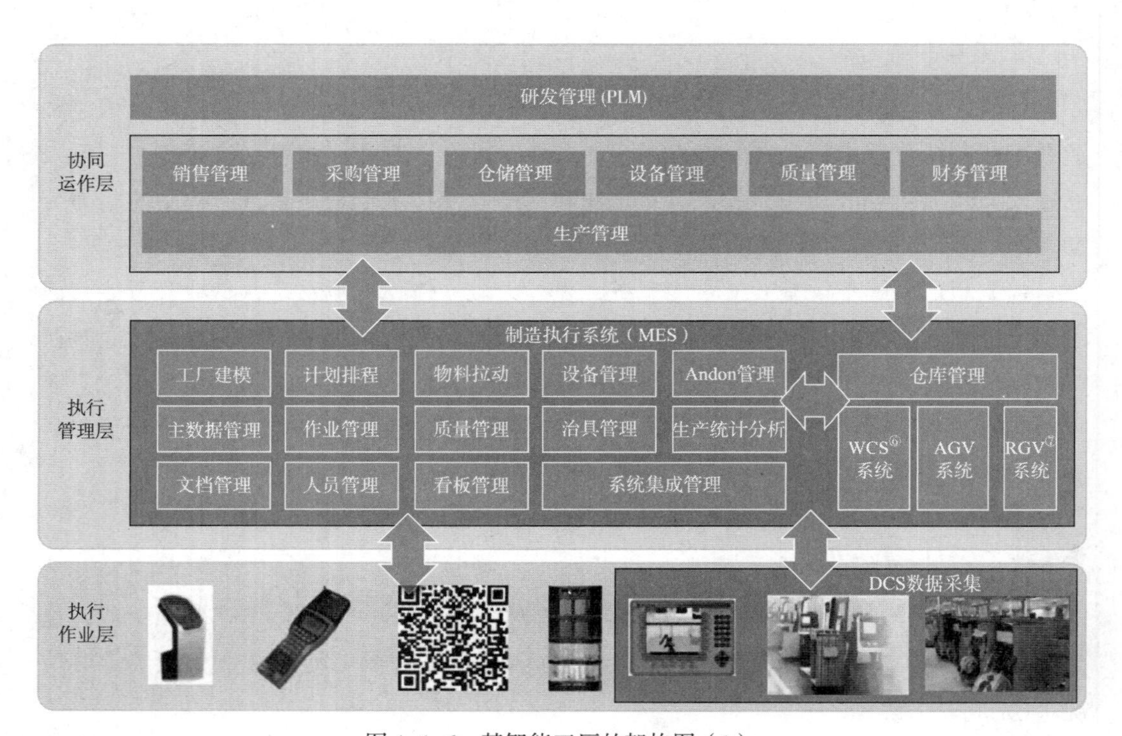

图 1-1-6 某智能工厂的架构图（2）

---

① BD：Big Data，大数据。
② BI：Business Intelligence，商业智能。
③ SRM：Supplier Relationship Management，供应商关系管理。
④ IDP：Integrated Development Platform，集成开发平台。
⑤ IIDP：Intelligence Integrated Development Platform，智能集成开发平台。
⑥ WCS：Warehouse Control System，仓库控制系统。
⑦ RGV：Rail Guided Vehicle，有轨制导车辆。

任务测评

在完成本任务的学习后，严格按照表 1-1-1 的要求，完成自我评价、小组评价和教师评价。

表 1-1-1　　　　任务测评表

<table>
<tr><td>组别</td><td></td><td>组长</td><td></td><td>组员</td><td colspan="3"></td></tr>
<tr><td colspan="4">评价内容</td><td>分值</td><td>自我评价
（30%）</td><td>小组评价
（30%）</td><td>教师评价
（40%）</td></tr>
<tr><td rowspan="4">职业素养
（30%）</td><td colspan="3">1. 出勤准时率</td><td>6</td><td></td><td></td><td></td></tr>
<tr><td colspan="3">2. 学习态度</td><td>6</td><td></td><td></td><td></td></tr>
<tr><td colspan="3">3. 承担任务量</td><td>8</td><td></td><td></td><td></td></tr>
<tr><td colspan="3">4. 团队协作性</td><td>10</td><td></td><td></td><td></td></tr>
<tr><td rowspan="4">专业能力
（70%）</td><td colspan="3">1. 工作准备的充分性</td><td>10</td><td></td><td></td><td></td></tr>
<tr><td colspan="3">2. 对德国、美国、中国的“工业 4.0”规划的认识</td><td>25</td><td></td><td></td><td></td></tr>
<tr><td colspan="3">3. 对图 1-1-5 和图 1-1-6 的分析</td><td>20</td><td></td><td></td><td></td></tr>
<tr><td colspan="3">4. 设计中国版智能工厂的架构图</td><td>15</td><td></td><td></td><td></td></tr>
<tr><td colspan="4">总计</td><td>100</td><td></td><td></td><td></td></tr>
<tr><td colspan="4" rowspan="3">个人的工作时间</td><td>提前完成</td><td colspan="3"></td></tr>
<tr><td>准时完成</td><td colspan="3"></td></tr>
<tr><td>滞后完成</td><td colspan="3"></td></tr>
<tr><td colspan="4">个人认为完成得好的地方</td><td colspan="4"></td></tr>
<tr><td colspan="4">值得改进的地方</td><td colspan="4"></td></tr>
<tr><td colspan="4">小组综合评价</td><td colspan="4"></td></tr>
<tr><td colspan="4">组长签名：</td><td colspan="4">教师签名：</td></tr>
</table>

任务 2　智能教学工厂及智能加工车间认知

学习目标

1. 了解 SX-TFI4 智能教学工厂的组成。
2. 掌握智能数控加工车间的组成。
3. 掌握智能数控加工车间各组成部分的作用。
4. 了解智能数控加工单元的工作流程。

任务描述

学员通过参观 SX-TFI4 智能教学工厂或观看相关视频（扫描二维码可观看“工业 4.0”智能教学工厂视频），了解 SX-TFI4 智能教学工厂的架构，能说出 SX-TFI4 智能教学工厂的主要硬件、软件及其主要功能，掌握物流输送系统的基本设备组成及其作用。

“工业 4.0”智能教学工厂视频

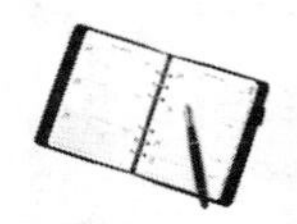

知识准备

一、SX-TFI4 智能教学工厂概述

SX-TFI4 智能教学工厂是广东三向科技研究院研发的基于“工业 4.0”的智能教学工厂，包括一个智能服务中心、一个智能控制中心、一个智能加工车间、一个智能装配车间、一个智能仓储车间、若干台 AGV 运输小车以及 MES 系统和 ERP 管理系统。若按产品的生产流程，则该智能教学工厂又可分为智能服务中心、智能控制中心、智能原料仓库、智能加工区、智能绕线区、智能装配区、智能检测区、智能包装区、智能成品仓库 9 个部分，SX-TFI4 智能教学工厂总体布局如图 1-2-1 所示。该智能教学

工厂将智能控制、网络通信、信息安全、信息物联、大数据识别、虚拟仿真等技术融为一体，集成了下单、加工、组装、检测、包装、物流和仓储等生产工序，能进行35A、35B、42A、42B 共 4 种型号步进电动机的生产，实现了客户下单、虚拟仿真设计、产品生产、质量管控、产品配送等环节的自动化、信息化与智能化，体现了“工业 4.0”的先进理念和“中国制造 2025”的先进技术。

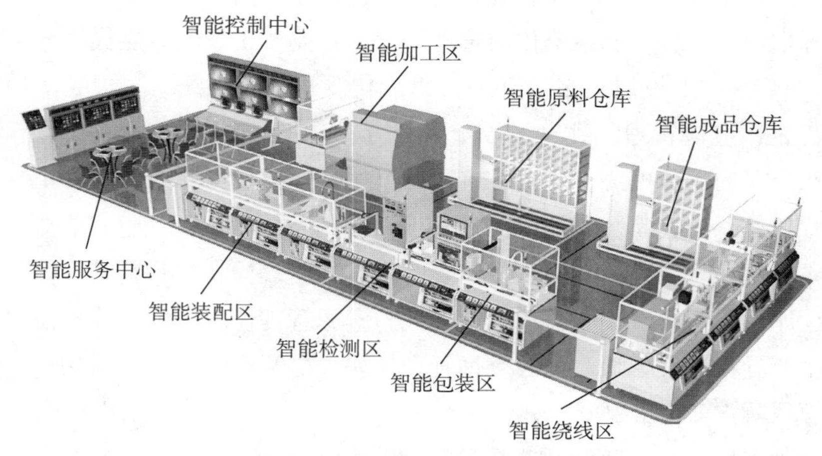

图 1-2-1 SX-TFI4 智能教学工厂总体布局

1. **智能服务中心**

智能服务中心由硬件和软件两部分组成，硬件部分包括人机交互式触控机、下单机和移动终端（如 PC、手机、平板电脑等），软件部分使用工业设备物联网软件系统。PROFINET 是新一代基于工业以太网技术的自动化总线标准，为自动化通信领域提供了一个完整的网络解决方案，囊括了诸如实时以太网、运动控制、分布式自动化、故障安全以及网络安全等当前自动化领域的热点话题，并且，作为跨供应商的技术，可以完全兼容工业以太网和现有的现场总线（如 PROFIBUS）技术。SX-TFI4 智能教学工厂通过 MES 加强 MRP（Material Requirement Planning，物料需求计划）的执行功能，把 MRP 同车间作业现场控制通过执行系统联系起来。利用全公司范围内应用的、高度集成的 ERP 系统，使数据在各业务系统之间实现高度共享，所有源数据只需在某一个系统中输入一次，保证了数据的一致性，对公司内部业务流程和管理过程进行了优化，从而使主要的业务流程实现自动化。

2. **智能控制中心**

智能控制中心由硬件和软件两部分组成，其硬件部分主要由智能控制墙、控制台、中央控制柜、主配电柜和无线路由器五大部分组成。智能控制墙包含屏幕及其监控系统，其中，监控系统主要包括前端视频采集系统（摄像机、镜头、云台和智能球形摄像机等）、视频传输系统（传输线缆、光纤传输、同轴电缆传输、网线传输、无线传输和光端机等）和终端显示系统（DVR 硬盘录像系统、视频矩阵、画面处理器、切换器和分配器远程拓展系统等）。控制台主要由操作台、工业计算机、服务器、普通计算机、移动终端（手机或者平板计算机）组成。中央控制柜主要由主站 PLC、主站触摸屏等组成。主配电柜主要给整个 SX-TFI4 智能教学工厂进行供配电。无线路由器用于 SX-TFI4 智能教学工厂各设备的信息互联。

智能控制中心的软件部分主要由 ERP 和 MES 系统构成。ERP 系统是一套面向制造企业车间执行层的生产信息化管理系统，是指建立在信息技术基础上、集信息技术与先进管理思想于一身、以系统化的管理思想为企业员工及决策层提供决策手段的管理平台。它是从 MRP 发展而来的新一代集成化管理信息系统，扩展了 MRP 的功能。其核心思想是供应链管理，跳出了传统企业边界，从供应链范围去优化企业的资源，优化了现代企业的运行模式，反映了市场对企业合理调配资源的要求。MES 即制造企业生产过程执行系统，是一套面向制造企业车间执行层的生产信息化管理系统。MES 主要由 App 移动端模块、订单管理模块、智能看板管理模块、物料管理模块、基础信息模块、仓库管理模块、实时监控模块、人力资源管理模块、生产管理模块、设备管理模块、生产异常处理模块、报表查询管理模块、电子作业指导书模块、故障分析模块、系统管理模块等模块组成。

智能控制中心是 SX-TFI4 智能教学工厂的控制中枢，主要有监控管理设备、显示反馈信息等功能。其功能是对“客户下单、产品加工、组装、检测、包装、物流和仓储”等生产工序进行实时监控和管理，能实现客户下单、虚拟仿真设计、产品生产、质量监控、产品配送等环节的信息化与智能化。详细情况参见系列教材《智能工厂信息化管理与实践》。

3. 智能加工车间

智能加工车间包括智能加工区和智能绕线区。智能加工区中主要进行的是将输送带上的原材料通过机器人上料、机床对零部件进行柔性加工和清洗以及下料和送料的过程，即完成步进电动机前后端盖、转轴等的加工和清洗。智能绕线区主要完成步进电动机定子绕组的绕制。

4. 智能装配车间

智能装配车间包括智能装配区和智能检测区。智能装配区由智能装配单元、智能拧螺钉单元和智能充磁单元组成，主要完成步进电动机的组装工作。智能检测区主要完成步进电动机装配后的性能检测工作。

（1）轴承装配单元

轴承装配单元将步进电动机的转子、前后轴承、前后橡胶垫片按照一定的工艺要求组装到一起，成为步进电动机生产过程中的半成品即转子组件，然后通过机器人的搬运进入下一道工序——整机装配单元。

（2）整机装配单元

整机装配单元将步进电动机的转子组件、前后端盖、定子、波纹垫片按照一定的工艺要求组装在一起，成为步进电动机生产过程中的半成品即电动机组件，然后通过托盘送到下一单元——拧螺钉单元。

（3）拧螺钉单元

电动机装配完成后，托盘将电动机组件经输送带送到拧螺钉单元，搬运机构将电动机组件搬运到拧螺钉平台，机器人用电动旋具给步进电动机的 4 个角拧上螺钉进行紧固，然后经机器视觉系统进行外观检测，不良品经 AGV 小车运往废品区，合格品则流入下一道工序——充磁单元。

（4）充磁单元

拧好电动机螺钉后，托盘将紧固好的电动机经输送带送到充磁单元，充磁单元的龙门机械手将紧固好的电动机搬运到充磁机进行充磁，充磁完成后，龙门机械手再将充好磁的电动机搬运到托盘，流入下一道工序——检测单元。

（5）检测单元

电动机充好磁后，托盘将电动机经输送带送到检测单元，检测单元的龙门机械手将电动机搬运到检测系统进行检测，检测完成后，龙门机械手再将检测好的电动机搬运到托盘，流入智能包装单元。

详细情况参见系列教材《智能装配车间编程与实践》。

5. 智能仓储车间

智能仓储车间包括原材料仓库单元、物料包装单元和成品仓库单元。原材料仓库单元在整个系统中起着向系统的其他单元提供原料的作用。物料包装单元接收由检测单元运送来的步进电动机成品，并由激光打标机对其进行激光打标，打好标后再由四轴机器人打包。成品仓库单元用于接收已经加工完成及包装好的步进电动机，实现成品及废品的分类存储。

6. AGV 小车

AGV 通常也称为 AGV 小车，是指装备有电磁或光学等自动导引装置，能够按照规定的导引路径行驶，具有安全保护以及各种移载功能的运输车辆。它具有自动化程度高、方便美观、操作安全等优点。AGV 小车由机械系统、动力系统、控制系统组成，其中，机械系统由车体、车轮、移载装置、安全装置及转向装置等组成；动力系统由运行电动机、转向电动机、移载电动机、蓄电池及充电装置等组成；控制系统由驱动控制装置、转向控制装置、移载控制装置、信息传输及处理装置等组成。

二、智能数控加工车间组成

智能数控加工车间主要由数控机床、机器人、清洗单元、输送带等部分组成。其主要作用是机器人将输送带上的原材料进行上料，机床对零部件进行柔性加工，机器人将加工好的零件进行下料并放入清洗单元供清洗，机器人将清洗好的零件放入输送带进行送料。智能数控加工车间的效果图和现场图如图 1–2–2 和图 1–2–3 所示。

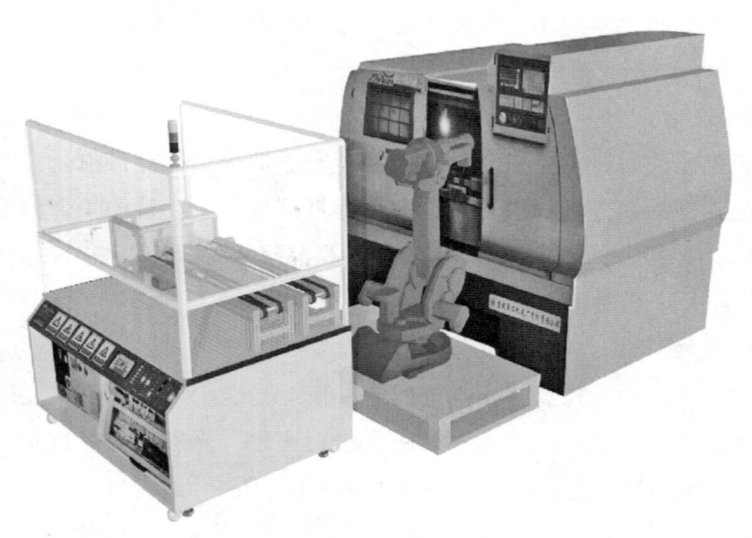

图 1–2–2　智能数控加工车间效果图

图 1–2–3　智能数控加工车间现场图

智能数控加工车间各部分的作用如下。

1. 数控车床

智能数控加工车间中数控车床的作用主要是进行零件加工。在本任务中，加工的零件是不同类型步进电动机的前、后端盖，数控车床能根据待加工的电动机端盖所属的不同电动机类型选择与之相对应的加工程序进行加工。本系统所用的数控车床型号为 GSK980TDb，如图 1–2–4 所示。

图 1–2–4　智能数控加工车间的数控车床

2. 工业机器人

智能数控加工车间采用 ABB 六轴工业机器人，机器人在整个加工模块中所承担的任务如下：

（1）把待加工的前、后端盖物料从物料输送线上夹起并放在数控车床的卡盘内。

（2）把加工完成的前、后端盖从数控车床的卡盘中取出并放在清洗工作单元中。

（3）把清洗完毕的前、后端盖从清洗工作单元夹起并放在产品输送线上。

ABB 六轴工业机器人型号为 IRB1410，其外观如图 1–2–5 所示。

3. 清洗单元

清洗单元的主要任务是把加工完毕的前、后端盖用清洗液进行清洗，然后用气枪吹干净。智能数控加工车间的清洗单元外观和清洗槽如图 1–2–6 及图 1–2–7 所示。

清洗单元包含两条输送带，一条输送带将 AGV 小车送来的前、后端盖输送进来，停至某个点供六轴机器人夹取，以进行加工；另一条输送带将加工、清洗好的前、后端盖逆向输送出去，以供 AGV 小车输送至下一个工序。智能数控加工车间清洗单元输送带如图 1–2–8 所示。

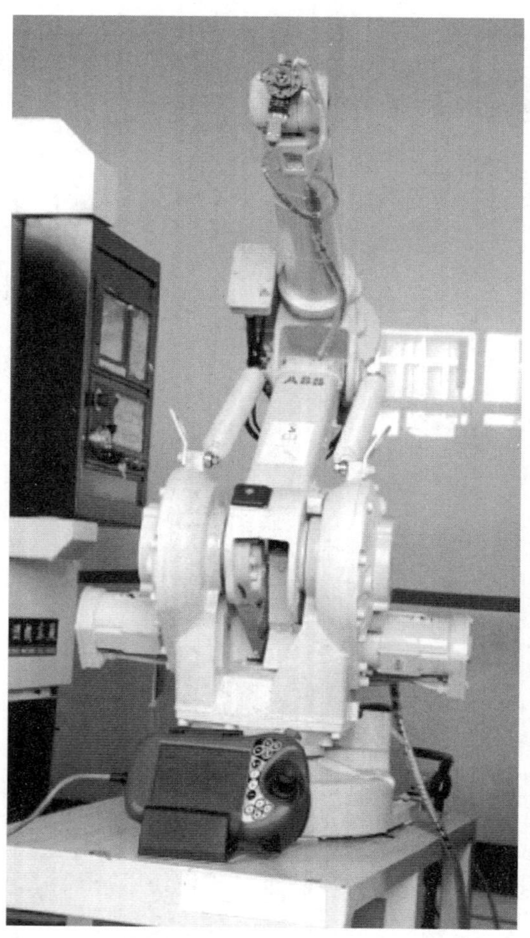

图 1-2-5　智能数控加工模块的六轴工业机器人

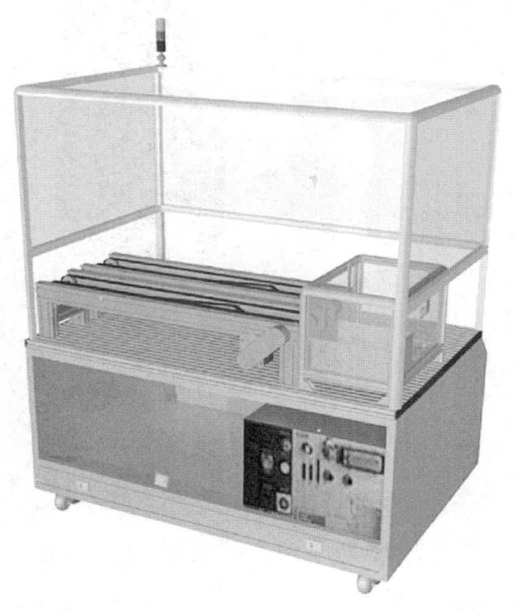

图 1-2-6　智能数控加工车间的清洗单元外观

图 1-2-7　智能数控加工车间清洗单元的清洗槽

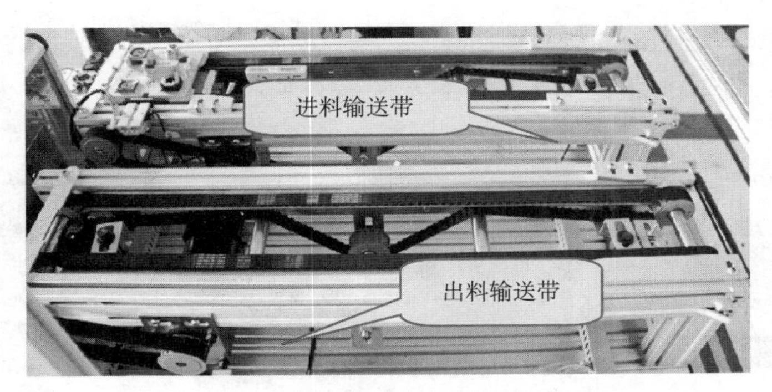

图 1-2-8 智能数控加工车间清洗单元的输送带

三、智能数控加工单元的工作流程

智能数控加工单元的控制部分由 S7-300 PLC、触摸屏、数控机床、输送带、ABB 六轴机器人、清洗单元及 RFID 读写器组成。智能数控加工单元的工作流程如图 1-2-9 所示。

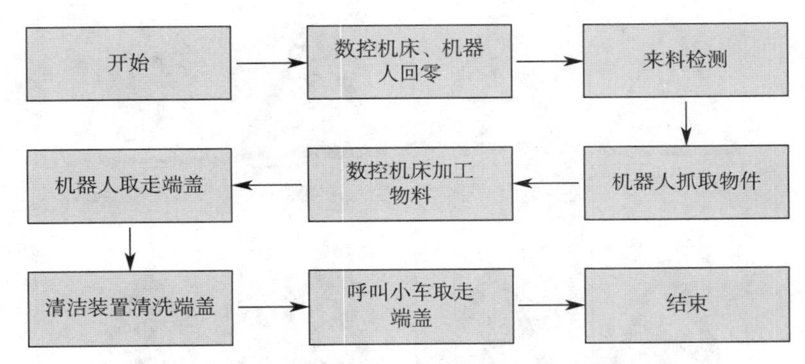

图 1-2-9 智能数控加工单元的工作流程图

本加工单元共可生产 4 种型号电动机的前后端盖，分别为 35A 型、35B 型、42A 型及 42B 型。加工单元工作开始时，数控机床和机器人先分别回零点，当有物料通过进料输送带运送过来时，RFID 读写器读取物料编码信息，判断所要加工的端盖的型号，然后 ABB 六轴工业机器人将端盖从进料输送带上取走并放到 GSK980TDb 数控车床的加工位置，S7-300 PLC 针对待加工端盖的型号调用相应的数控加工程序，并将加工程序通过 PROFINET 及 I/O 总线传递给 GSK980TDb 数控车床，数控车床运行加工指定程序对前后端盖进行精加工，加工完成后的零件由 ABB 六轴工业机器人及输送带组成的上下料机器人输送到清洗单元。最后工业机器人将加工好的端盖零件放到出料输送带并呼叫 AGV 小车将端盖零件取走。

任务实施

参观 SX-TFI4 智能教学工厂，教师组织学员分组，每小组由 4～6 名学员组成，选定 1 名组长（负责组织和分配任务）、1 名安全监督员（负责操作时的安全监督和记录），完成如下的学习任务。

一、参观时请注意图 1–2–10 所示的安全警示标志，并说出其含义。

图 1–2–10　安全警示标志

二、参观时注意图 1–2–11 所示的安全等级标志，并说出分别适用于什么场合。

图 1–2–11　安全等级标志

三、参观时，拍照并学习生产车间的相关工作制度和安全管理制度。

四、参观时，对照图 1–2–1 所示的智能教学工厂总体布局图，找到对应的实物，并拍照学习。

五、观察 SX–TFI4 智能教学工厂的运行，对设备的工作流程有初步的认识，并录像学习。

任务测评

在完成本任务的学习后，严格按照表 1–2–1 的要求，完成自我评价、小组评价和教师评价。

表 1–2–1　任务测评表

<table>
<tr><td>组别</td><td></td><td>组长</td><td></td><td>组员</td><td colspan="3"></td></tr>
<tr><td colspan="4">评价内容</td><td>分值</td><td>自我评价
（30%）</td><td>小组评价
（30%）</td><td>教师评价
（40%）</td></tr>
<tr><td rowspan="4">职业素养
（30%）</td><td colspan="3">1. 出勤准时率</td><td>6</td><td></td><td></td><td></td></tr>
<tr><td colspan="3">2. 学习态度</td><td>6</td><td></td><td></td><td></td></tr>
<tr><td colspan="3">3. 承担任务量</td><td>8</td><td></td><td></td><td></td></tr>
<tr><td colspan="3">4. 团队协作性</td><td>10</td><td></td><td></td><td></td></tr>
<tr><td rowspan="5">专业能力
（70%）</td><td colspan="3">1. 工作准备的充分性</td><td>10</td><td></td><td></td><td></td></tr>
<tr><td colspan="3">2. 画出 SX–TFI4 智能教学工厂的架构图，功能完整，层次性好</td><td>20</td><td></td><td></td><td></td></tr>
<tr><td colspan="3">3. 列出 SX–TFI4 智能教学工厂智能加工车间的主要设备名称和作用</td><td>20</td><td></td><td></td><td></td></tr>
<tr><td colspan="3">4. 总结展示清晰、有新意</td><td>10</td><td></td><td></td><td></td></tr>
<tr><td colspan="3">5. 安全文明生产</td><td>10</td><td></td><td></td><td></td></tr>
<tr><td colspan="4">总计</td><td>100</td><td></td><td></td><td></td></tr>
<tr><td colspan="4" rowspan="3">个人的工作时间</td><td>提前完成</td><td colspan="3"></td></tr>
<tr><td>准时完成</td><td colspan="3"></td></tr>
<tr><td>滞后完成</td><td colspan="3"></td></tr>
<tr><td colspan="4">个人认为完成得好的地方</td><td colspan="4"></td></tr>
<tr><td colspan="4">值得改进的地方</td><td colspan="4"></td></tr>
<tr><td colspan="4">小组综合评价</td><td colspan="4"></td></tr>
<tr><td colspan="4">组长签名：</td><td colspan="4">教师签名：</td></tr>
</table>

项目二
智能加工车间机器人的编程与调试

任务 1　上下料机器人控制参数设置

学习目标

1. 了解上下料机器人的结构和各项参数。
2. 掌握上下料机器人与数控加工车床及 PLC 的 I/O 通信设置。
3. 掌握上下料机器人初始化的设置方法。
4. 熟练掌握示教器的操作方法。

任务描述

本任务根据工业机器人上下料运动的特点，利用示教器完成机器人与数控加工车床及 PLC 的 I/O 通信设置，并根据运动规划完成坐标系的设置。

知识准备

一、机器人上下料控制系统组成

机器人上下料控制系统主要由一台数控车削中心、一台 ABB 公司 IRB1410 六轴工业机器人、一套传送工作台、一台清洗设备、两套气动夹具、一套西门子 PLC 控制器组成，如图 2–1–1 所示。其工作过程是由 PLC 控制输送带将原材料送到传送工作台指定位置，机器人在传送工作台上抓取工件，将其搬运到数控车床上，等待加工完成；当工件加工完成后，将已经加工完成的工件从数控车床上取下，放到清洗台上进行清洗吹干，再放到托盘上，更换夹具，将托盘放置在输送带上，以便于下一工位进行处理。

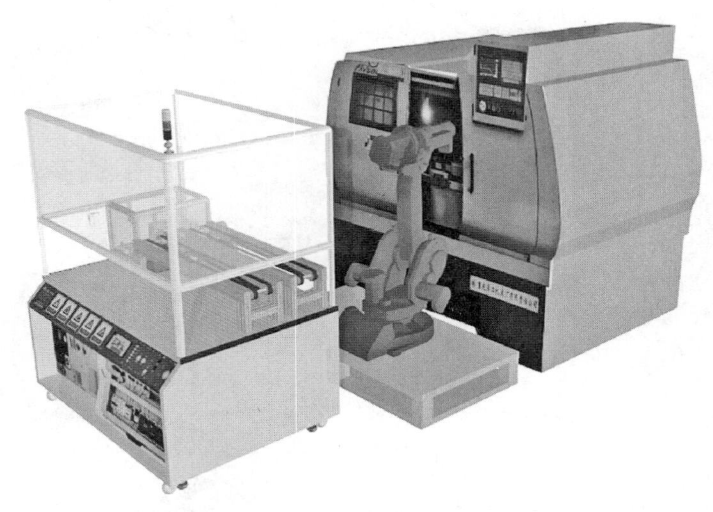

图 2-1-1　机器人上下料控制系统组成示意图

在数控车床、ABB 工业机器人、PLC 组成的加工控制系统中，数控车床、机器人和 PLC 分别在各自的控制系统下工作，因此，它们之间的协调工作就成了一个重要问题。要保证机器人在数控车床加工、PLC 运送物料时准确无误地上下料，需考虑以下几个方面：

1. 完成工业机器人与数控车床、PLC 之间的通信。

2. 设置工业机器人的坐标系。

3. 规划工业机器人上下料的运动轨迹，目标点示教，设计流程图及编写运动程序，程序调试。

二、ABB 公司 IRB1410 六轴工业机器人简介

1. ABB IRB1410 工业机器人的基本组成

ABB IRB1410 工业机器人主要由本体、驱动系统和控制系统三部分组成。本体即机座和执行机构（机械手）；驱动系统包括动力装置和传动机构，用以使执行机构产生相应的动作；控制系统主要由机器人示教器及运行在设备上的软件所组成，通过程序对驱动系统和执行机构发出指令，控制其工作。

ABB IRB 工业机器人的应用组成如图 2-1-2 所示。其中 ABB IRB1410 机器人本体各关节及功能如图 2-1-3 所示。ABB IRB1410 机器人电气控制面板及功能如图 2-1-4 所示。ABB IRB 机器人操作模式及功能如图 2-1-5 所示。

2. ABB IRB1410 机器人示教器基本功能与操作

（1）ABB IRB1410 机器人示教器组成

ABB IRB1410 机器人示教器主要由触摸屏和操作键组成，如图 2-1-6 所示。因为 ABB IRB1410 机器人的所有示教与再现型操作基本上是通过示教器来完成的，所以掌握示教器各个按键的功能和操作方法是使用示教器操作机器人的前提。

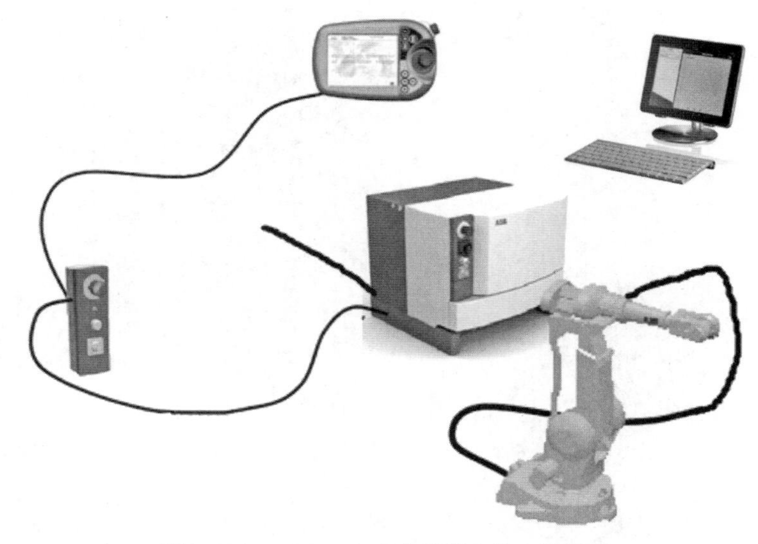

图 2-1-2　ABB IRB 工业机器人的应用组成

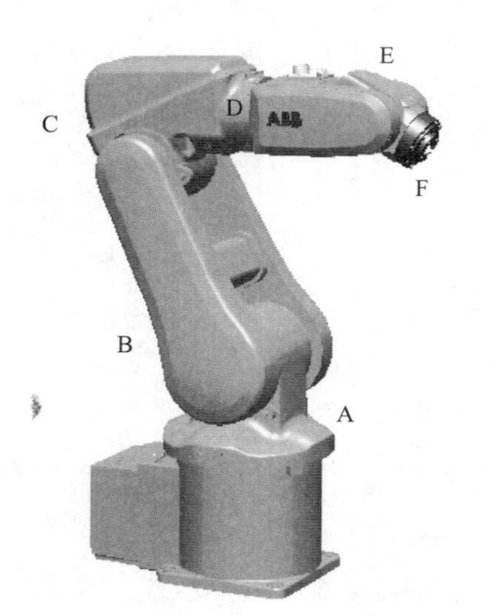

标号	关节轴	功能
A	轴 1	本体回旋
B	轴 2	下臂运动
C	轴 3	上臂运动
D	轴 4	腕部旋转运动
E	轴 5	腕部上下摆动
F	轴 6	腕部圆周运动

图 2-1-3　ABB IRB1410 机器人本体各关节及功能

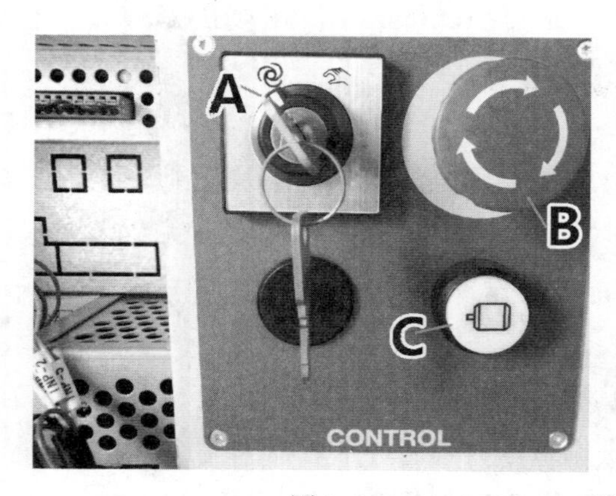

标号	功能
A	机器人状态
B	急停开关
C	电动机上电

图 2-1-4　ABB IRB1410 机器人电气控制面板及功能

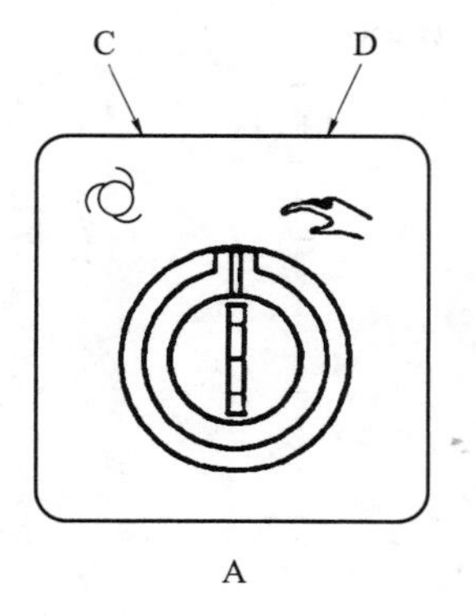

名称	功能
自动模式 C	是由 ABB 机器人的控制系统根据任务程序操作的操作模式，此模式具备功能性安全保护措施
手动模式 D	用于编程和程序验证

图 2-1-5　ABB IRB 机器人操作模式及功能

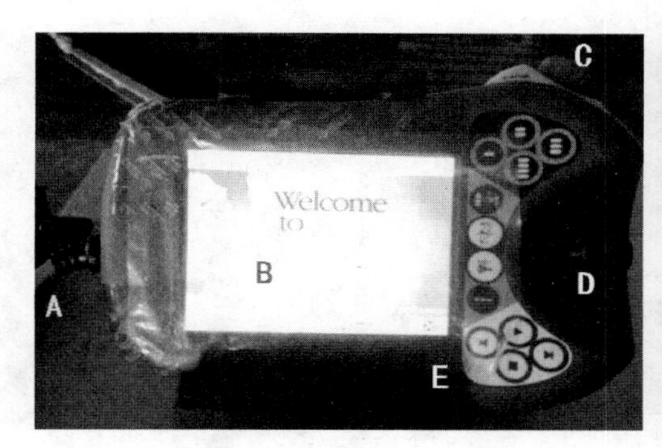

A	连接线缆	E	数据备份用 USB 接口
B	触摸屏	F	使能器按钮
C	紧急停止按钮	G	触摸屏用笔
D	手动操作摇杆	H	示教器复位按钮

图 2-1-6　ABB IRB1410 机器人示教器组成

（2）ABB IRB1410 机器人示教器的操作方式

操作示教器时，通常会采取左手持设备，右手在触摸屏上操作（也可右手持设备，左手操作），同时持设备那只手的四指扣压使能器按钮，如图 2-1-7 所示。使能器按钮分为两挡，按下第一挡时，机器人将处于电动机开启状态；松开使能器，或按下使能器第二挡时，机器人电动机将处于关闭状态。

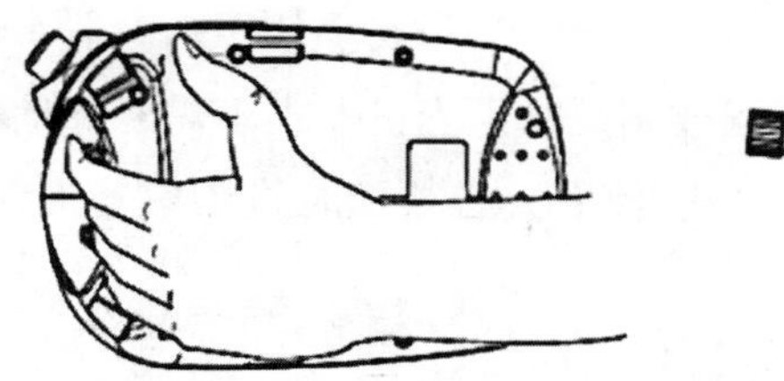

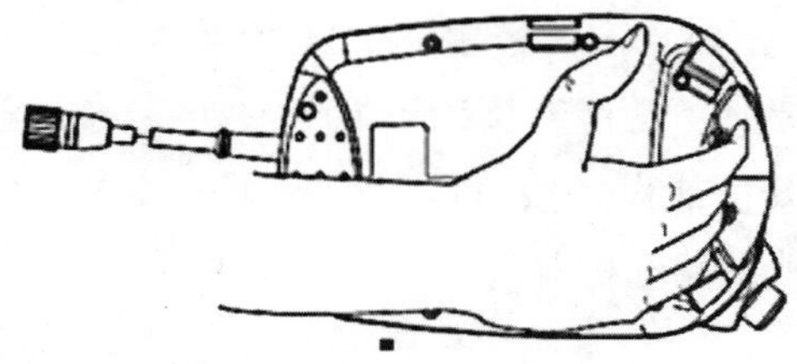

图 2-1-7　机器人示教器的操作方式

（3）机器人示教器的按键分布和功能

机器人示教器的按键分布如图 2–1–8 所示，其功能见表 2–1–1。

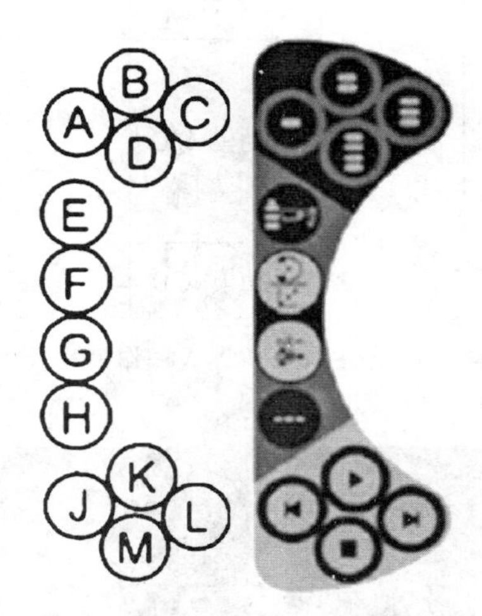

图 2–1–8　机器人示教器的按键分布

表 2–1–1　机器人示教器的按键功能

标号	基本功能
A 至 D	自定义按键 1 至 4
E	选择机械单元
F	切换移动模式，重定向或线性
G	切换移动模式（轴 1 至轴 3 或轴 4 至轴 6）
H	切换增量
J	Step BACKWARD（步退）按钮（使程序后退一步的指令）
K	START（启动）按钮（开始执行程序）
L	Step FORWARD（步进）按钮（使程序前进一步的指令）
M	STOP（停止）按钮（停止程序）

（4）安全使用示教器

安装在示教器上的使能器按钮分两挡，当按下第一挡时，系统变为电动机开模式；当松开或按下按钮第二挡时，系统变为电动机关模式。为了安全使用示教器，必须遵循以下原则：使能器按钮不能失去功能；编程或调试时，当机器人不需要移动时，应立即松开使能设备按钮；当编程人员进入安全区域后，必须随时将示教器带在身上，避免其他人移动机器人。

任务实施

一、工作准备

实施本任务教学需领用实训设备、工具及材料时，应填写相应的借用清单，清单格式可参考表 2-1-2 和表 2-1-3。

表 2-1-2　　＿＿＿＿＿＿工作站借用实训设备清单

序号	名称	数量	借出时间	学员签名	归还时间	学员签名	管理员签名	备注

表 2-1-3　　＿＿＿＿＿＿工作站借用工具及材料清单

序号	名称	数量	借出时间	学员签名	归还时间	学员签名	管理员签名	备注

二、任务流程

将任务按工作流程先后细分为以下三个子任务，分别进行实施。

子任务 1　熟悉机器人的基本操作

子任务描述

本任务主要使学员熟悉工业机器人的基本操作，并学习示教器显示语言更改，机器人的数据备份与恢复，单独程序的导入和机器人对机械原点的位置更新等操作。

子任务实施

本任务主要使用机器人示教器完成相关操作。

1. 机器人的基本操作

（1）开机

将主电源开关由“0”位旋至“1”位，即接通电源。在确定输入电压正常之后，打开电源开关。

随后机器人自动进行诊断，如果没有发现硬 / 软件故障，则会在示教器触摸屏显示主页面，即为正常开机成功，如图 2–1–9 所示。

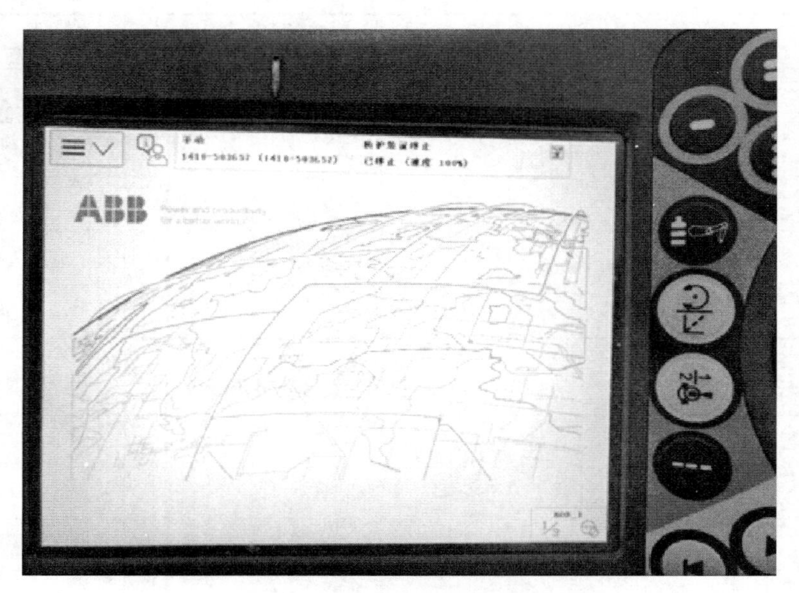

图 2–1–9 开机正常主页面

（2）关机

关机操作见表 2–1–4。

表 2–1–4 关机

<table>
<tr>
<td>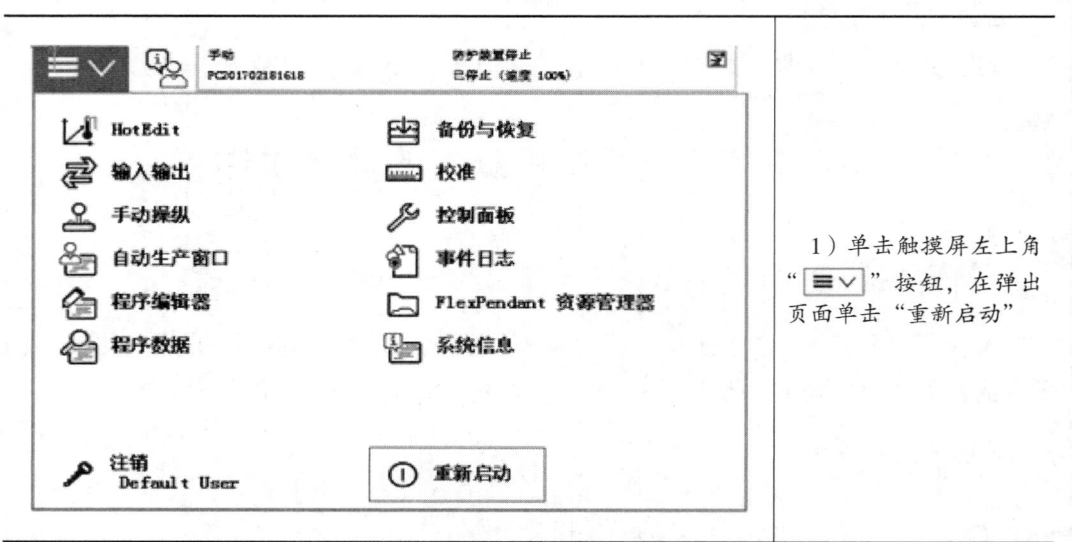
</td>
<td>1）单击触摸屏左上角“≡∨”按钮，在弹出页面单击“重新启动”</td>
</tr>
</table>

续表

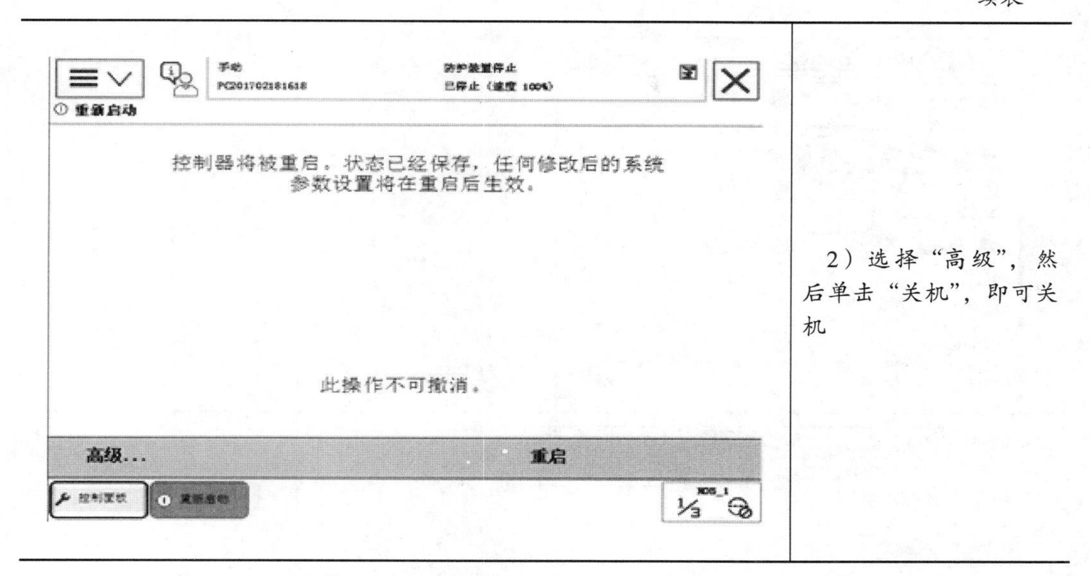	2）选择“高级”，然后单击“关机”，即可关机

（3）手动操纵机器人

手动操纵机器人一共有三种运动模式：单轴运动、线性运动和重定位运动。

单轴运动：一般来说，ABB 机器人是由六个伺服电动机分别驱动机器人的六个关节轴。每次手动操纵一个关节轴的运动，称为单轴运动。

线性运动：机器人工具姿态不变，机器人沿坐标轴直线运动。选择不同坐标系，移动方向将改变。

重定位运动：机器人工具中心点不变，机器人沿坐标轴转动。

手动操纵机器人的步骤见表 2–1–5。

表 2–1–5　　手动操纵机器人

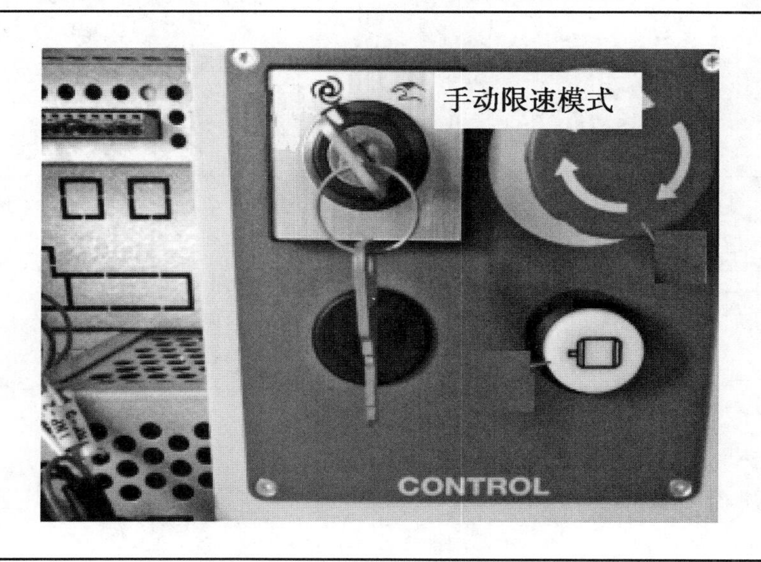	1）将机器人操作模式选到手动限速模式

续表

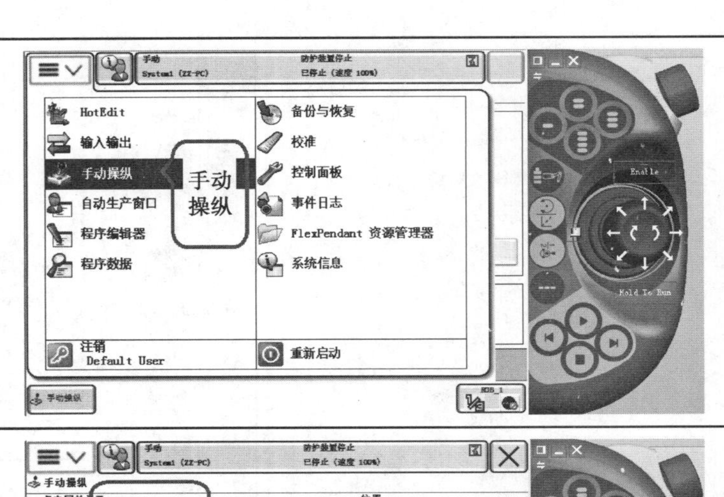	2）单击示教器触摸屏左上角"☰∨"按钮，在示教器主界面中，选择"手动操纵"
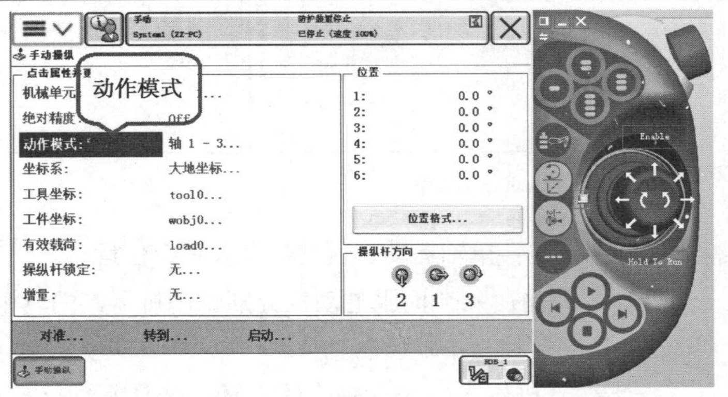	3）单击"动作模式"
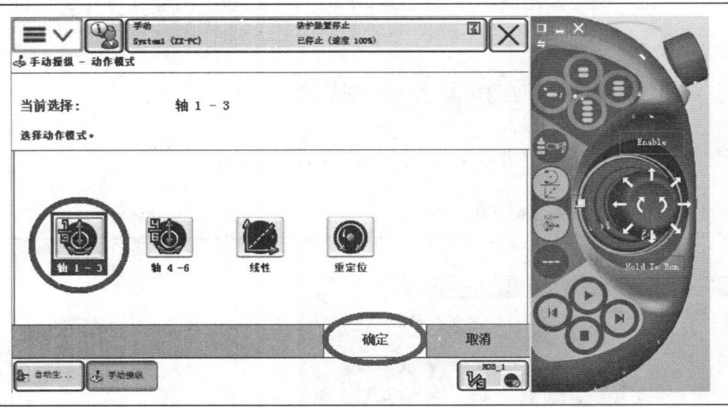	4）选中"轴 1–3"，然后单击"确定"，就可以操纵轴 1 至轴 3；如果选中"轴 4–6"，然后单击"确定"，就可以操纵轴 4 至轴 6
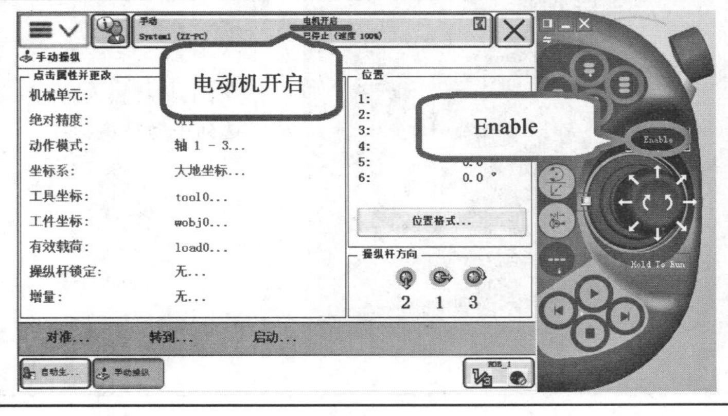	5）单击示教器中的使能按钮"Enable"，在状态栏中确认"电动机开启"状态

续表

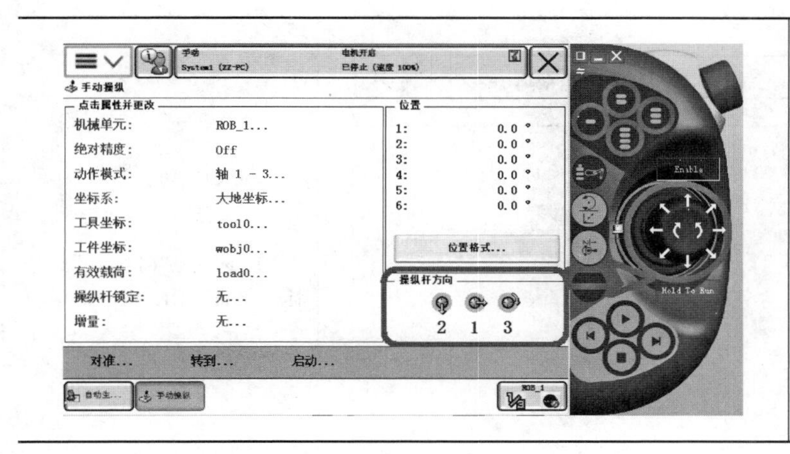	6）在示教器的右下角显示操纵杆方向，按照此提示来操作操纵杆以达到动作要求

2. 机器人示教器显示语言更改

示教器默认语言为英文，将语言更改为中文的操作见表 2-1-6。

表 2-1-6　　　　更改示教器显示语言

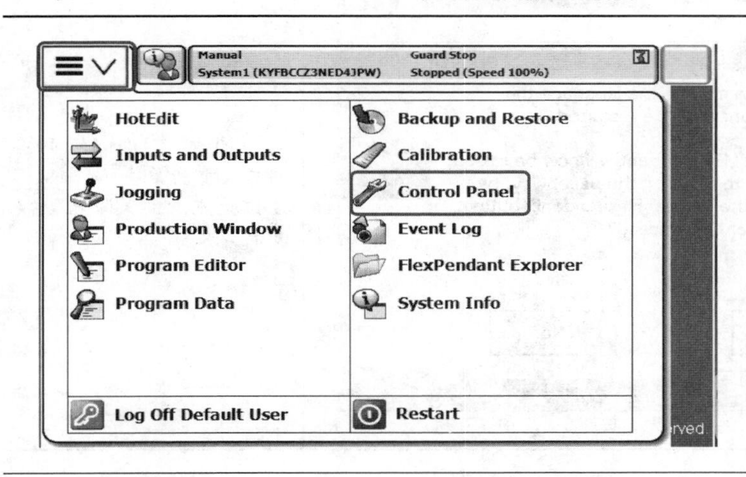	1）单击示教器触摸屏左上角“☰∨”按钮，在弹出页面选择“Control Panel”
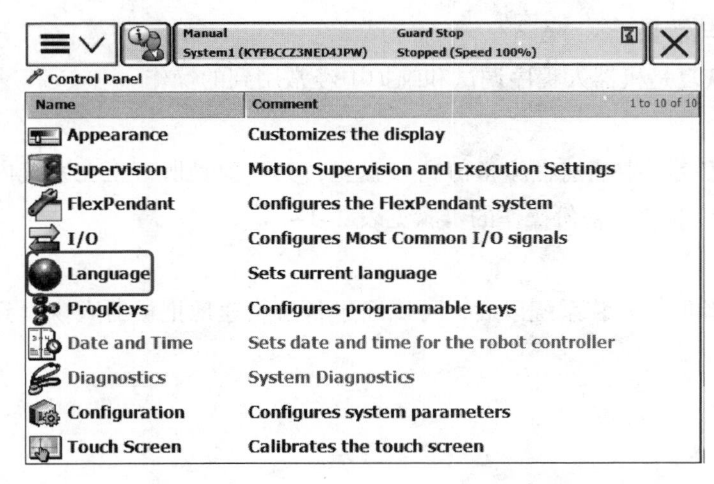	2）在弹出页面中选择“Language”

续表

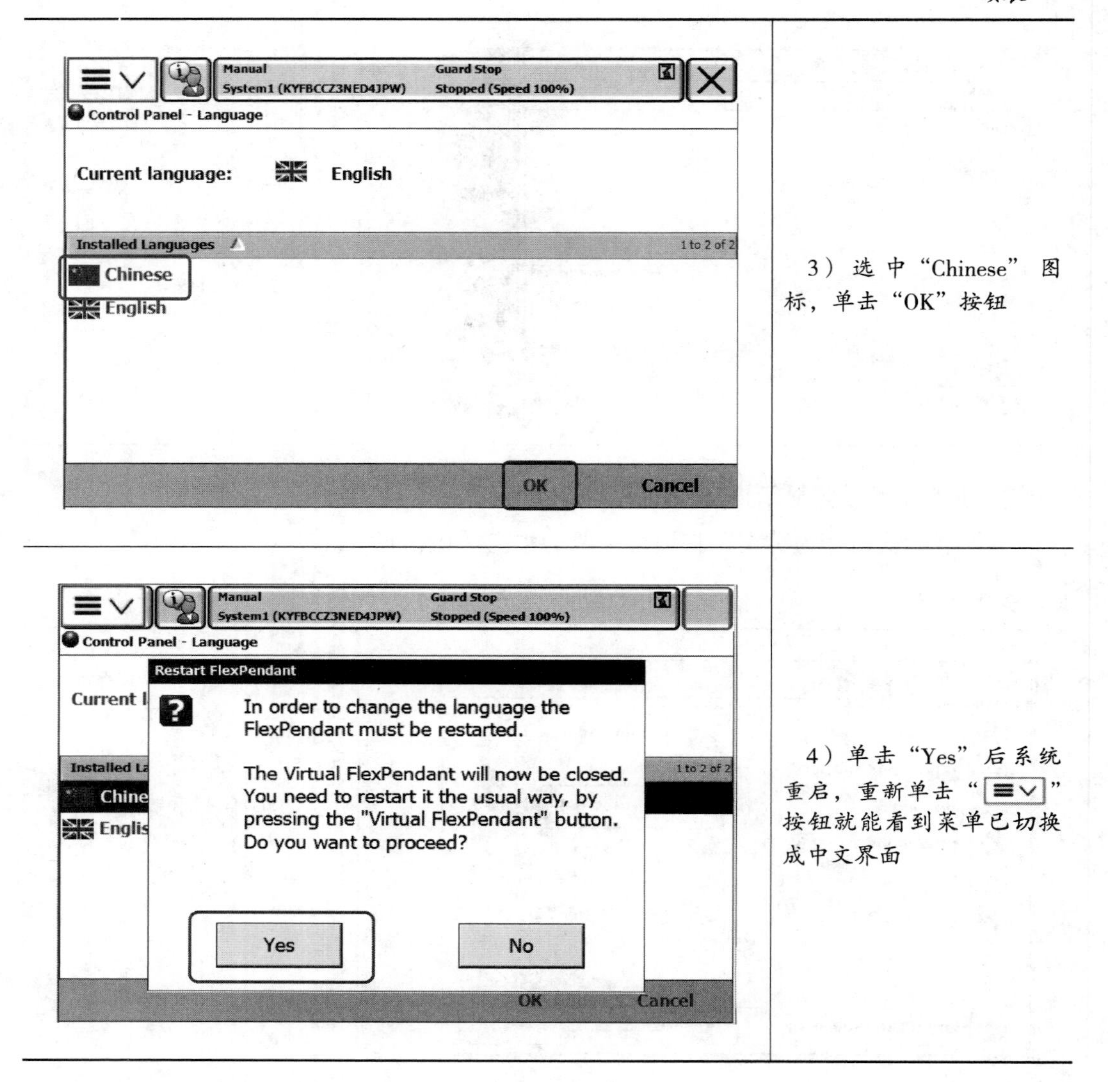

3）选中“Chinese”图标，单击“OK”按钮

4）单击“Yes”后系统重启，重新单击“≡∨”按钮就能看到菜单已切换成中文界面

3. 机器人的数据备份与恢复

机器人数据的备份与恢复是机器人程序调试和维护中经常用到的操作。

（1）备份操作

备份操作即将机器人控制器中当前程序备份到U盘里，其对象是所有正在系统内存运行的RAPID程序和系统参数。备份操作的步骤见表2-1-7。

（2）恢复操作

当机器人系统错乱或者重新安装系统以后，可以通过备份快速地把机器人恢复到备份时的状态。

表 2-1-7　　备份操作

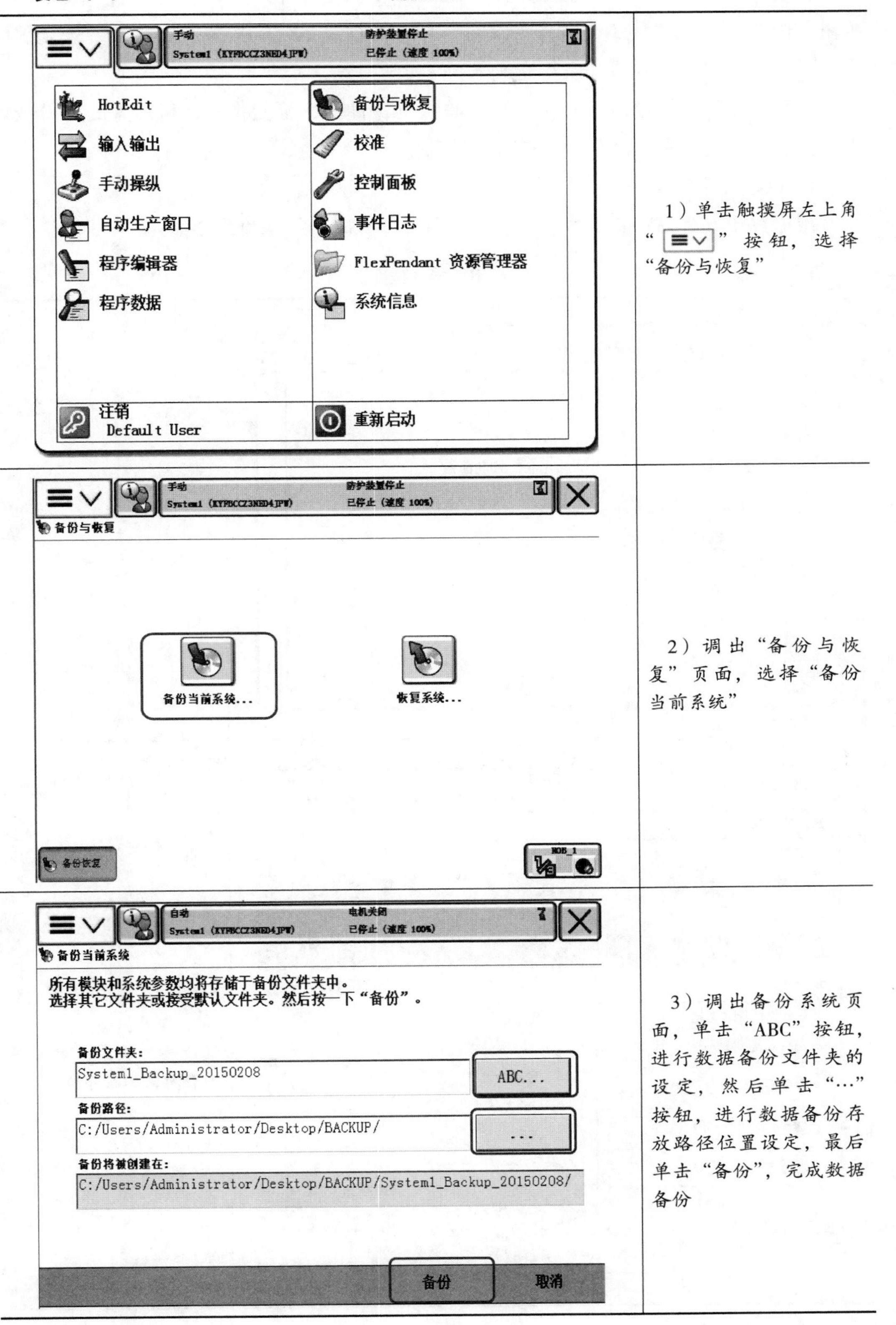

1）单击触摸屏左上角“≡∨”按钮，选择“备份与恢复”

2）调出“备份与恢复”页面，选择“备份当前系统”

3）调出备份系统页面，单击“ABC”按钮，进行数据备份文件夹的设定，然后单击“…”按钮，进行数据备份存放路径位置设定，最后单击“备份”，完成数据备份

恢复操作的步骤首先要同备份操作一样，调出“备份与恢复”页面，单击“…”按钮，选择U盘里可用备份程序的文件，单击“恢复系统”按钮，等待系统恢复程序并自动重启机器人控制器，恢复完成。

注意：在进行恢复时，备份文件是具有唯一性的，不能将一台机器人的备份恢复到另一台机器人中去，否则，会造成系统故障。

4. 单独程序的导入

在示教器上对编好的机器人程序进行单独导入时，操作见表2-1-8。

表2-1-8　　单独导入程序

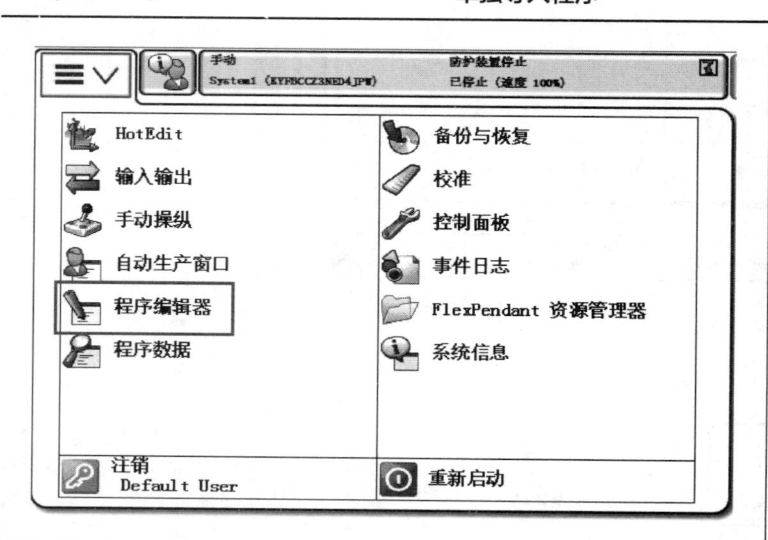	1）单击示教器触摸屏左上角“≡∨”按钮，在示教器主界面中，单击“程序编辑器”
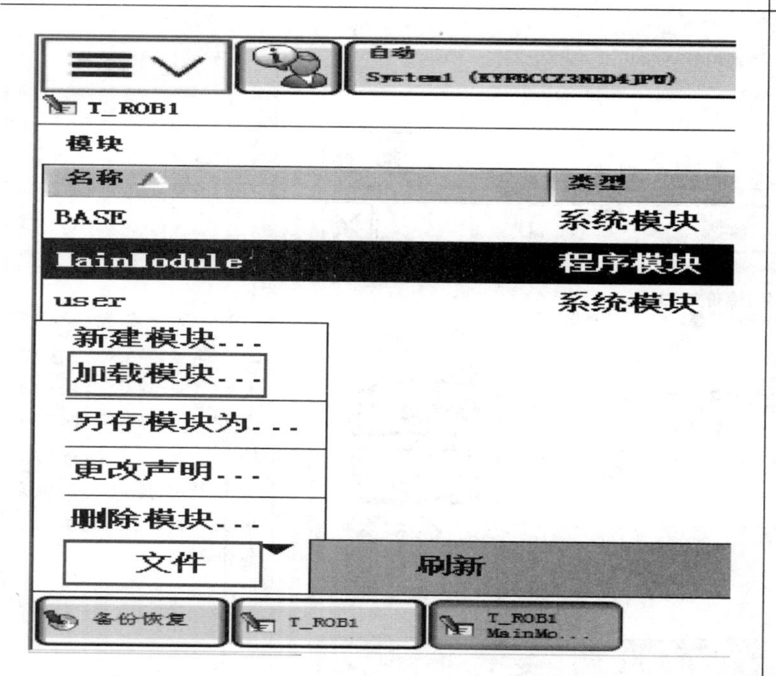	2）在弹出页面选择“模块”按钮，打开“文件”菜单，单击“加载模块…”从备份目录下加载所需的程序模块

续表

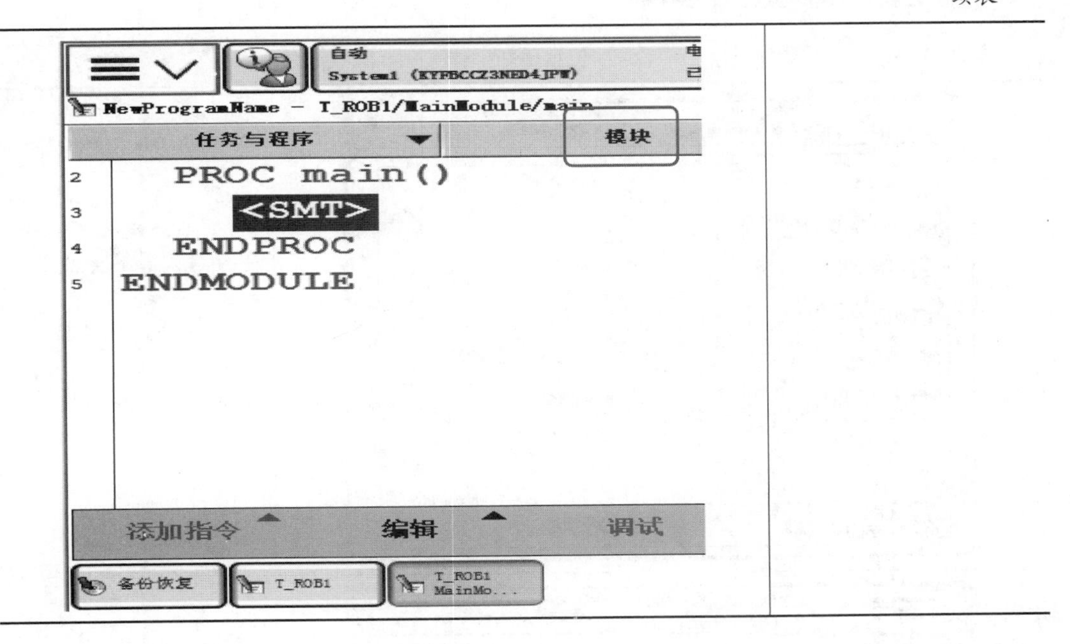

5. 机器人对机械原点的位置更新操作

在机器人出现以下任何一种状态时，需要对机器人进行机械原点的位置更新操作。

（1）更换伺服电动机转数计数器电池后。

（2）维修转数计数器后。

（3）转数计数器与测量板之间断开后。

（4）断电后，机器人关节轴发生了位移。

（5）当系统报警提示“10036 转数计数器未更新”时。

机械原点在机器人本体上都有标志，如图 2-1-10 所示。不同机器人机械原点位置不同，详细参照机器人随机说明书资料。

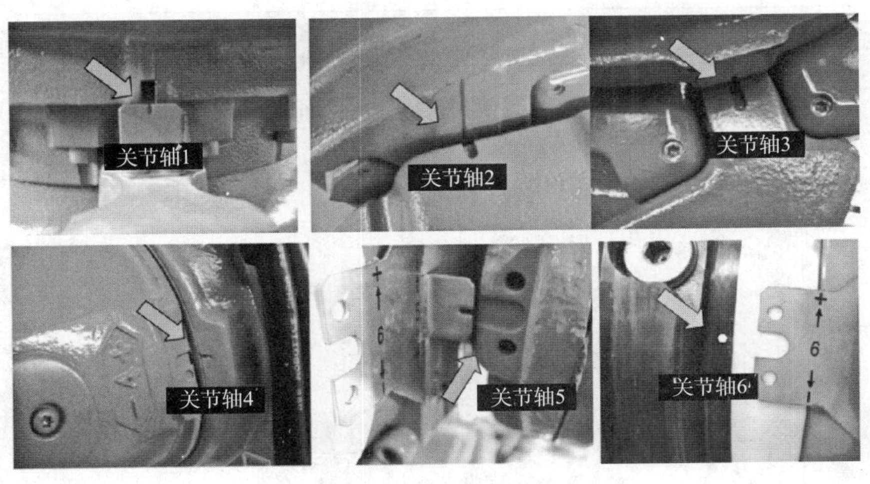

图 2-1-10 6 轴机器人机械原点标志

位置更新操作步骤见表 2–1–9。

表 2–1–9　　　　位置更新操作

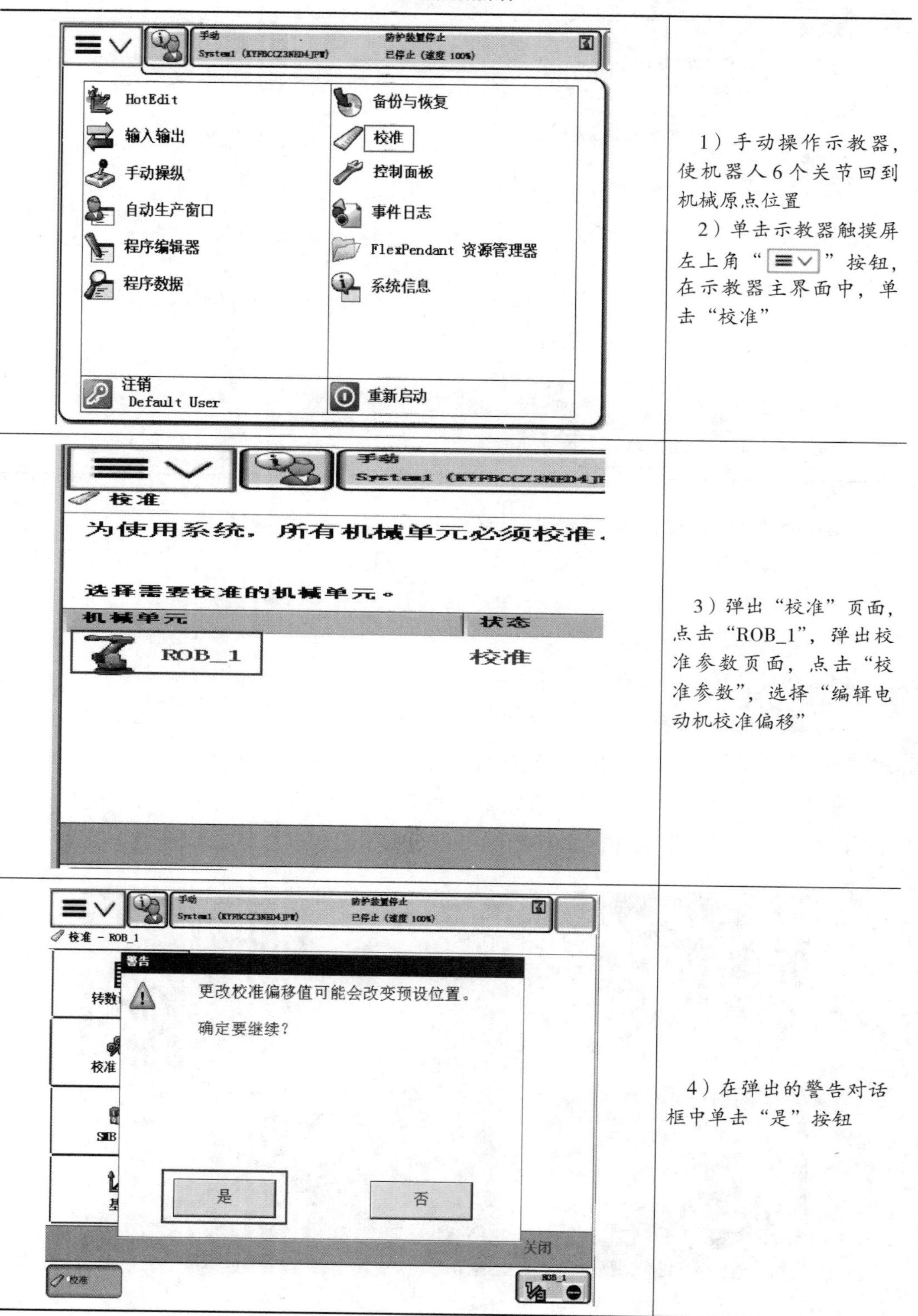

操作界面	操作说明
	1）手动操作示教器，使机器人 6 个关节回到机械原点位置 2）单击示教器触摸屏左上角“☰∨”按钮，在示教器主界面中，单击“校准”
	3）弹出“校准”页面，点击“ROB_1”，弹出校准参数页面，点击“校准参数”，选择“编辑电动机校准偏移”
	4）在弹出的警告对话框中单击“是”按钮

续表

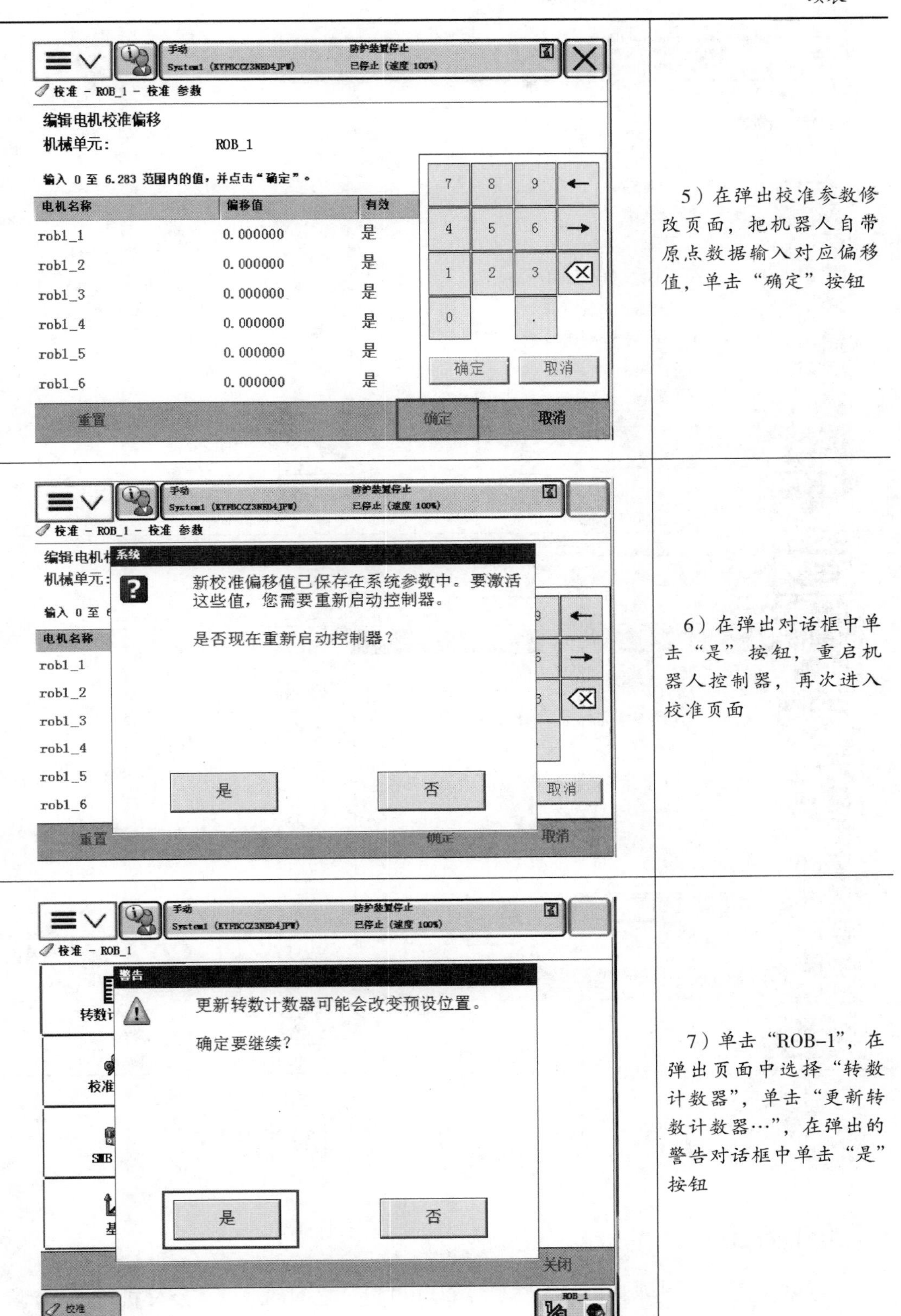

5）在弹出校准参数修改页面，把机器人自带原点数据输入对应偏移值，单击“确定”按钮

6）在弹出对话框中单击“是”按钮，重启机器人控制器，再次进入校准页面

7）单击“ROB-1”，在弹出页面中选择“转数计数器”，单击“更新转数计数器…”，在弹出的警告对话框中单击“是”按钮

续表

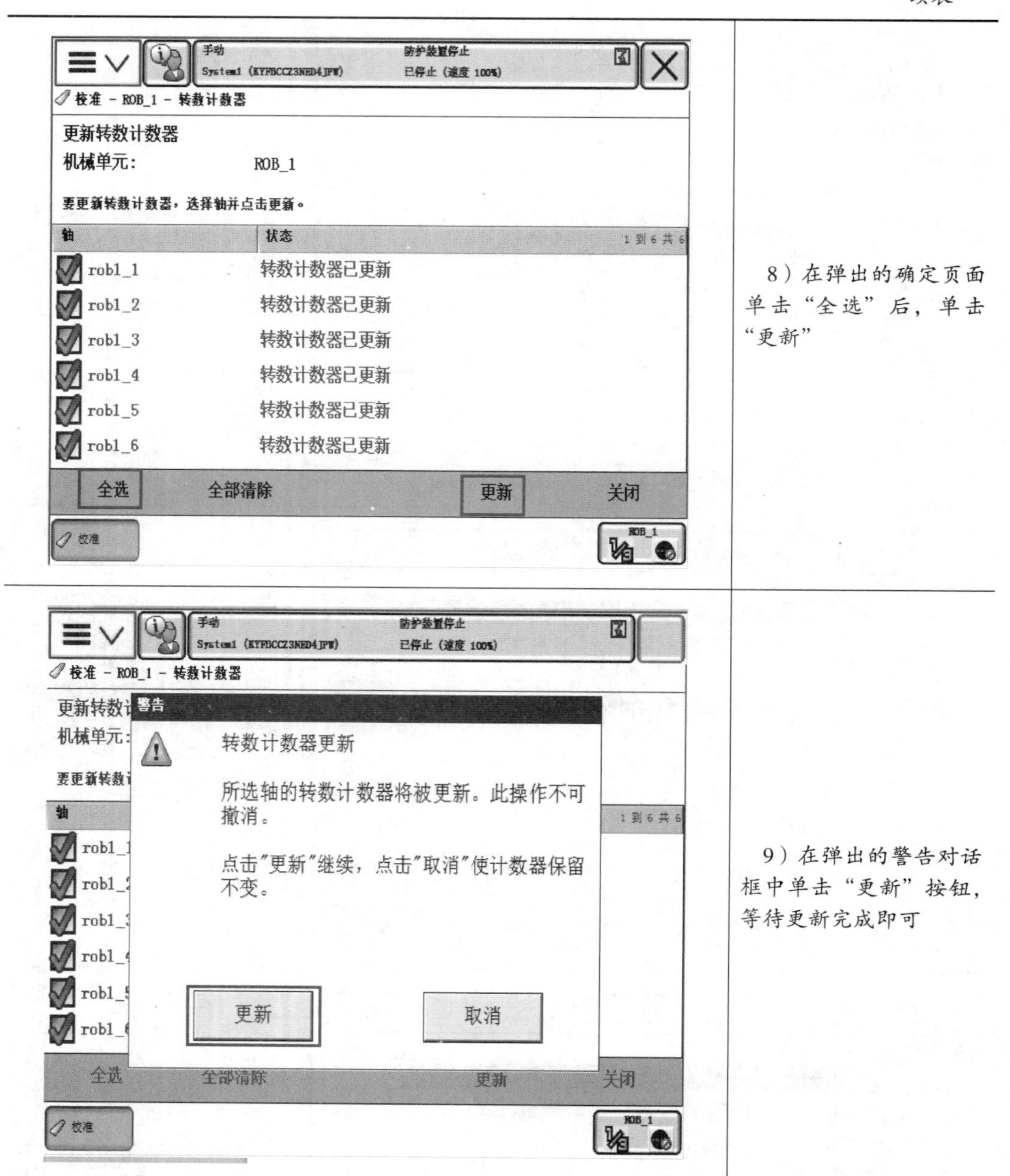

8）在弹出的确定页面单击“全选”后，单击“更新”

9）在弹出的警告对话框中单击“更新”按钮，等待更新完成即可

子任务2 机器人I/O通信设置

子任务描述

本任务主要使学员熟悉机器人与数控车床和PLC之间的通信，定义机器人I/O信号，监控输入输出信号。

子任务实施

本任务使用两个气爪来抓取工件，气爪的打开与关闭需要通过 I/O 信号控制，数控车床与机器人也需要通过外部 I/O 信号通信。本任务中的 ABB 机器人配置 1 个 DSQC652 I/O 模块和挂板 DB15-D-M，连接是采用 DB15 插接器形式，同时，机器人与 PLC 间还采用了 PN 通信。

1. I/O 硬件连接

机器人的 I/O 通信挂板 DB15-D-M 连接线参数设置和接线连接如图 2-1-11 所示。

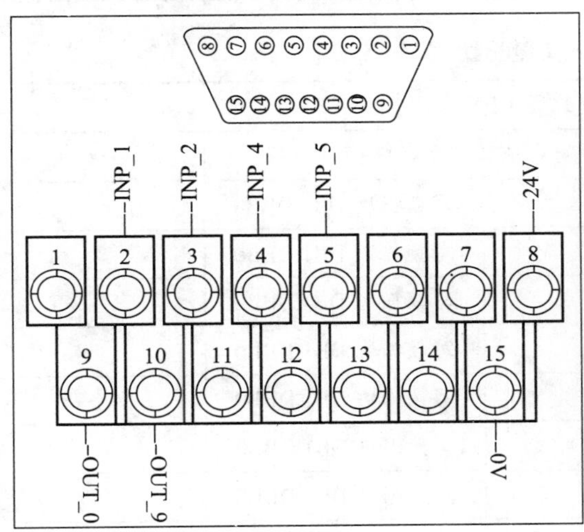

图 2-1-11　DB15-D-M ABB（输入输出）

2. 机器人与 PLC 之间的输入输出变量 PN 通信地址分配（见表 2-1-10、表 2-1-11）

表 2-1-10　　机器人输出变量配置

机器人输出变量配置（PN 通信）			
机器人变量名称（输出）	机器人变量占用中间地址	对应 PLC 地址	备注
回安全点	M55.0	读数据块 DB2.DBB0	
托盘搬运请求	M55.1	读数据块 DB2.DBB0	
托盘放下完成	M55.2	读数据块 DB2.DBB0	
35_ 加工类型　前 _ 后	M55.4	读数据块 DB2.DBB0	
自动模式（1）	M55.5	读数据块 DB2.DBB0	
程序运行（1）	M55.6	读数据块 DB2.DBB0	
机器人急停（2）	M55.7	读数据块 DB2.DBB0	
42_ 加工类型　前 _ 后	M56.0	读数据块 DB2.DBB1	
到达吹气点输出	M56.3	读数据块 DB2.DBB1	

续表

机器人输出变量配置（PN 通信）			
机器人变量名称（输出）	机器人变量占用中间地址	对应 PLC 地址	备注
车床报警	M56.6	读数据块 DB2.DBB1	
42_up_jiagong	M56.7	读数据块 DB2.DBB1	
35_dw_jiagong	M57.1	读数据块 DB2.DBB2	
35_up_jiagong	M57.2	读数据块 DB2.DBB2	
42_dw_jiagong	M57.3	读数据块 DB2.DBB2	
电动机加工类型	MB58	读数据块 DB2.DBB3	

表 2-1-11　　机器人输入变量配置

机器人输入变量配置（PN 通信）			
机器人变量名称（输入）	机器人变量占用中间地址	对应 PLC 地址	备注
取料位待加工	M50.0	写数据块 DB1.DBB0	
放托盘位空	M50.1	写数据块 DB1.DBB0	
motor on	M50.2	写数据块 DB1.DBB0	
motor on and start	M50.3	写数据块 DB1.DBB0	
start 机器人程序 RUN	M50.4	写数据块 DB1.DBB0	
机器人异常复位	M50.5	写数据块 DB1.DBB0	
motor off	M50.6	写数据块 DB1.DBB0	
stop	M50.7	写数据块 DB1.DBB0	
主程序启动（Start at main）	M51.0	写数据块 DB1.DBB1	
车床报警输入	M51.4	写数据块 DB1.DBB1	
托盘可以放下	M51.6	写数据块 DB1.DBB1	
托盘松开	M51.7	写数据块 DB1.DBB1	
电动机类型输入	MB53	写数据块 DB1.DBB3	

3. 机器人与 PLC 和数控车床的 I/O 通信变量分配（见表 2-1-12、表 2-1-13、表 2-1-14）

表 2-1-12　　机器人输入输出变量配置

机器人输入输出变量配置（I/O 通信）		
机器人变量名称（输入输出）	对应 PLC 地址	备注
通知机器人车床报警	INP_0	
工件夹具座检测	INP_1	
托盘夹具座检测	INP_2	

续表

机器人输入输出变量配置（I/O 通信）		
机器人变量名称（输入输出）	对应 PLC 地址	备注
气爪夹紧到位检测	INP_4	
气爪放松到位检测	INP_5	
通知机器人气爪已夹紧	INP_7	
通知机器人自动门已开	INP_10	
通知机器人自动门已关	INP_12	
触发机器人送料	INP_13	
通知机器人气爪已松开	INP_14	
快换夹具电磁阀	OUT_0	
夹紧放松电磁阀	OUT_9	
机器人报警	OUT_11	
机器人触发启动程序	OUT_12	
机器人控制气爪松开	OUT_13	
机械人控制气爪夹紧	OUT_14	
通知系统自动门闭	OUT_15	

表 2-1-13　　机器人和 DSQC652 模块连接说明

I/O 地址分配	功能说明	中间元件 / 状态	输入输出信号
	ABB 外部 24 V 电源		
INP-0	通知车床机器人报警	KA34/ 常开	
INP-1	工件夹具座检测	-SB1 开关	
INP-2	托盘夹具座检测	-SB2 开关	
INP-4	气爪夹紧到位检测	-SQ04 传感器	di_4_jiajin_dw_
INP-5	气爪放松到位检测	-SQ05 传感器	di_5_fson_dw_sq
INP-7	通知机器人气爪已夹紧	KA32/ 常开	di_7_kp jin_sq
INP-10	通知机器人自动门已开启	KA31/ 常开	di_10_atodr_open
INP-12	通知机器人自动门已关闭	KA30/ 常开	di12_doorclosed
INP-13	触发机器人送料	KA25/ 常开	di_13_pls_sonli
INP-14	通知机器人气爪已放松	KA33/ 常开	di_14_pls_kpson

表 2-1-14　　机器人和数控车床 GSK980TA1 侧 I/O 分配说明

地址分配	功能说明	中间元件 / 状态	输入输出信号
OUT_0	快换夹具电磁阀	YV5 电磁阀	do_0_toolchang
OUT_9	夹紧放松电磁阀	YV4 电磁阀	do_9_jiajin_son
OUT_11	机器人报警	KA11/ 线圈	do_11_clean_end
OUT_12	机器人触发启动程序	KA12/ 线圈	do_12_rob_ck56_strpro
OUT_13	机器人控制气爪紧	KA13/ 线圈	do_13_kpjin
OUT_14	机器人控制气爪松	KA14/ 线圈	do_14_kpson
OUT_15	通知系统自动关门	KA15/ 线圈	do_15_atodor_close

4. 机器人系统的 I/O 板定义

在机器人系统中创建一个数字 I/O 信号，至少需要设置四项参数，见表 2-1-15。

表 2-1-15　　信号参数设定

参数名称	参数说明
Name	I/O 信号名称
Type of Signal	I/O 信号类型
Assigned to Device	I/O 信号所在 I/O 单元
Unit Mapping	I/O 信号所占用地址

（1）定义 DSQC652 模块

定义 DSQC652 模块的操作步骤见表 2-1-16。

表 2-1-16　　定义 DSQC652 模块

<table>
<tr>
<td>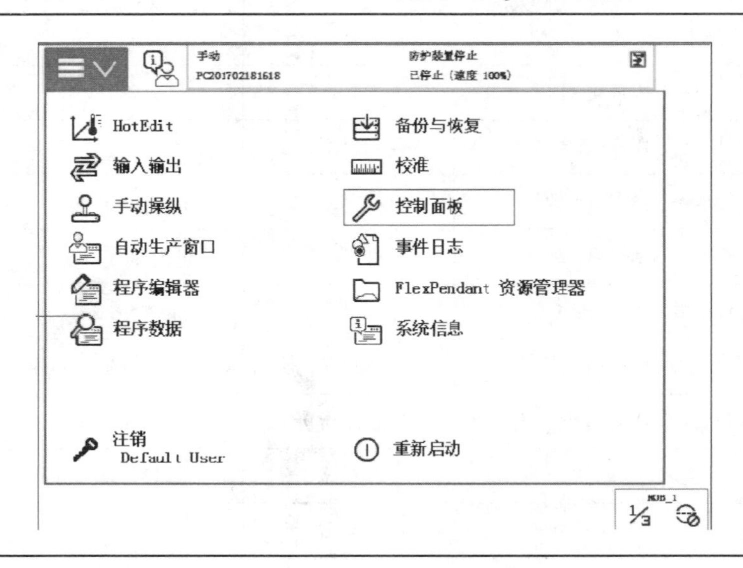
</td>
<td>1）单击触摸屏左上角“☰∨”按钮，在弹出页面选择“控制面板”</td>
</tr>
</table>

续表

名称	备注
外观	自定义显示器
监控	动作监控和执行设置
FlexPendant	配置 FlexPendant 系统
I/O	配置常用 I/O 信号
语言	设置当前语言
ProgKeys	配置可编程按键
控制器设置	设置网络、日期时间和 ID
诊断	系统诊断
配置	配置系统参数
触摸屏	校准触摸屏

参数名称	设定值	说明
Name	board10	设定 I/O 板在系统中的名字
Type of Unit	d652	设定 I/O 板的类型
Connected to Bus	DeviceNet1	设定 I/O 板连接的总线
DeviceNet Address	63	设定 I/O 板在总线中的地址

2）单击“配置”，然后单击“配置系统参数”，进入“I/O”主题

3）选择“Unit”，然后单击“显示全部”，确认选择添加，填写“Name”“Type of unit”“Connected to Bus”“DeviceNet Address”四项内容，根据跳线设定 DN 的值，这里设定 63，然后单击“确定”

（2）定义 PN 通信

ABB 机器人不但可以通过标准 I/O 板与外部设备进行通信，还可以与 PLC 进行快捷和大数据量的 PN 通信，定义 PN 通信的步骤见表 2-1-17。

表 2-1-17　　定义 PN 通信

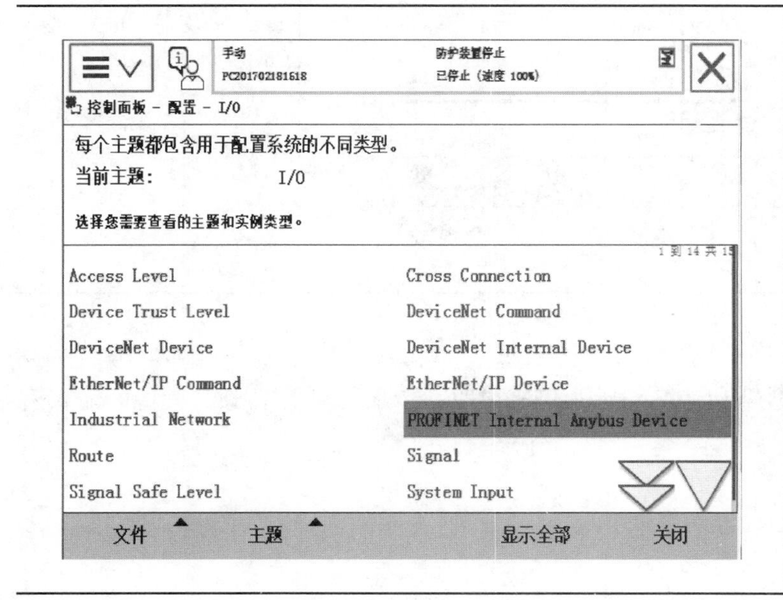

1）单击触摸屏左上角“☰∨”按钮，在弹出页面选择“控制面板”

2）单击“配置”，然后单击“配置系统参数”，进入“I/O”主题，单击“PROFINET Internal Anybus Device”

续表

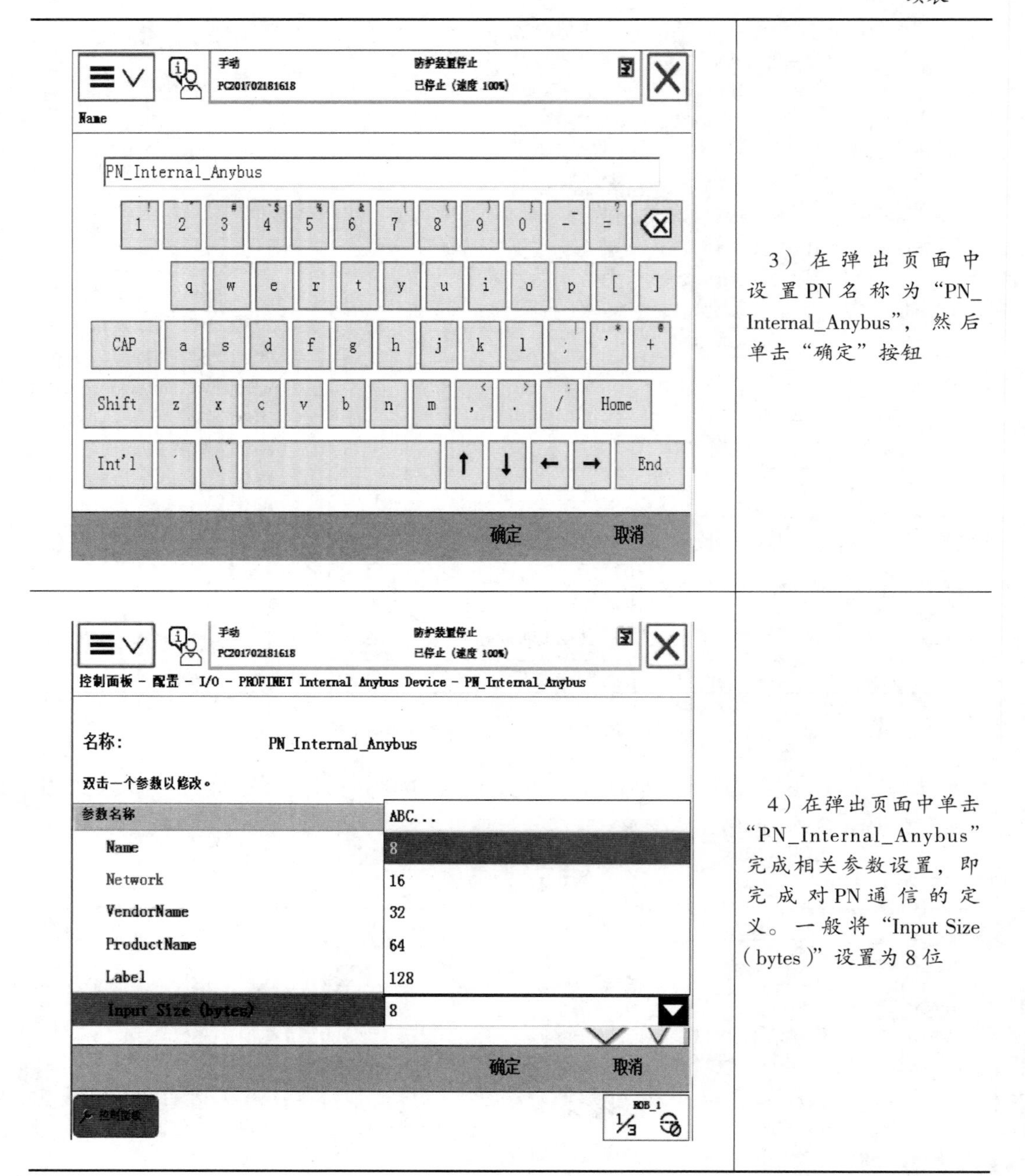

	3）在弹出页面中设置PN名称为“PN_Internal_Anybus”，然后单击“确定”按钮
	4）在弹出页面中单击“PN_Internal_Anybus”完成相关参数设置，即完成对PN通信的定义。一般将“Input Size（bytes）”设置为8位

5. 定义数字输入信号

以定义数字输入信号 di14_tpFanxia 为例来说明，步骤见表 2-1-18，其他的输入信号按参考实例设置即可。

表 2-1-18　　　　定义数字输入信号

操作界面	说明
	1）单击触摸屏左上角“[菜单]”按钮，选择“控制面板”按钮，选择“配置”，选择“Signal”，单击“显示全部”，选择“添加”
	2）在弹出页面单击“Name”，设定为“di14_tpFanxia”
	3）设置信号类型，单击“Type of Signal”，选中“Digital Input”

续表

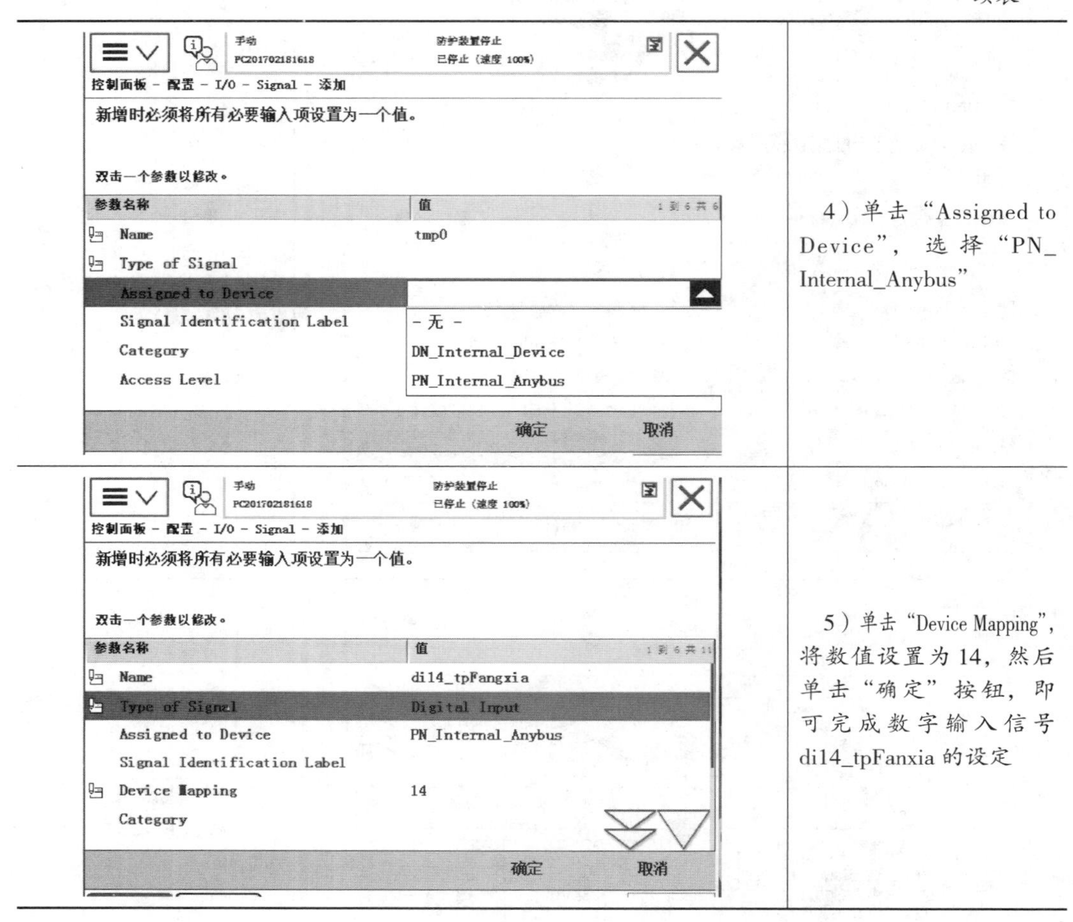

4）单击“Assigned to Device”，选择“PN_Internal_Anybus”

5）单击“Device Mapping”，将数值设置为 14，然后单击“确定”按钮，即可完成数字输入信号 di14_tpFanxia 的设定

6. 定义数字输出信号

以定义数字输出信号 DO3_tuopanfangliao 为例来说明，步骤见表 2-1-19，其他的输出信号按参考实例设置即可。

表 2-1-19　　定义数字输出信号

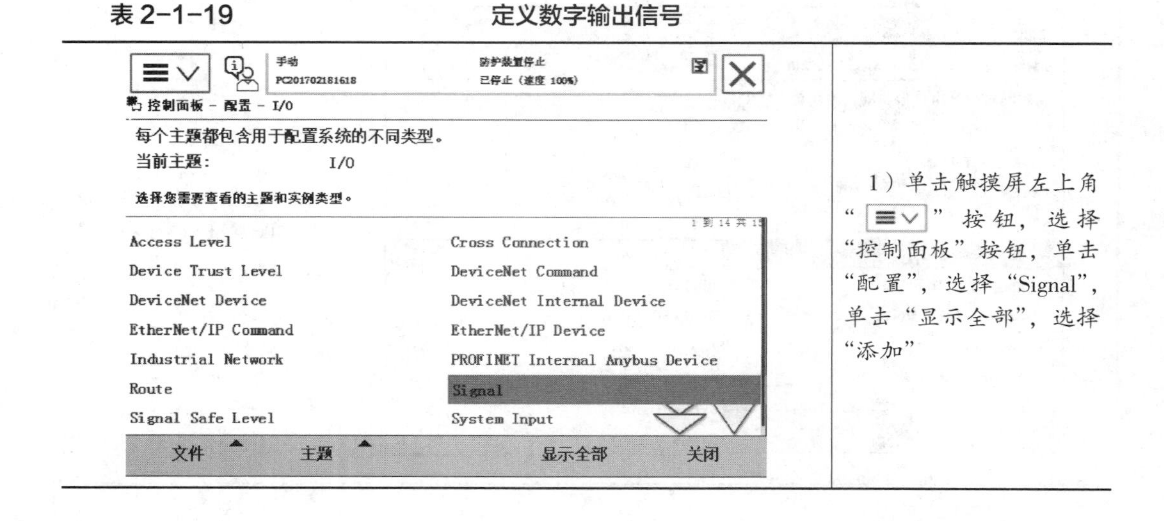

1）单击触摸屏左上角“≡∨”按钮，选择“控制面板”按钮，单击“配置”，选择“Signal”，单击“显示全部”，选择“添加”

续表

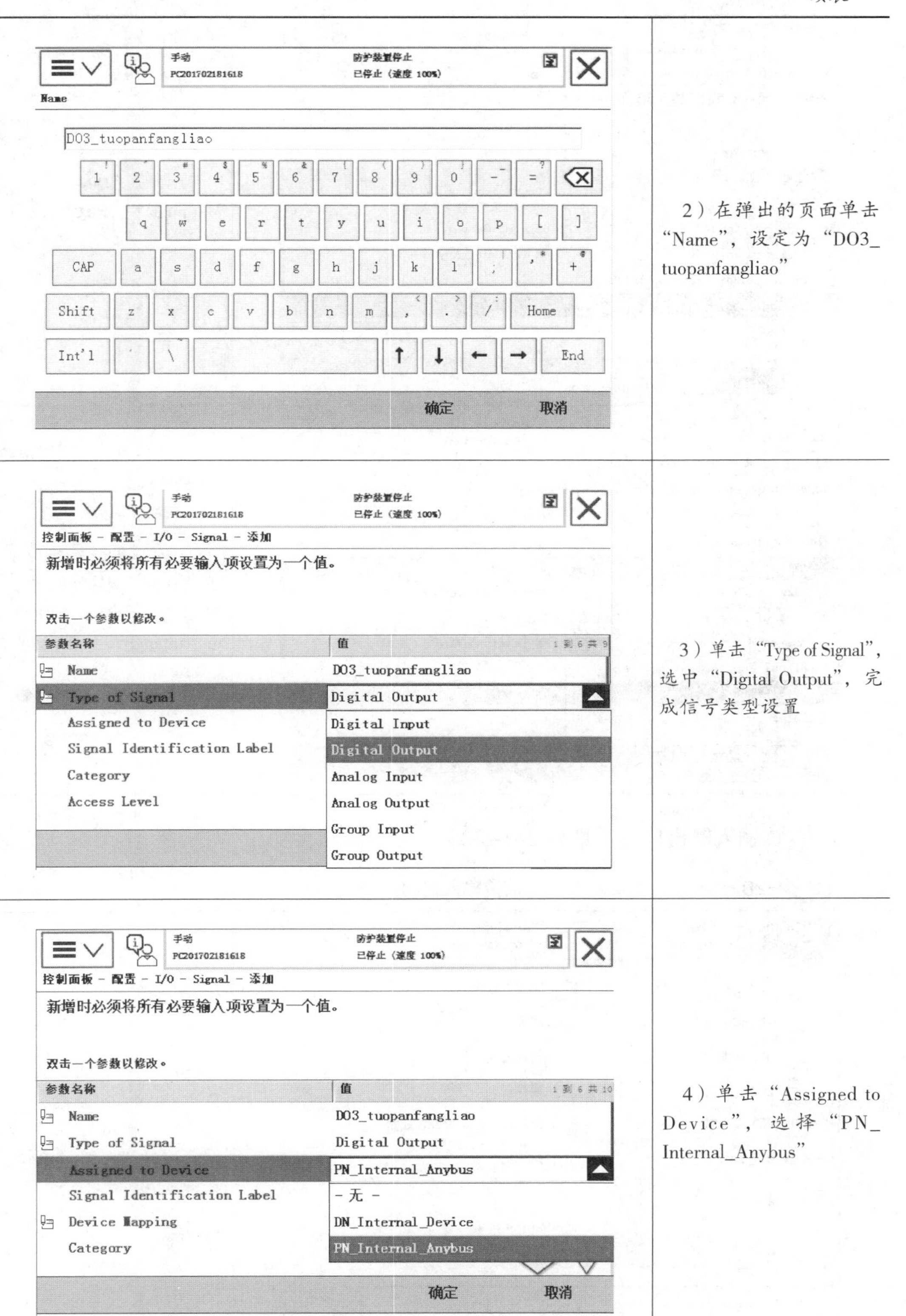

操作	说明
	2）在弹出的页面单击“Name”，设定为“DO3_tuopanfangliao”
	3）单击“Type of Signal”，选中“Digital Output”，完成信号类型设置
	4）单击“Assigned to Device”，选择“PN_Internal_Anybus”

续表

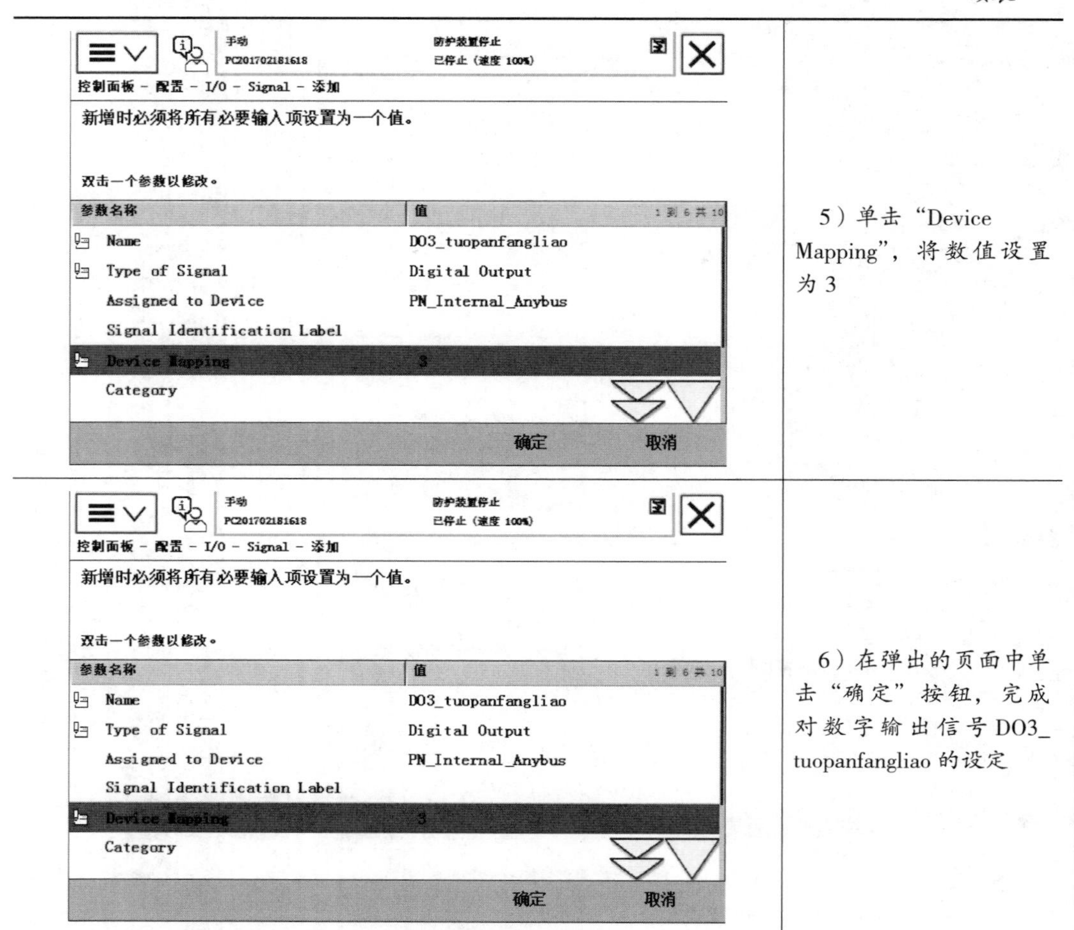	5）单击“Device Mapping”，将数值设置为 3
	6）在弹出的页面中单击“确定”按钮，完成对数字输出信号 DO3_tuopanfangliao 的设定

7. 监控输入输出信号（见表 2-1-20）

表 2-1-20 监控输入输出信号

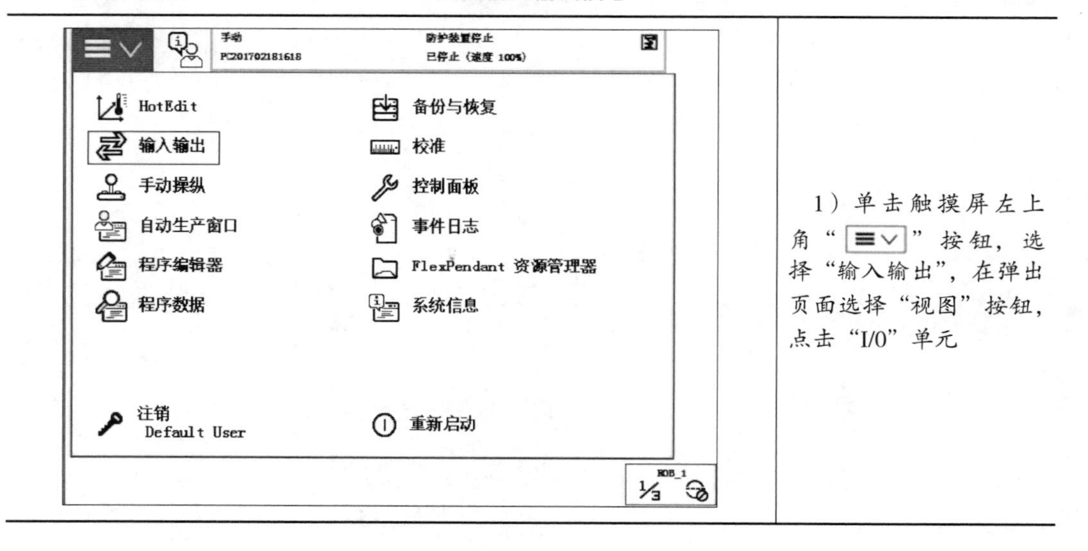	1）单击触摸屏左上角“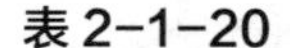”按钮，选择“输入输出”，在弹出页面选择“视图”按钮，点击“I/0”单元

续表

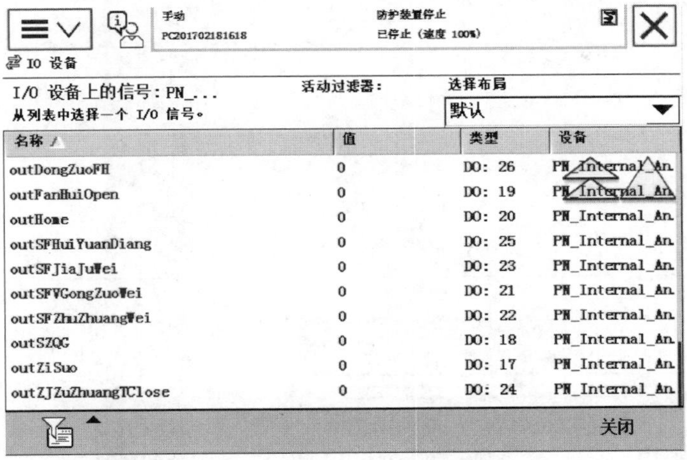 手动 PC201702181618 防护装置停止 已停止（速度 100%） IO 设备 I/O 设备上的信号：PN_... 从列表中选择一个 I/O 信号。 活动过滤器：　选择布局：默认 名称 / 值 / 类型 / 设备 outDongZuoFH　0　DO: 26　PN_Internal_An outFanHuiOpen　0　DO: 19　PN_Internal_An outHome　0　DO: 20　PN_Internal_An outSFHuiYuanDiang　0　DO: 25　PN_Internal_An outSFJiaJuWei　0　DO: 23　PN_Internal_An outSFWGongZuoWei　0　DO: 21　PN_Internal_An outSFZhuZhuangWei　0　DO: 22　PN_Internal_An outSZQG　0　DO: 18　PN_Internal_An outZiSuo　0　DO: 17　PN_Internal_An outZJZuZhuangTClose　0　DO: 24　PN_Internal_An 关闭	2）在弹出的页面选择信号名称，即可查看该信号的状态

子任务 3　机器人坐标系和位置数据设置

子任务描述

在进行正式编程之前，需要构建必要的编程环境，机器人的工具数据和工件坐标系就需要在编程前进行定义。

本任务的目标是令学员完成 ABB 工业机器人工具坐标系数据（Tooldata）、工件坐标系数据（Wobjdata）和点位置数据（robtarget）的设置。

子任务实施

本任务主要使用机器人示教器完成相关操作。

1. 设定工具坐标 TCP

因为机器人的移动是工具坐标系数据和工件坐标系数据通过矩阵计算来确定的，所以设置 TCP 是机器人操作非常重要的一个环节。

TCP 在以下场合需要重新定义：①工具重新安装；②更换工具；③工具使用后出现运动误差。

（1）TCP 设定原理如下：

1）在机器人工作范围内找一个非常精确的固定点作为参考点。

2）在工具上确定一个参考点（最好是工具中心点）。

3）用手动操纵机器人的方法，移动工具上的参考点。

4）机器人通过这几个位置点的位置数据计算求得 TCP 的数据，然后 TCP 的数据就保存在 tooldata 这个程序数据中供程序调用。

安装在工业机器人末端的抓取工具为两个气爪，它们的 TCP 点设定在气爪的中心线上，相对于默认工具坐标系 tool0 的坐标方向没变，只是 TCP 点相对于 tool0 的 Y 方向和 Z 正方向发生了偏移，因此可采用修改轴坐标值的方法设定坐标系。

（2）TCP 设定步骤（见表 2–1–21）

表 2–1–21　　　　TCP 设定步骤

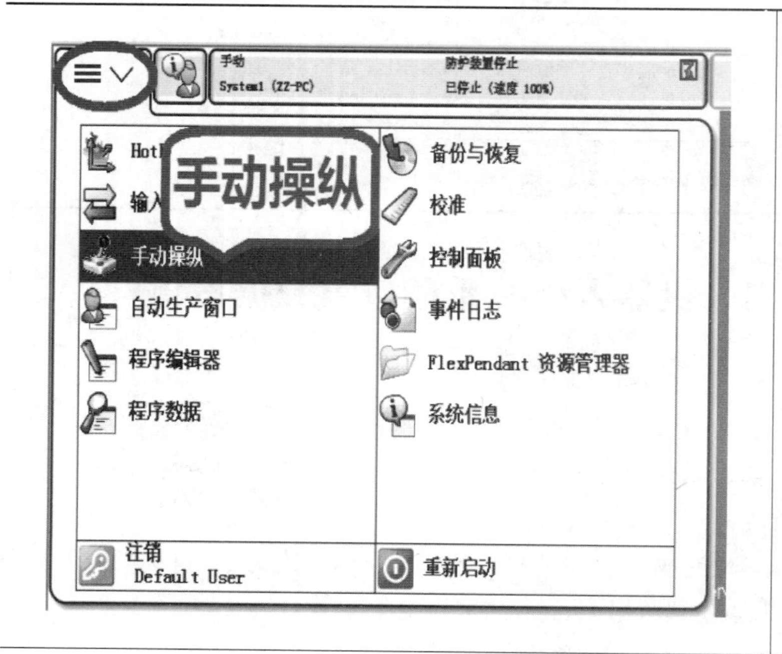	1）单击触摸屏左上角“☰∨”按钮，选择“手动操纵”
手动　PC201702181618　防护装置停止　已停止（速度 100%） 手动操纵 点击属性并更改 机械单元：ROB_1... 绝对精度：Off 动作模式：轴 1 - 3... 坐标系：大地坐标... 工具坐标：tool0... 工件坐标：wobj0... 有效载荷：load0... 操纵杆锁定：无... 增量：无... 位置 1: 0.00 ° 2: 0.00 ° 3: 0.00 ° 4: 0.00 ° 5: 30.00 ° 6: 0.00 ° 位置格式... 操纵杆方向 2 1 3 对准...　转到...　启动...	2）选择“工具坐标”

续表

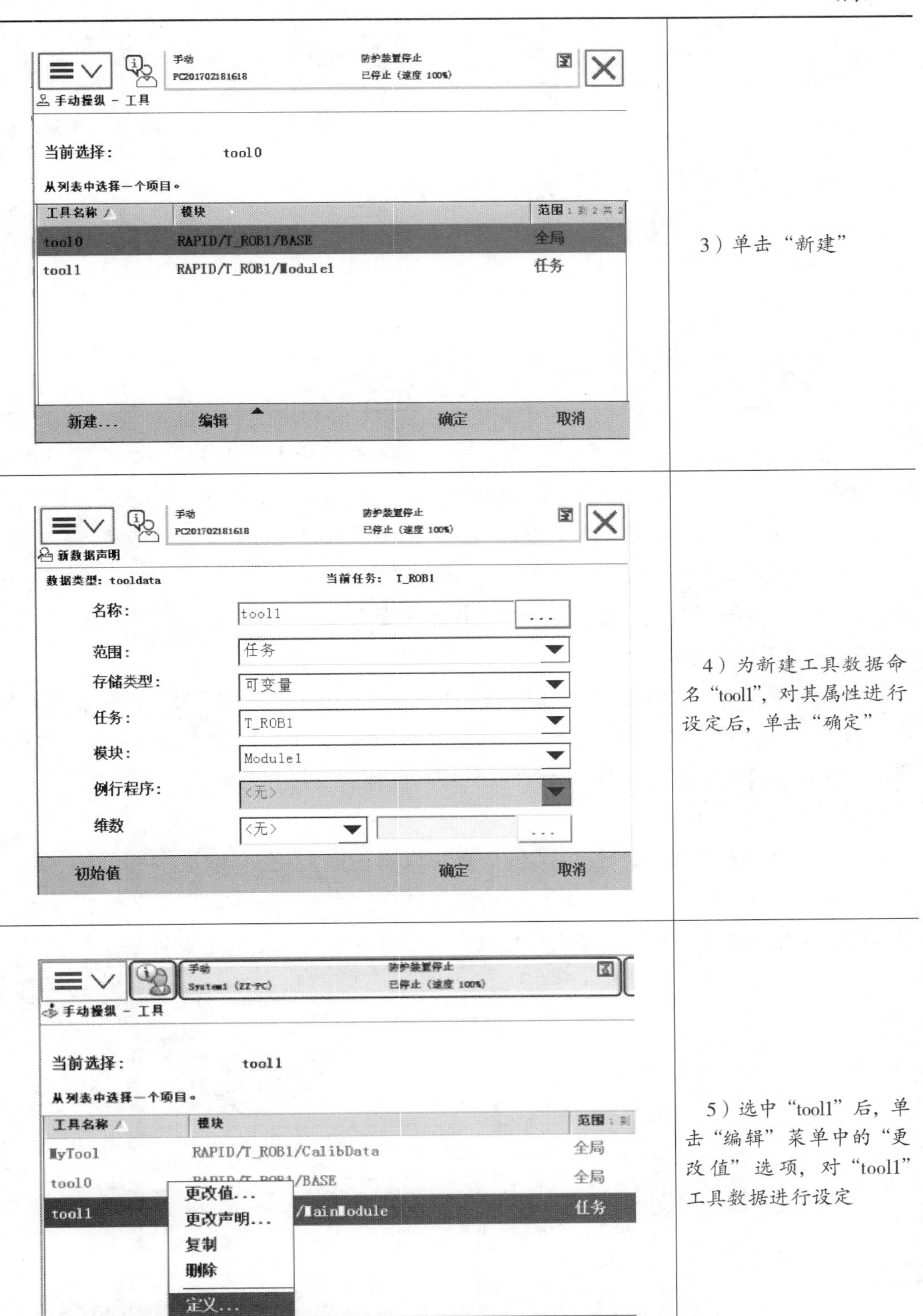

3）单击“新建”

4）为新建工具数据命名“tool1”，对其属性进行设定后，单击“确定”

5）选中“tool1”后，单击“编辑”菜单中的“更改值”选项，对“tool1”工具数据进行设定

续表

手动 PC201702181618 防护装置停止 已停止（速度 100%） 编辑 名称： tool1 点击一个字段以编辑值。 名称 | 值 | 数据类型 | 9 到 14 共 26 q1 := | 1 | num q2 := | 0 | num q3 := | 0 | num q4 := | 0 | num tload: | [-1, [0, 0, 0], [1, 0, 0, 0]... | loaddata mass := | -1 | num 撤消 确定 取消	6）单击右下角箭头向下翻页，找到工具质量 mass（单位 kg）一栏，根据实际情况进行设定，可以将它更改为 -1（也可不设），然后单击“确定”

设定好工具数据 tool1 之后，需要在重定位模式下手动操纵进行 TCP 设定是否精准的验证。具体验证方法是回到手动操纵界面，动作模式选定为“重定位”，坐标系选定为“工具”，工具坐标选定为“tool1”，手动操纵机器人将工具参考点靠上固定点，在重定位模式下，如果 TCP 设定精确的话，可以看到工具参考点与固定点始终保持接触，而机器人会根据在重定位模式下的操作改变姿态。

2. 设定工件坐标系

工件坐标系对应工件，它定义工件相对于大地坐标（或其他坐标）的位置。对机器人进行编程时就是在工件坐标系中创建目标和路径。重新定位工作站中的工件时，只需要更改工件坐标系的位置，所有的路径即刻随之更新。

（1）工件坐标系的设定原理：

在考察对象上，只需要定义三个点，就可以建立一个工件坐标系。

如图 2–1–12 所示，定义 X_1，X_2 点确定工件坐标系 X 轴正方向，定义 Y_1 点确定工件坐标系 Y 轴正方向，最后根据右手定则得出工件坐标系 Z 轴的正方向。

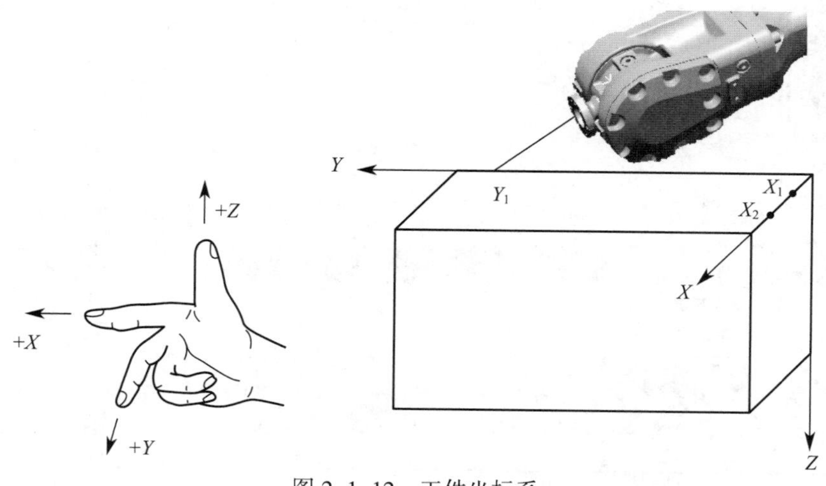

图 2–1–12　工件坐标系

（2）建立图 2-1-12 中所示的工件坐标系 wobj1，步骤见表 2-1-22。

表 2-1-22　　建立工件坐标系

1）单击触摸屏左上角“≡∨”按钮，选择“手动操纵”，将“动作模式”选为“线性”，“坐标系”选为“基坐标”，在手动操纵界面中，选择“工件坐标”，选择“新建”，设置好参数后，单击“确定”按钮

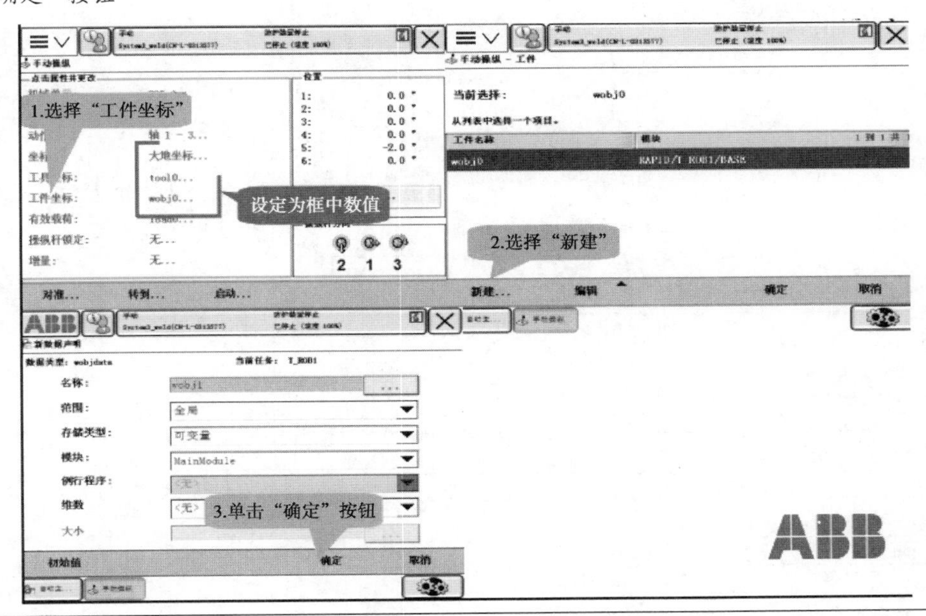

2）单击“编辑”选择“定义”，在定义界面的“用户方法”选项栏中选择“3 点”，即可设定工件坐标 X_1、X_2、Y_1 点。设定时手动操作机器人使夹具对准 X_1 点，在示教器上选 X_1 点再单击“修改位置”即完成修改

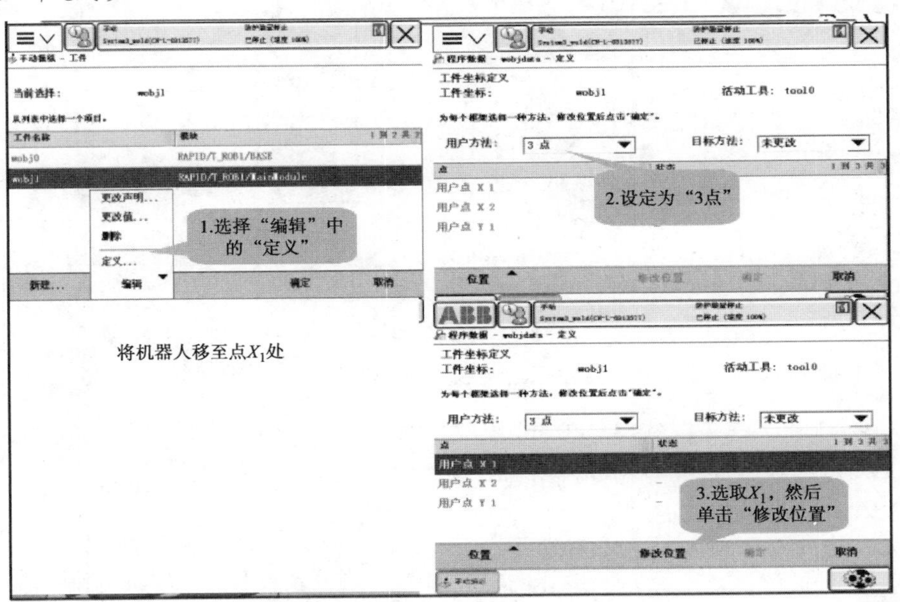

3）重复上一个步骤，修改“X_2”和“Y_1”，3 个点都正确修改后，单击示教器 wobj1 界面的“确定”按钮，工件坐标系设定完成

3. 创建机器人的点位置数据（见表 2-1-23）

表 2-1-23　　创建机器人点位置数据

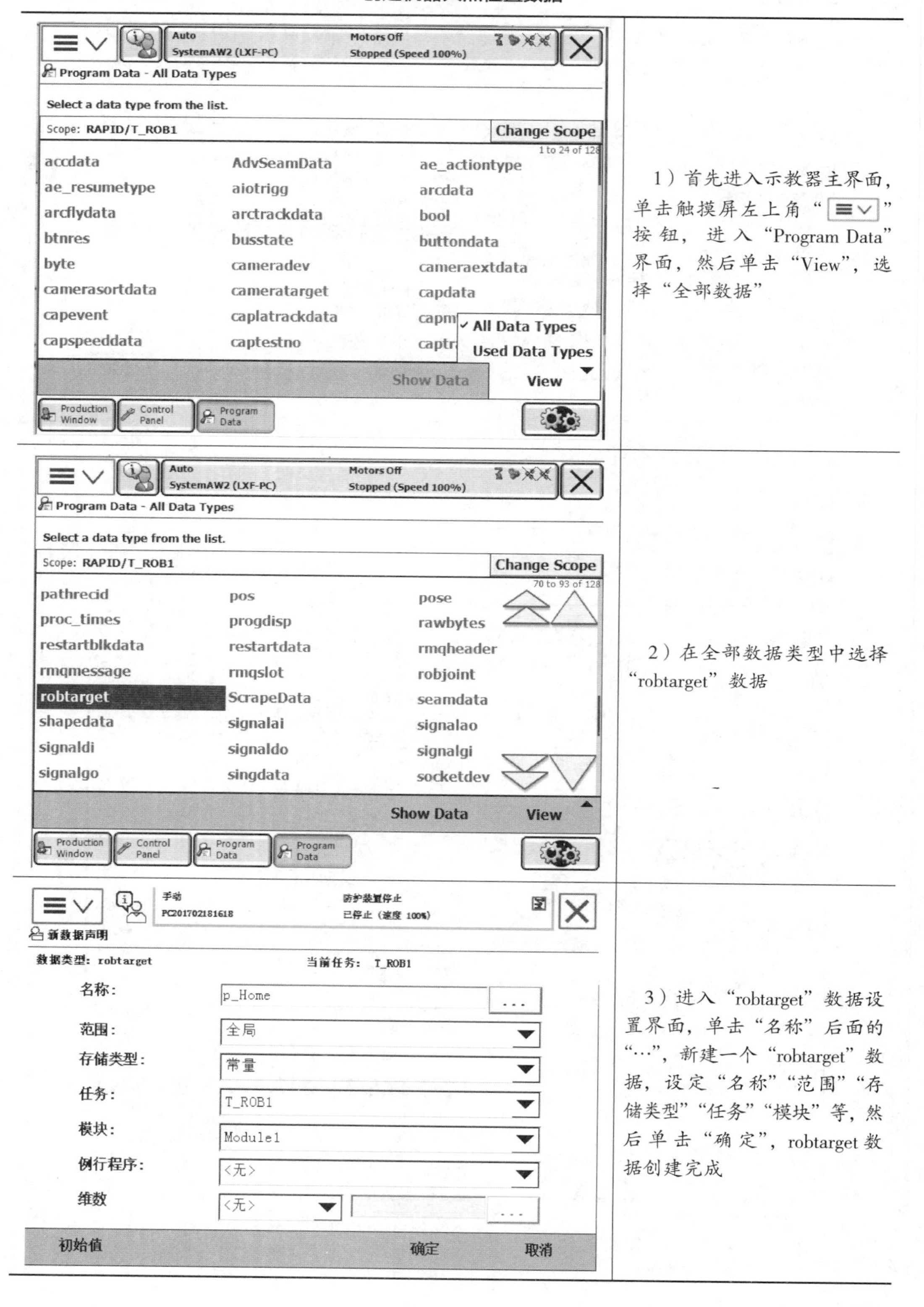

1）首先进入示教器主界面，单击触摸屏左上角“≡∨”按钮，进入“Program Data”界面，然后单击“View”，选择“全部数据”

2）在全部数据类型中选择“robtarget”数据

3）进入“robtarget”数据设置界面，单击“名称”后面的“…”，新建一个“robtarget”数据，设定“名称”“范围”“存储类型”“任务”“模块”等，然后单击“确定”，robtarget 数据创建完成

续表

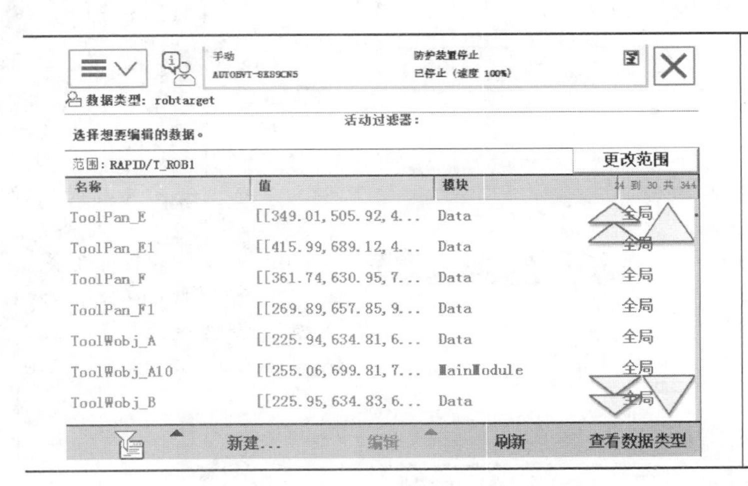	4）通过在全部数据类型中选择“robtarget”数据，进入如左图所示界面，完成其他点位置数据的创建

4. 机器人的点位置数据修改（见表 2-1-24）

表 2-1-24　　　　机器人点位置数据修改

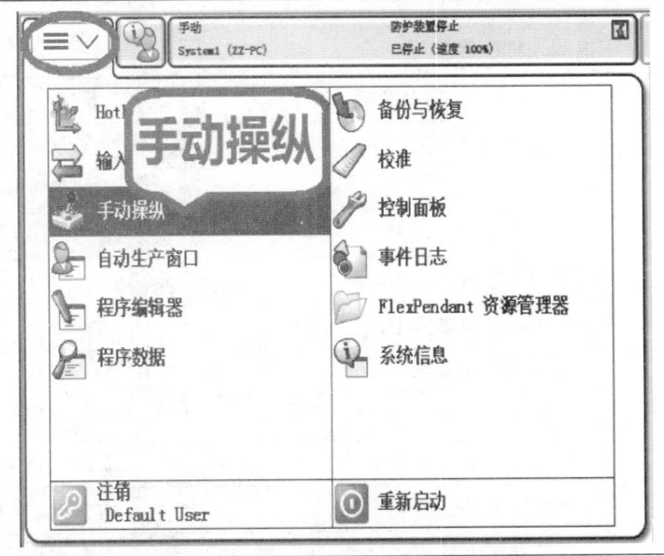	1）在手动模式下单击触摸屏左上角“≡∨”按钮，选择“手动操纵”，打开机器人示教器手动操纵界面
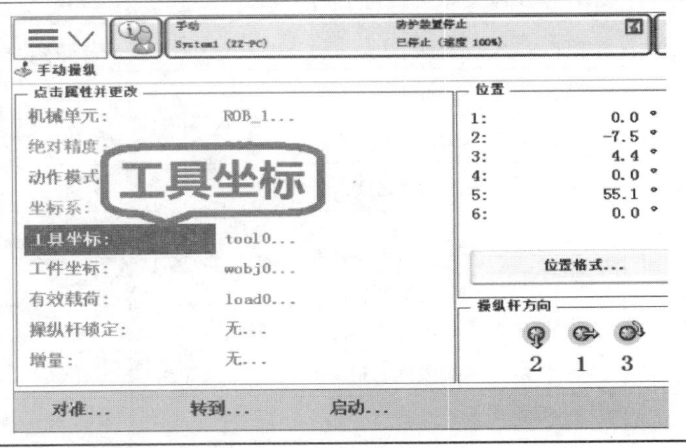	2）将“工具坐标”选为修改点所用工具坐标，如“tool0”，“工件坐标”选为修改点所在的工件坐标如“wobj0”

续表

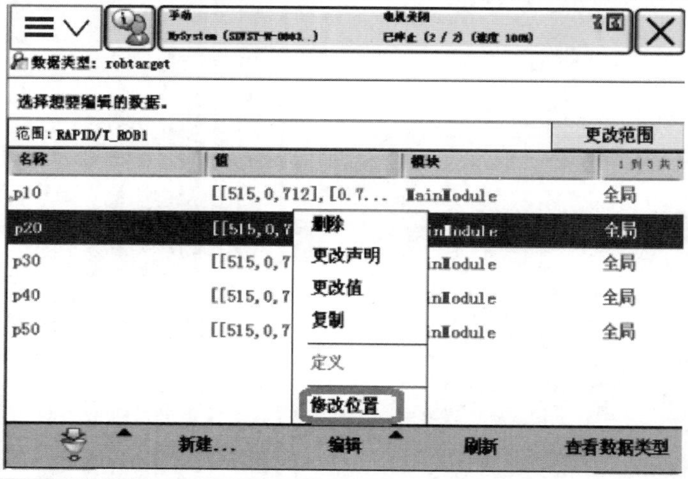	3）手动操纵机器人到所要修改的点位置，进入“程序数据”中的“robtarget”数据，选择要修改的点，单击“编辑”菜单中的“修改位置”完成修改

根据上述步骤定义以下机器人程序点，根据表 2-1-25 中的数据进行示教点设置。

表 2-1-25　　机器人程序点序号

序号	点序号	注释	备注
1	P_Home	机器人初始位置	需示教
2	P_wait	等待	需示教
3	ToolWobj_F	工件夹具坐标点 F	需示教
4	ToolWobj_E	工件夹具坐标点 E	需示教
5	ToolWobj_D1	工件夹具坐标点 D1	需示教
6	ToolWobj_A	工件夹具坐标点 A	需示教
7	Toolpan_D2	放托盘前夹具坐标 D2	需示教
8	Toolpan_C	放托盘前夹具坐标 C	需示教
9	Toolpan_E1	放托盘前夹具坐标 E1	需示教
10	Toolpan_B1	放托盘前夹具坐标 B1	需示教
11	Toolpan_A1	放托盘夹具坐标 A1	需示教
12	Toolpan_E	放托盘夹具坐标 E	需示教
13	Toolpan_F	放托盘夹具坐标 F	需示教
14	Type1Pick_H1	类型 1 下端盖坐标 H1	需示教
15	Type1Pick_F1	类型 1 下端盖坐标 F1	需示教
16	Type1Pick_A1	类型 1 下端盖坐标 A1	需示教
17	Type1Pick_B11	类型 1 下端盖坐标 B11	需示教
18	Type1Pick_C11	类型 1 下端盖坐标 C11	需示教
19	Type2Pick_A1	类型 2 下端盖坐标 A1	需示教

续表

序号	点序号	注释	备注
20	Type2Pick_B1	类型 2 下端盖坐标 B1	需示教
21	Type2Pick_C1	类型 2 下端盖坐标 C1	需示教
22	Type2Pick_D1	类型 2 下端盖坐标 D1	需示教
23	Type2Pick_E1	类型 2 下端盖坐标 E1	需示教
24	Type2Pick_F1	类型 2 下端盖坐标 F1	需示教
25	Type3Pick_A1	类型 3 下端盖坐标 A1	需示教
26	Type3Pick_B1	类型 3 下端盖坐标 B1	需示教
27	Type3Pick_C1	类型 3 下端盖坐标 C1	需示教
28	Type3Pick_D1	类型 3 下端盖坐标 D1	需示教
29	Type3Pick_E1	类型 3 下端盖坐标 E1	需示教
30	Type3Pick_F1	类型 3 下端盖坐标 F1	需示教
31	Type1Pick_H2	类型 1 上端盖坐标 H2	需示教
32	Type1Pick_F2	类型 1 上端盖坐标 F2	需示教
33	Type1Pick_A2	类型 1 上端盖坐标 A2	需示教
34	Type1Pick_B2	类型 1 上端盖坐标 B2	需示教
35	Type1Pick_C2	类型 1 上端盖坐标 C2	需示教
36	Type1Pick_G2	类型 1 上端盖坐标 G2	需示教
37	Type2Pick_A2	类型 2 上端盖坐标 A2	需示教
38	Type2Pick_B2	类型 2 上端盖坐标 B2	需示教
39	Type2Pick_C2	类型 2 上端盖坐标 C2	需示教
40	Type2Pick_D2	类型 2 上端盖坐标 D2	需示教
41	Type2Pick_E2	类型 2 上端盖坐标 E2	需示教
42	Type2Pick_F2	类型 2 上端盖坐标 F2	需示教
43	Type1Work_H	加工类型 1 下端盖坐标 H	需示教
44	Type1Work_G	加工类型 1 下端盖坐标 G	需示教
45	Type1Work_F	加工类型 1 下端盖坐标 F	需示教
46	Type1Work_I	加工类型 1 下端盖坐标 I	需示教
47	Type1Work_A	加工类型 1 下端盖坐标 A	需示教
48	Type1Work_B	加工类型 1 下端盖坐标 B	需示教
49	Type1Work_C	加工类型 1 下端盖坐标 C	需示教
50	Type1Workup_H	加工类型 1 上端盖坐标 H	需示教
51	Type1Workup_G	加工类型 1 上端盖坐标 G	需示教
52	Type1Workup_F	加工类型 1 上端盖坐标 F	需示教

续表

序号	点序号	注释	备注
53	Type1Workup_I	加工类型 1 上端盖坐标 I	需示教
54	Type1Workup_A	加工类型 1 上端盖坐标 A	需示教
55	Type1Workup_B1	加工类型 1 上端盖坐标 B1	需示教
56	Type1Workup_C1	加工类型 1 上端盖坐标 C1	需示教
57	Type1Workup_H1	加工类型 1 上端盖坐标 H1	需示教
58	TypeClean_A	清洁坐标 A	需示教
59	TypeClean_B	清洁坐标 B	需示教
60	TypeClean_C	清洁坐标 C	需示教
61	TypeClean_D	清洁坐标 D	需示教
62	TypeClean_E	清洁坐标 E	需示教
63	TypeClean_F	清洁坐标 F	需示教
64	Type1Change_A1	类型 1 下端盖换面子程序坐标 A1	需示教
65	Type1Change_B1	类型 1 下端盖换面子程序坐标 B1	需示教
66	Type1Change_C1	类型 1 下端盖换面子程序坐标 C1	需示教
67	Type1Change_D1	类型 1 下端盖换面子程序坐标 D1	需示教
68	Type1Change_H1	类型 1 下端盖换面子程序坐标 H1	需示教
69	Type1Change_G1	类型 1 下端盖换面子程序坐标 G1	需示教
70	Type1Change_J1	类型 1 下端盖换面子程序坐标 J1	需示教
71	Type1Change_K1	类型 1 下端盖换面子程序坐标 K1	需示教
72	Type1Change_L1	类型 1 下端盖换面子程序坐标 L1	需示教
73	Type1Change_E1	类型 1 下端盖换面子程序坐标 E1	需示教
74	Type1Change_F1	类型 1 下端盖换面子程序坐标 F1	需示教
75	Type2Change_A1	类型 2 下端盖换面子程序坐标 A1	需示教
76	Type2Change_B1	类型 2 下端盖换面子程序坐标 B1	需示教
77	Type2Change_C1	类型 2 下端盖换面子程序坐标 C1	需示教
78	Type2Change_D1	类型 2 下端盖换面子程序坐标 D1	需示教
79	Type2Change_E1	类型 2 下端盖换面子程序坐标 E1	需示教
80	Type2Change_F1	类型 2 下端盖换面子程序坐标 F1	需示教
81	Type3Change_A1	类型 3 下端盖换面子程序坐标 A1	需示教
82	Type3Change_B1	类型 3 下端盖换面子程序坐标 B1	需示教
83	Type3Change_C1	类型 3 下端盖换面子程序坐标 C1	需示教
84	Type3Change_D1	类型 3 下端盖换面子程序坐标 D1	需示教
85	Type3Change_E1	类型 3 下端盖换面子程序坐标 E1	需示教

续表

序号	点序号	注释	备注
86	Type3Change_F1	类型 3 下端盖换面子程序坐标 F1	需示教
87	Type1Change_A2	类型 1 上端盖换面子程序坐标 A2	需示教
88	Type1Change_B2	类型 1 上端盖换面子程序坐标 B2	需示教
89	Type1Change_C2	类型 1 上端盖换面子程序坐标 C2	需示教
90	Type1Change_D2	类型 1 上端盖换面子程序坐标 D2	需示教
91	Type1Change_E2	类型 1 上端盖换面子程序坐标 E2	需示教
92	Type1Change_F2	类型 1 上端盖换面子程序坐标 F2	需示教
93	Type2Change_A2	类型 2 上端盖换面子程序坐标 A2	需示教
94	Type2Change_B2	类型 2 上端盖换面子程序坐标 B2	需示教
95	Type2Change_C2	类型 2 上端盖换面子程序坐标 C2	需示教
96	Type2Change_D2	类型 2 上端盖换面子程序坐标 D2	需示教
97	Type2Change_E2	类型 2 上端盖换面子程序坐标 E2	需示教
98	Type2Change_F2	类型 2 上端盖换面子程序坐标 F2	需示教
99	Type3Change_A2	类型 3 上端盖换面子程序坐标 A2	需示教
100	Type3Change_B2	类型 3 上端盖换面子程序坐标 B2	需示教
101	Type3Change_C2	类型 3 上端盖换面子程序坐标 C2	需示教
102	Type3Change_D2	类型 3 上端盖换面子程序坐标 D2	需示教
103	Type3Change_E2	类型 3 上端盖换面子程序坐标 E2	需示教
104	Type3Change_F2	类型 3 上端盖换面子程序坐标 F2	需示教
105	Pan_A	托盘子程序坐标 A	需示教
106	Pan_B	托盘子程序坐标 B	需示教
107	Pan_C	托盘子程序坐标 C	需示教

教师演示运行调试，并说明操作过程的注意事项。

在教师的指导下，学员分组进行操作练习，并填写表 2-1-26。

表 2-1-26　操作步骤

操作步骤	操作内容	观察内容	观察结果	思考内容
第一步				
第二步				
第三步				
第四步				

续表

操作步骤	操作内容	观察内容	观察结果	思考内容
第五步				
第六步				
第七步				
操作要求	安全教育			

任务测评

对任务实施的完成情况进行检查，并将结果填入表 2-1-27。

表 2-1-27　　任务测评表

序号	主要内容	考核要求	评分标准	配分	扣分	得分
1	机器人基本操作	手动操作机器人开机、关机，数据备份与恢复操作，转数计数器更新操作	熟练掌握操作步骤	10		
2	输入、输出量的设置	能够根据控制要求设置输入、输出量	每错一处扣 3 分，扣完为止	15		
3	坐标系设置	机器人工具坐标系和工件坐标系的建立	每错一处扣 2 分，扣完为止	20		
4	点位置设置	1. 会独立进行程序的输入与调试 2. 具有较强的信息分析处理能力	能够根据控制要求达到预定控制效果	30		
5	创新能力	1. 在任务完成过程中能提出自己的有一定见解的方案 2. 在教学或生产管理上提出建议，具有创新性	1. 方案的可行性及意义 2. 建议的可行性	15		
6	文明生产	团队协作、安全操作规程的掌握	1. 出勤 2. 工作态度 3. 劳动纪律 4. 团队协作精神 5. 穿戴工作服 6. 遵循操作规程	10		
合计				100		
开始时间：			结束时间：			

任务 2　上下料机器人编程

学习目标

1. 能创建新的程序模块和新的程序。
2. 掌握工业机器人上下料运动的特点及程序编写方法。
3. 熟练掌握工业机器人的基本指令。
4. 能根据上下料机器人的工作要求编写控制程序。

任务描述

本任务的目标是让学员根据工业机器人上下料运动的特点，在熟练掌握工业机器人的基本指令和程序编写方法的基础上，完成工业机器人上下料程序的编写。

知识准备

一、机器人程序概述

机器人程序是为使机器人完成某种任务而设置的动作顺序描述。在示教操作中，产生的示教数据（如轨迹数据、作业条件、作业顺序等）和机器人指令都将保存在程序中。当机器人自动运行时，将执行程序以再现记忆的动作。

机器人的应用程序是使用一种称为 RAPID 编程语言的特定词汇和语法编写而成的。RAPID 是一种基于计算机的高级编程语言，RAPID 程序中包含一连串控制机器人的指令，执行这些指令可以实现对机器人的控制操作。扫描二维码可获得智能加工区视频。

智能加工区视频

RAPID 程序的基本架构见表 2-2-1。

表 2-2-1　　RAPID 程序的基本架构

RAPID 程序			
程序模块 1	程序模块 2	程序模块 3	系统模块
程序数据	程序数据	…	程序数据
主程序 MAIN	例行程序	…	例行程序
例行程序	中断程序	…	中断程序
中断程序	功能	…	功能
功能		…	

二、工业机器人程序基本指令

1. 运动指令

运动指令是用来实现以指定速度、特定路线模式等将工具从一个位置移动到另一个指定位置的指令。机器人在空间中进行运动主要有关节运动（MOVEJ）、线性运动（MOVEL）、圆弧运动（MOVEC）和绝对位置运动（MOVEABSJ）四种方式。

其中关节运动 MOVEJ 指令格式如下：

Home, v300, fine, toolWobj:=wobj0;

2. I/O 控制指令

（1）waitDI：等待一个输入信号状态为设定值。

例：waitDI di_3_xiaoqizua_sq, 1;

（2）Set：将数字输出信号置为 1。

例：set do0_toolchang;

（3）Reset：将数字输出信号置为 0。

例：Reset do_9_jajin_son;

3. 常用逻辑控制指令

（1）IF 条件判断指令

例：IF di_2_bigqizua_sq=0 THEN　符合判断条件

MovePickToolPan;　执行取托盘子程序

ElSE　否则

TPWrite "no toolpan";　执行 TPWrite "no toolpan" 指令。

（2）WHILE 循环指令：循环指令运行时，机器人循环至不满足判断条件后，才跳出循环指令，执行 ENDWHILE 以后的运行指令。

例：WHILE TRUE DO

ENDWHILE

任务实施

一、工作准备

实施本任务教学需领用实训设备及工具材料时，应填写借用清单，清单格式可参考表 2–2–2。

表 2–2–2　　实训设备及工具材料________工作站借用材料清单

序号	名称	数量	借出时间	学生签名	归还时间	学生签名	管理员签名	备注

二、任务流程

将任务按工作流程先后细分为 3 个子任务，分别进行实施。

子任务 1　机器人上下料运动规划

子任务描述

本任务的目标是让学员完成机器人上下料的任务规划、动作规划和路径规划。

子任务实施

1. 任务规划

机器人上下料的运动可分解为“与数控车床交换信息”“抓取工件”“与数控车床交换工件”“与 PLC 交换信息”“清洗工件”“放置工件” 等子任务。

2. 动作规划

机器人上下料的运动可以进一步分解为“等待上位机控制信号”“把夹具移到工件上方”“打开夹具”“抓取工件”“移动工件到数控车床”“交换工件”“清洗工件”“呼叫输送带运走工件” 等一系列动作。通过主程序调用相应的程序实现整个运动过程的控制，动作循环流程如图 2–2–1 所示。

3. 路径规划

机器人抓取工件时，通过示教器获取第一点位置数据，其余点可以通过对第一点进行位置偏移，从而获取其余点的位置数据，这样就可以减少示教器操作次数，简化示教过程。

4. 规划程序设计步骤

根据观察机器人工作流程特点可发现，其工作对象是两套不同的上下端盖，工作过程都包含上料、加工、下料、清洗等步骤，因此可以设计相应的子程序，工作过程中只需要在主程序中调用子程序即可。另外，机器人开始工作前需要复位，所以机器人夹具工作的开始、停止，加工工作的开始等都需要编写对应的子程序控制。

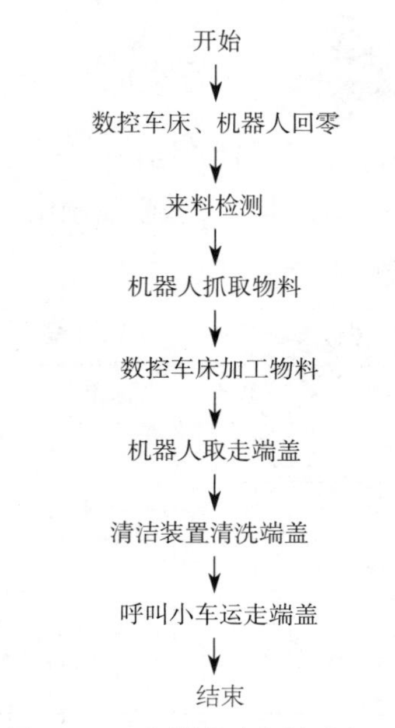

图 2-2-1　机器人动作循环流程图

具体步骤是：

第一步，建立一个程序模块（MainModule）。

第二步，新建一个主程序，命名为“main”。

第三步，建立主程序下的子程序。

1）初始化子程序“initall”

2）取工件夹具子程序“MovePickToolWobj”

3）放托盘夹具子程序“MovePlaceToolPan”

4）选择不同下端盖子程序“MovePickDown”

5）取上端盖子程序“MovePickUp”

6）取类型 1 下端盖子程序“MovePickDownType1”

7）取类型 2 下端盖子程序“MovePickDownType2”

8）取类型 3 下端盖子程序“MovePickDownType3”

9）取类型 1 上端盖子程序“MovePickUpType1”

10）取类型 2 上端盖子程序“MovePickUpType2”

11）取类型 3 上端盖子程序“MovePickUpType3”

12）加工类型 1 下端盖子程序“MoveWorkDownType1”

13）加工类型 1 上端盖子程序“MoveWorkUpType1”

14）清洁子程序“MoveClean”

15）下端盖换面子程序“MoveDownChange”

16）上端盖换面子程序“MoveUpChange”

17）类型 1 下端盖换面子程序“MoveChangeDown1”

18）类型 2 下端盖换面子程序“MoveChangeDown2”

19）类型 3 下端盖换面子程序“MoveChangeDown3”

20）放置下端盖子程序“MoveDownPlace”

21）放置上端盖子程序“MoveUpPlace”

22）放置类型 1 下端盖子程序“MovePlaceDownType1”

23）放置类型 2 下端盖子程序“MovePlaceDownType2”

24）放置类型 3 下端盖子程序“MovePlaceDownType3”

25）搬运托盘子程序“MovePan”

第四步，确定机器人工作所需要的点位，参照表 2-1-25。

子任务 2　新建模块和程序

子任务描述

本任务采用示教编程方法，完成新建程序模块和相应主程序及例行程序的操作，用来保存示教数据和运动指令。

子任务实施

本任务主要使用机器人示教器完成相关操作。

1. 创建新的程序模块（见表 2-2-3）

表 2-2-3　　创建新程序模块

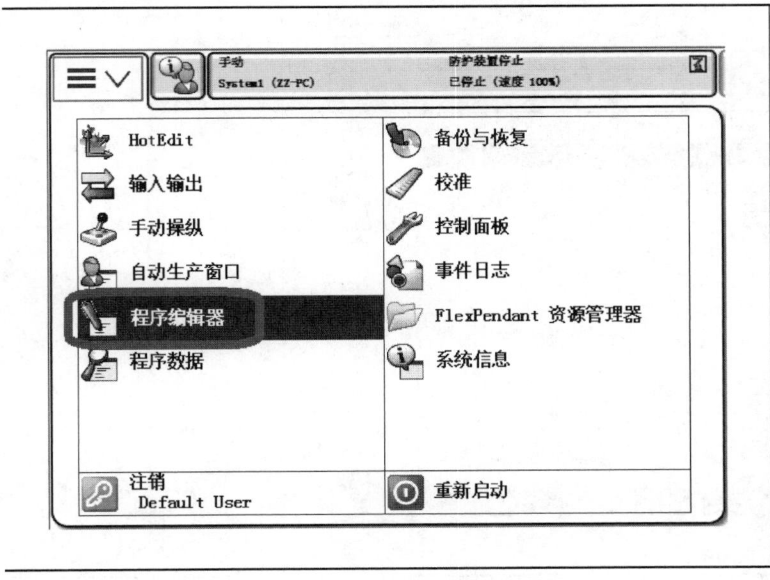	1）单击“ABB”，选择“程序编辑器”

续表

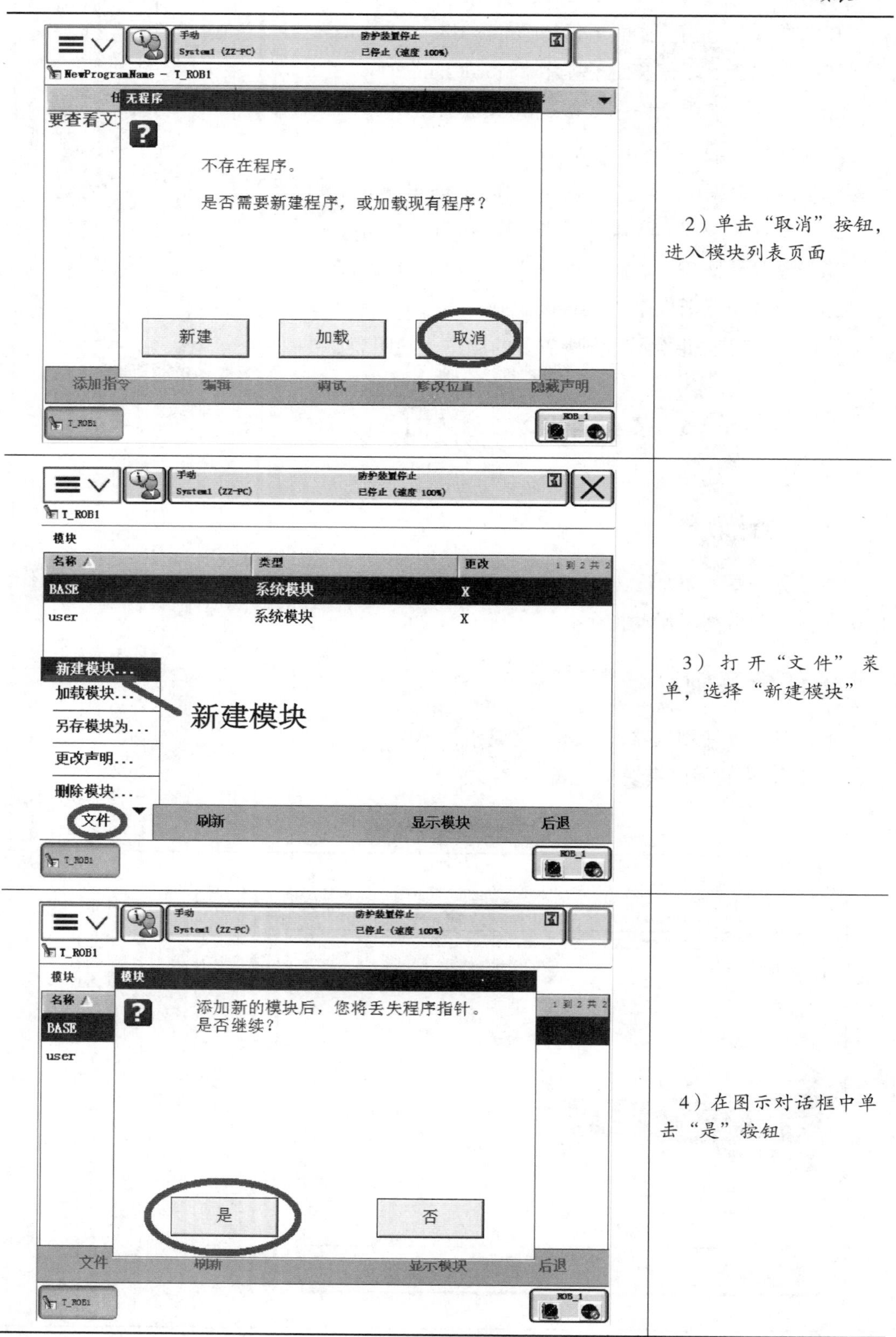

2）单击“取消”按钮，进入模块列表页面

3）打开“文件”菜单，选择“新建模块”

4）在图示对话框中单击“是”按钮

续表

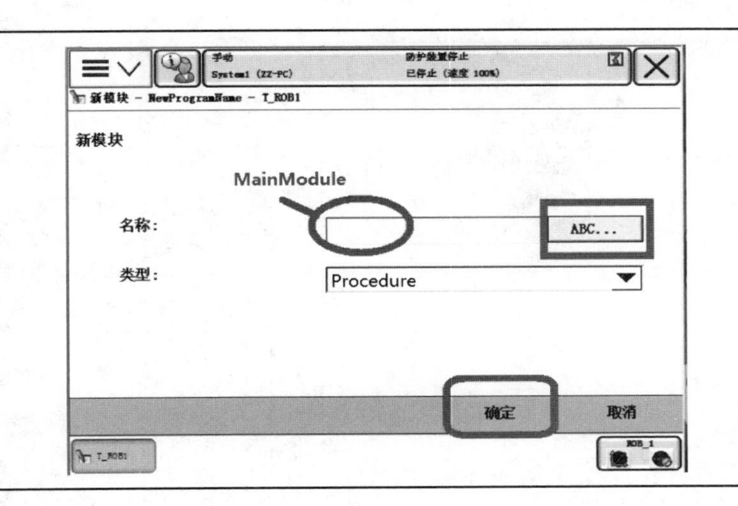	5）在如图所示的界面中单击“ABC”为程序模块设定名称，输入“MainModule”，然后单击“确定”，创建好名为MainModule的程序模块

2. 创建新的主程序（见表2-2-4）

表2-2-4　　　　　　　　　　创建新主程序

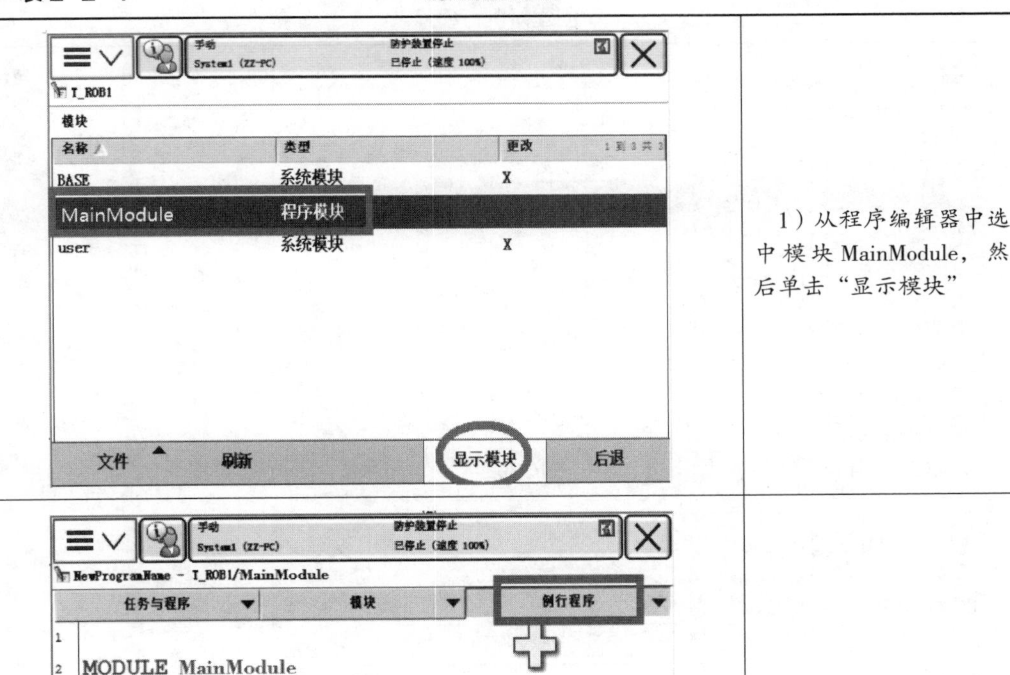	1）从程序编辑器中选中模块MainModule，然后单击“显示模块”
	2）单击“例行程序”

续表

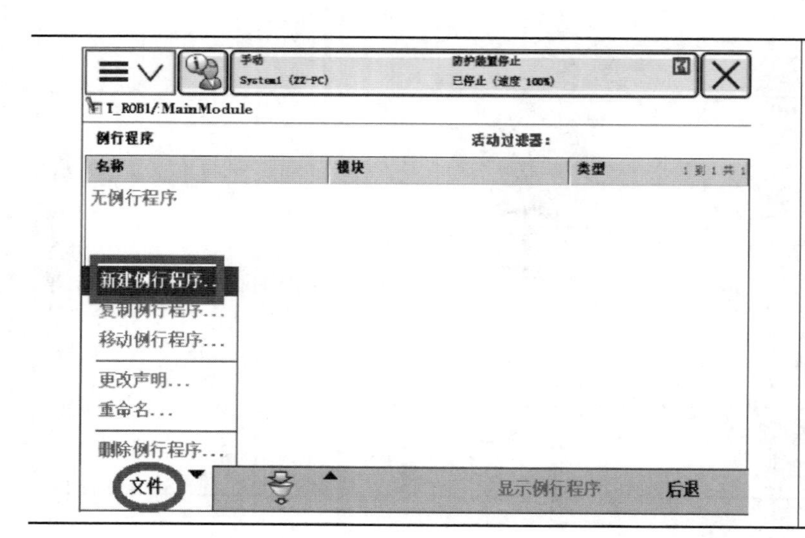	3）打开“文件”菜单，选择“新建例行程序”，在弹出输入框中输入主程序名称 main，然后单击“确定”

3. 创建新的例行程序（见表 2-2-5）

表 2-2-5 创建新例行程序

	1）在例行程序界面打开“文件”菜单，选择“新建例行程序”
	2）在名称栏输入“MovePickToolWobj”，然后单击“确定”，例行程序创建完毕

续表

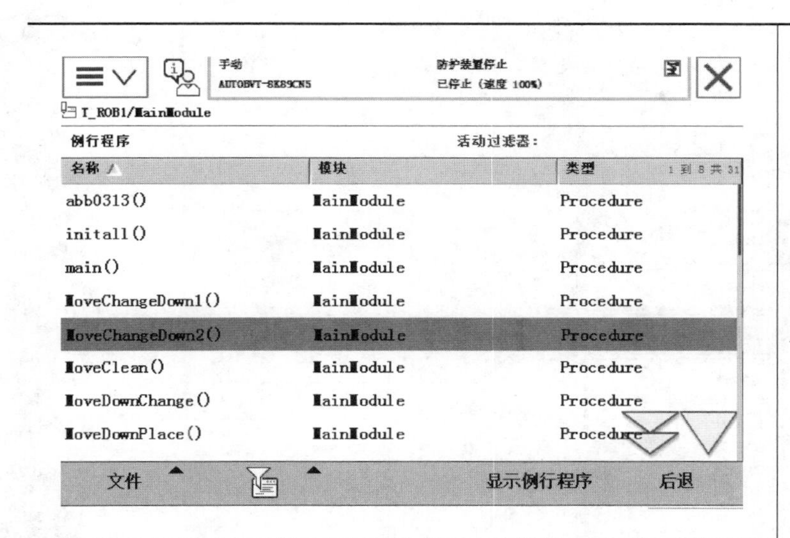

练习：学员结合前面所学知识，认真观察老师的演示后，完成其他例行程序的创建

子任务 3　编写工业机器人上下料程序

子任务描述

本任务目标是令学员结合前面学习的所有知识，利用已搭建好的机器人系统，在上节建立好的例行程序中，编写具体机器人程序代码，完成机器人的上下料控制任务。

子任务实施

1. 在例行程序中添加指令的方法（见表 2-2-6）

表 2-2-6　在例行程序中添加指令

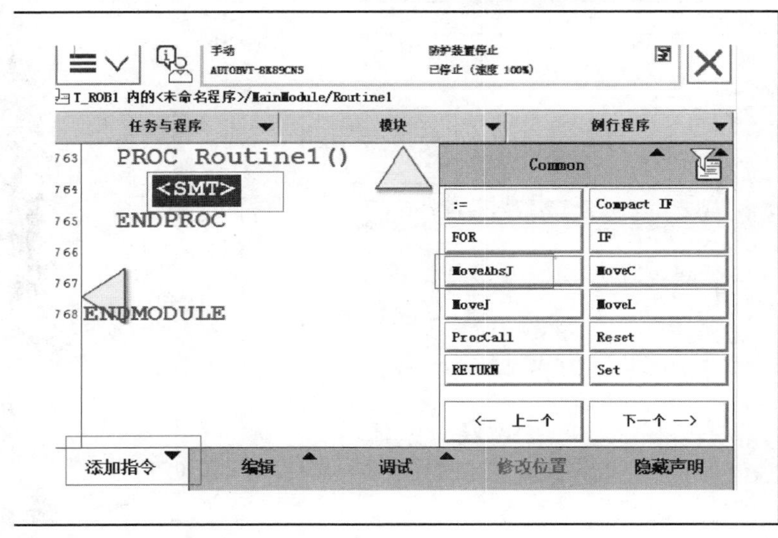

1）从程序编辑器打开已创建好的例行程序 main，选择“<SMT>”为添加指令的位置，单击“添加指令”，打开指令列表，选取添加指令的位置，选取绝对位置运动指令 MoveAbsJ

续表

功能键及指令用法

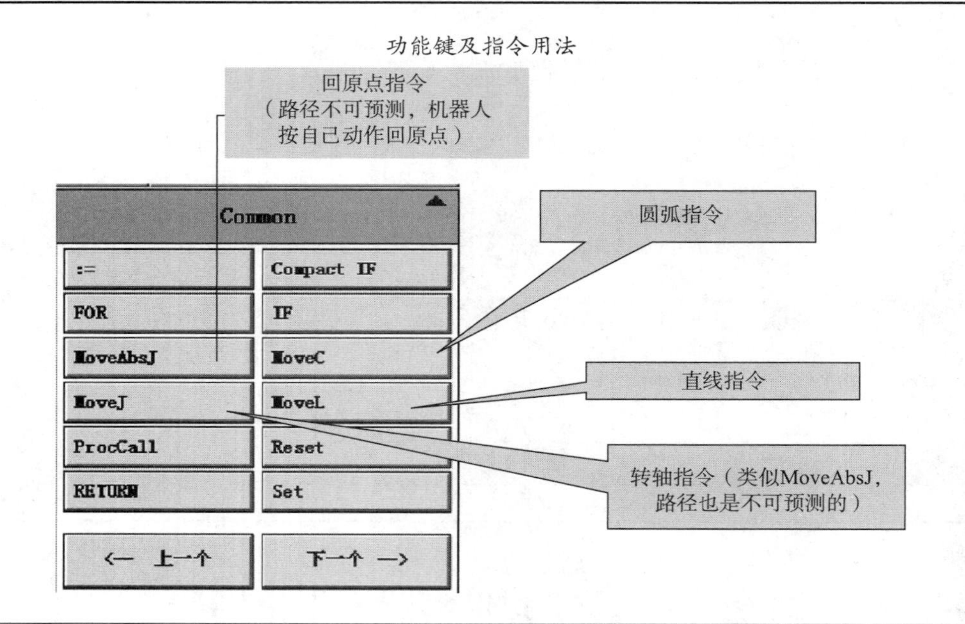

参数	含义
p_jpos_zero\NoEOffs	目标点位置数据
V300	运动速度数据，300 mm/s
z500	转弯区数据
Tool0	工具坐标数据
Wobj0	工件坐标数据

2）绝对位置运动指令 MoveAbsJ 使机器人按照六个轴的位置和角度值运动到目标位置

指令语法如下：MoveAbsJ p_jpos_zero\NoEOffs，v300，z500，tool0\wobj：=wobj0；

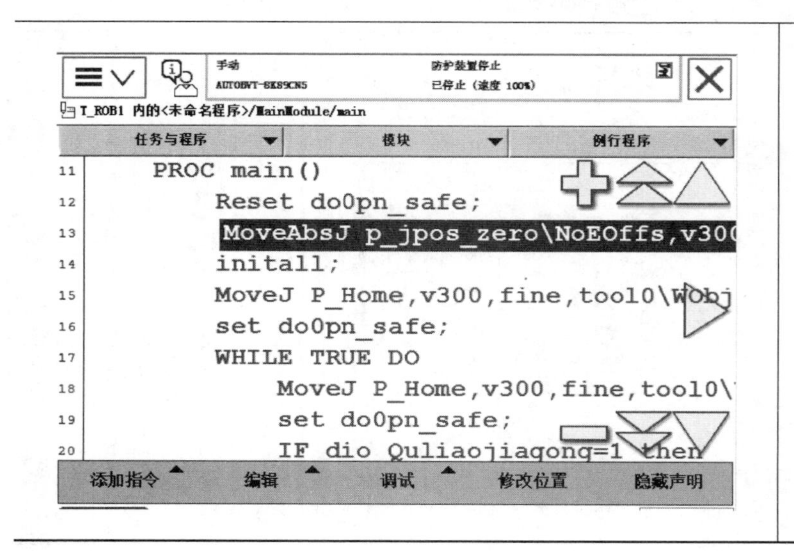

3）指令插入完成

续表

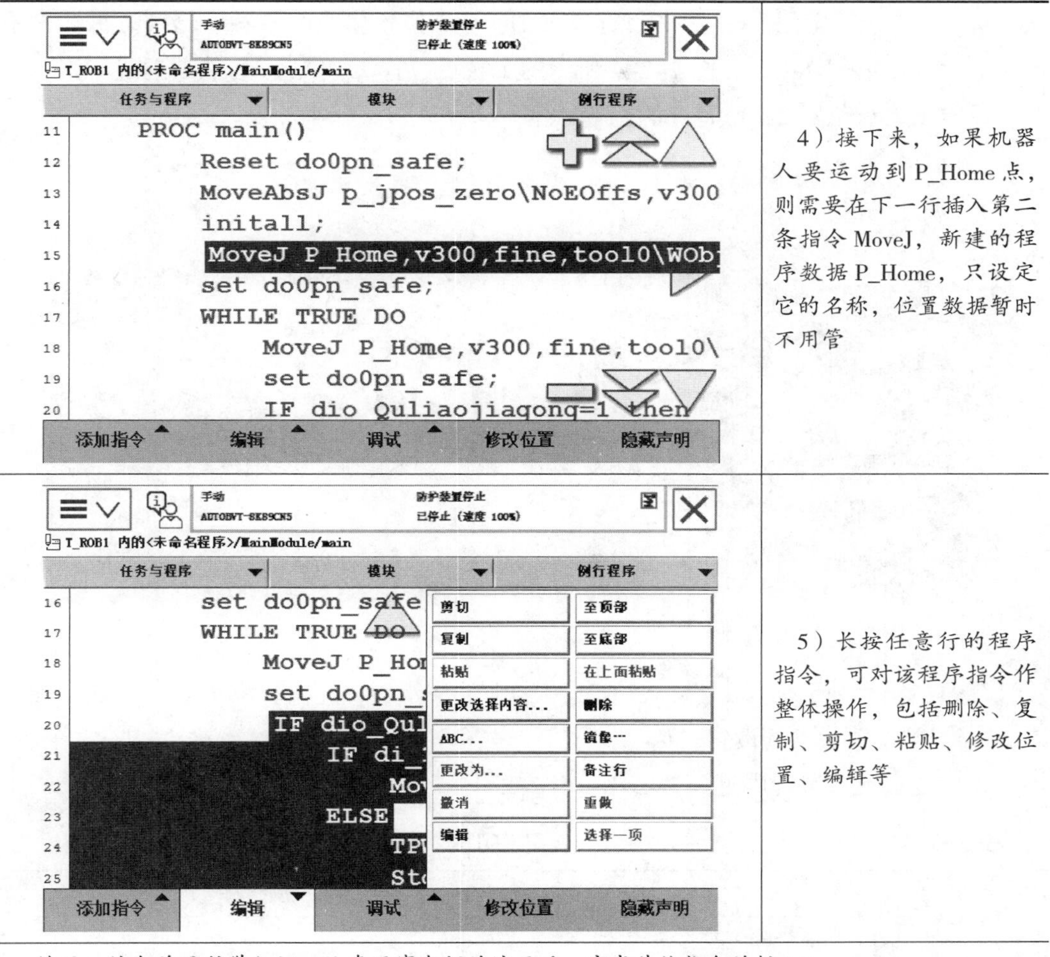

	4）接下来，如果机器人要运动到 P_Home 点，则需要在下一行插入第二条指令 MoveJ，新建的程序数据 P_Home，只设定它的名称，位置数据暂时不用管
	5）长按任意行的程序指令，可对该程序指令作整体操作，包括删除、复制、剪切、粘贴、修改位置、编辑等
练习：结合前面所学知识，认真观察老师的演示后，完成其他指令的插入。	

2. 修改目标点位置数据

程序中的指令除了第一个 p_jpos_zero 点的程序数据已经预定义以外，后面其他点的位置数据还未设定，接下来介绍以手动示教的方法修改目标点位置数据的操作。

选择“手动操纵”（参照前文中示教器操作），选用合适的动作模式，手动操纵机器人运动到如图 2-2-2 所示的示教点位置 1。

图 2-2-2　示教点位置 1

在机器人运动到该位置后，单击程序中第二条 MoveJ 指令中的 P_Home 点，点击“修改位置”，在弹出的对话框中选择“修改”即完成 P_Home 点位置数据的设定。上述通过手动操纵把机器人运动到期望位置，再通过进行修改位置的操作以完成目标点位置设定的方法，称为目标点示教方法。参考目标点 P_Home 点位置修改的步骤，分别将机器人手动操纵运动到如图 2-2-3、图 2-2-4 所示的示教点位置 2、位置 3，然后通过“修改位置”设定示教点位置 2、位置 3 的位置数据。

图 2-2-3　示教点位置 2

图 2-2-4　示教点位置 3

练习：结合前面所学知识，认真观察老师的演示后，完成机器人各程序点（参照表 2-1-25）位置数据的设置。

相关变量及参考程序见表 2-2-7 ~ 表 2-2-19。

表 2-2-7　　变量说明

序号	变量	说明
1	do0pn_safe;	复位安全位置
2	p_jpos_zero\NoEOffs	机器人目标点位置数据 Z500
3	p_Home	初始位置
4	dio_Quliaojiagong	判断是否有取料加工标志
5	di_3_xiaoqizua_sq	判断夹取工件小气爪光电感应开关座标志
6	di_2_bigqizua_sq	判断夹取工件大气爪光电感应开关座标志
7	do_22_danzou_moto_byn	单周电动机搬运
8	do_23_tuopan_byun	判断托盘搬运

表 2-2-8　　主程序

序号	程序内容	程序说明
1	FROC main ()	主程序
2	Reset do0pn_safe;	复位安全位置
3	MoveAbsJ p_jpos_zero\NoEOffs, v300, z500, tool0\WObj:=wobj0;	机器人绝对位置 Z500

续表

序号	程序内容	程序说明
4	initall	初始化
5	MoveJ p_Home, v300, fine, tool0\WObj:=wobj0;	移动 P_HOME 点
6	set do0pn_safe	设置安全点
7	WHILE TRUE DO	循环开始
8	MoveJ p_Home, v300, fine, tool0\WObj:=wobj0;	设置 P_HOME 点速度 V300
9	set do0pn_safe	设置安全点
10	IF dio_Quliaojiagong=1 THEN	如果取料加工 =1
11	IF di_3_xiaoqizua_sq=0 THEN	如果夹取工件小气爪光电感应开关座 =0，则执行以下命令
12	MovePickToolWobj;	执行移动到工件夹具子程序
13	ELSE	否则
14	TPWrite “no toolwobj”;	示教器显示“没有找到工件工具”
15	Stop;	停止
16	EXIT;	退出
17	ENDIF	结束

表 2-2-9　取下端盖子程序

序号	程序内容	程序说明
19	MovePickDown;	取下端盖子程序
20	MoveJ p_Home, v300, fine, toolWobj:=wobj0;	移动到 P_HOME 点
21	Moveworkdown;	移动到加工下端盖子程序
22	MoveJ p_Home, v300, fine, toolWobj:=wobj0;	移动到 P_HOME 点
23	MoveClean;	移动到清洁子程序
24	MoveDownChange;	移动到下端盖换面子程序
25	MoveDownPlace;	移动到放下端盖的子程序
26	MovePickUp;	移动到抓取上端盖子程序
27	MoveJ p_Home, v300, fine, toolWobj:=wobj0;	移动到 P_HOME 点
28	Moveworkup;	移动到加工上端盖子程序
29	MoveJ p_Home, v300, fine, toolWobj:=wobj0;	移动到 P_HOME 点
30	MoveUpChange;	移动到上端盖换面子程序

续表

序号	程序内容	程序说明
31	MoveJ p_Home, v500, fine, toolWobj:= wobj0;	移动到 P_HOME 点
33	MoveJ p_Home, v500, fine, toolWobj:= wobj0;	移动到 P_HOME 点
34	MoveClean;	移动到清洁子程序
35	MoveUpPlace;	移动到放置上端盖
36	set do_22_danzou_moto_byn;	设置单周电动机搬运
37	waitDI di_3_xiaoqizua_sq, 1;	小气爪动作等待 =1
38	MovPlaceToolWobj;	放置工件夹具子程序
39	if di_2_bigqizua_sq=0 THEN	如果大气爪动作 =0
40	MovePickToolPan;	执行取托盘子程序
41	ELSE	否则
42	TPWrite "no toolpan";	示教器显示“没有找到托盘工具”
43	stop;	停止
44	EXIT;	退出
45	ENDIF	结束

表 2-2-10　取托盘夹具子程序

序号	程序内容	程序说明
46	MovePan;	取托盘夹具子程序
47	set do_23_tuopan_byun;	设置托盘搬运 =1
48	MovePlaceToolPan;	移动放置托盘夹具
49	MoveJ P_wait, v500, fine, toolwobj\WObj:=Wobj0;	移动到 P_WAIT，速度 V500
50	ENDIF	判断结束
51	ENDWHILE	循环结束
52	ENDPROC	程序结束
53	PROC initall ( )	结束程序

表 2-2-11　初始化子程序

序号	程序内容	程序说明
54	Accset nAccration, nAccration1;	初始化子程序
55	Velset nVelset, 1000;	最高速度设置 1000
56	Reset do0_toolchang;	复位输出 Do0 夹具切换

续表

序号	程序内容	程序说明
57	Reset do_14_kpson;	复位 DO_14 卡盘松
58	Reset do_13_kpjin;	复位 DO_13 卡盘紧
59	Reset de_15_atodor_close;	复位车床自动门 DO_15 关闭
60	Reset do0pn_safe;	复位 Do0_ 安全位置
61	set do4_qian_hou;	设置 Do4_ 前后
62	Reset dolmovepan;	复位 Do1
63	ENDPROC	程序结束
64	PROC MovePickToolWobj ( )	取工件夹具子程序
65	MoveJToolWobj_F, v500, fine, tool0\Wobj:= WObj0;	准备移动到工件夹具坐标点 F
67	MoveJToolWobj_E, v500, fine, tool0\Wobj:= WObj0;	准备移动到工件夹具坐标点 E
68	MoveJ ToolWobj_D1, v500, z50, tool0;	准备移动到工件夹具坐标点 D1
69	MoveLToolWobj_A, v500, fine, tool0\Wobj:= WObj0;	准备移动到工件夹具坐标点 A
70	set do0_toolchang;	输出 Do0_ 切换夹具
71	MoveLToolWobj_B, v50, fine, tool0\Wobj:= Wobj0;	工件夹具坐标点 B
72	WaitTime 0.5;	延时 0.5s
73	Reset do0_toolchang;	复位 Do0_ 切换夹具输出
74	MoveLToolWobj_B11, v50, fine, toolwobj\WOjb:=Wobj0;	移动到工件夹具坐标点 B11
75	MoveLToolWobj_B10, v50, fine, toolwobj\WOjb:=Wobj0;	移动到工件夹具坐标点 B10
76	MoveLToolWobj_C, v500, fine, toolwobj\WOjb:=Wobj0;	移动到工件夹具坐标点 C
77	MoveJToolWobj_D1, v500, fine, tool0\WOjb:=Wobj0;	移动到工件夹具坐标点 D1
78	MoveLToolWobj_E, v500, fine, tool0\WObj:=wobj0;	移动到工件夹具坐标点 E
79	MoveJToolWobj_F, v500, fine, tool0\WObj:=wobj0;	移动到工件夹具坐标点 F
80	ENDPROC	子程序结束

表 2-2-12　取托盘夹具子程序

序号	程序内容	程序说明
81	PROC MovePickToolPan ( )	取托盘夹具子程序
82	MoveJToolPan_D1, v500, fine, tool0\Wobj:=Wobj0;	取托盘夹具前坐标点 D1
83	MoveLToolPan_F, v500, fine, tool0\Wobj:=Wobj0;	取托盘夹具前坐标点 F
84	MoveJ ToolPan_A10, v1000, z50, tool0;	取托盘夹具前坐标点 A10
85	MoveLToolPan_A, v500, fine, tool0\Wobj:=wobj0;	取托盘夹具前坐标点 A
86	set do0_toolchang;	切换托盘夹具 Do0 输出
87	WaitTime 0.5;	延时 0.5 秒
88	MoveLToolpan_B, v80, fine, tool0\Wobj:=wobj0;	托盘夹具坐标点 B
89	Reset do0_toolchang;	复位 Do0_ 切换夹具输出
90	WaitTime 0.5;	延时 0.5 秒
91	MoveLToolpan_E, v80, fine, toolpan\Wobj:=wobj0;	托盘夹具坐标点 E
92	MoveLToolpan_C, v500, fine, toolpan\Wobj:=wobj0;	托盘夹具坐标点 C
93	MoveJToolpan_D, v300, fine, toolpan\Wobj:=wobj0;	托盘夹具坐标点 D
94	ENDPROC	结束子程序
95	PROC MovePlaceToolWobj ( )	放工件夹具子程序
96	reset do_9_jajin_son;	复位 DO_9 夹紧放松输出
97	MoveJToolWobj_D, v300, z50, toolwobj\WObj:=Wobj0;	放工件夹具前坐标 D
98	MoveJToolWobj_C, v300, fine, toolwobj\WObj:=Wobj0;	放工件夹具前坐标 C
99	MoveLToolWobj_B10, v300, fine, toolwobj\WObj:=Wobj0;	放工件夹具前坐标 B10
100	MoveLToolWobj_B11, v300, fine, toolwobj\WObj:=Wobj0;	放工件夹具前坐标 B11
101	MoveLToolWobj_B12, v80, fine, toolwobj\WObj:=Wobj0;	放工件夹具前坐标 B12
102	set do0_toolchang;	设置 Do0_ 切换夹具
103	WaitTime 0.5;	延时 0.5 秒
104	MoveLToolWobj_B11, v300, fine, toolwobj\WObj:=Wobj0;	放工件夹具坐标 B11

续表

序号	程序内容	程序说明
105	MoveLToolWobj_B12, v80, fine, toolwobj\WObj:=Wobj0;	放工件夹具坐标 B12
106	ENDPROC	子程序结束

表 2-2-13　放托盘夹具子程序

序号	程序内容	程序说明
112	PROC MovePlaceToolPan ( )	放托盘夹具子程序
113	Reset do_9_jajin_son;	复位 Do_9 夹紧放松输出
114	MoveJToolpan_D2, v300, z50, toolpan\WObj:=Wobj0;	放托盘夹具前坐标 D2
115	MoveJToolpan_C, v300, fine, toolpan\WObj:=Wobj0;	放托盘夹具前坐标 E1
116	MoveLToolpan_E1, v300, fine, toolpan\WObj:=Wobj0;	放托盘夹具前坐标 E1
117	MoveLToolpan_B1, v80, fine, toolpan\WObj:=Wobj0;	放托盘夹具前坐标 B1
118	set do0_toolchang;	设置 Do0_ 切换夹具
119	WaitTime 0.5;	延时 0.5 秒
120	MoveLToolpan_A1, v80, fine, tool0\WObj:=Wobj0;	放托盘夹具坐标 A1
121	MoveLToolWobj_E, v300, fine, tool0\WObj:=Wobj0;	放托盘夹具坐标 E
122	MoveJToolWobj_F, v500, fine, tool0\WObj:=Wobj0;	放托盘夹具坐标 F
123	ENDPROC	子程序结束
124	PROC MovePickDown ( )	选择不同下端盖程序
125	TEST kiGiType	组输入
126	CASE 1:	满足条件 1
127	MovePickDownType1;	类型 1 下端盖
128	CASE 2:	满足条件 2
129	MovePickDownType2;	类型 2 下端盖
130	EXIT;	退出
143	DEFAULT;	否则
144	TPWrite "the num is error";	示教器显示“数字错误”
145	stop;	停止
146	EXIT;	退出

续表

序号	程序内容	程序说明
147	ENDTEST	结束
148	ENDPROC	子程序结束

表 2-2-14　　取上端盖子程序

序号	程序内容	程序说明
149	PROC MovePickUp ( )	取上端盖子程序
150	TEST kiGiType	组输入
151	CASE 1:	满足条件 1
152	MovePickUpType1;	类型 1 下端盖
153	CASE 2:	满足条件 2
157	MovePickUpType2;EXIT;	类型 2 下端盖
161	DEFAULT;	否则
162	TPWrite "the num is error";	示教器显示“数字错误”
163	ENDPROC	子程序结束
164	WaitDI dio_Quliaojiagong, 1;	等待 DI_0 取料加工 =1
165	set do_9_jajin_son;	设置 Do_9_ 夹紧放松 =1，气爪松开
166	MoveJType1Pick_H1, v500, fine, toolwobj\Wobj:=Wobj0;	类型 1 下端盖坐标 H1
167	MoveJType1Pick_F1, v500, fine, toolwobj\Wobj:=Wobj0;	类型 1 下端盖坐标 F1
168	MoveJType1Pick_A1, v500, fine, toolwobj\Wobj:=Wobj0;	类型 1 下端盖坐标 A1
169	MoveLType1Pick_B11, v500, fine, toolwobj\Wobj:=Wobj0;	类型 1 下端盖坐标 B11
170	MoveLType1Pick_C11, v80, fine, toolwobj\Wobj:=Wobj0;	类型 1 下端盖坐标 C11
171	Reset do_9_jajin_son;	复位 Do_9_ 夹紧放松 =1，夹紧
172	WaitDI di_4_jajin_dw_sq, 1;	等待 DI_4_ 到位 =1
173	MoveLType1Pick_B11, v80, fine, toolwobj\Wobj:=Wobj0;	类型 1 下端盖坐标 B11
174	MoveJType1Pick_A1, v500, fine, toolwobj\Wobj:=Wobj0;	类型 1 下端盖坐标 A1
175	MoveJType1Pick_F1, v500, fine, toolwobj\Wobj:=Wobj0;	类型 1 下端盖坐标 F1
176	MoveJType1Pick_H1, v500, fine, toolwobj\Wobj:=Wobj0;	类型 1 下端盖坐标 H1

续表

序号	程序内容	程序说明
177	ENDPROC	子程序结束
178	PROC MovePickDownTpye2（）	取类型 2 下端盖子程序（方式同类型 1 下端盖子程序一样）
179	PROC MovePickDownTpye3（）	取类型 3 下端盖（方式同类型 1 下端盖子程序一样）

表 2-2-15　　加工类型 1 下端盖程序

序号	程序内容	程序说明
238	PROC MoveWorkdownType1 ()	加工类型 1 下端盖程序
239	WaitDI di_10_atodr_open, 1;	等待 DI_10 自动门开信号 =1，开门
240	set do_14_kpson;	设置 Do_14_ 卡盘放松信号 =1，卡盘松开
241	WaitDI di_14_pls_kpson, 1;	等待卡盘松到位
242	MoveJType1Work_H, v500, fine, toolwobj\Wobj:=Wobj0;	移动加工类型 1 下端盖坐标 H
243	MoveJType1Work_G, v500, fine, toolwobj\Wobj:=Wobj0;	移动加工类型 1 下端盖坐标 G
244	MoveJType1Work_F, v500, fine, toolwobj\Wobj:=Wobj0;	移动加工类型 1 下端盖坐标 F
245	MoveJType1Work_I, v500, fine, toolwobj\Wobj:=Wobj0;	移动加工类型 1 下端盖坐标 I
246	MoveLType1Work_A, v500, fine, toolwobj\Wobj:=Wobj0;	移动加工类型 1 下端盖坐标 A
247	MoveLType1Work_B, v100, fine, toolwobj\Wobj:=Wobj0;	移动加工类型 1 下端盖坐标 B
248	Reset do_14_kpson;	复位 Do_14_ 卡盘松开信号
249	MoveLType1Work_C, v20, fine, toolwobj\Wobj:=Wobj0;	移动加工类型 1 下端盖坐标 C
250	set do_13_kpjin;	设置 Do_13 卡盘紧
251	WaitTime 0.5;	延时 0.5 秒
252	WaitDI di_7_kpjin_sq, 1;	等待卡盘紧到位 DI7=1
253	Reset do_13_kpjin;	复位卡盘锁紧
254	set do_9_jajin_son;	设置气爪松开 DO_9=1
255	WaitTime 1;	延时 1 秒
256	WaitDI di_5_fson_dw_sq, 1;	等待托盘气爪松开到位
257	MoveLType1Work_B, v20, fine, toolwobj\Wobj:=Wobj0;	移动加工类型 1 下端盖坐标 B

续表

序号	程序内容	程序说明
258	MoveLType1Work_A, v100, fine, toolwobj\Wobj:=Wobj0;	移动加工类型 1 下端盖坐标 A
259	MoveJType1Work_I, v500, fine, toolwobj\Wobj:=Wobj0;	移动加工类型 1 下端盖坐标 I
260	MoveJType1Work_F, v500, fine, toolwobj\Wobj:=Wobj0;	移动加工类型 1 下端盖坐标 F
261	set do4_qian_hou;	设置 Do4=1
262	WaitTime 1;	等待时间 1 秒
263	set do_15_atodor_close;	设置 Do_15_ 自动门关闭
264	WaitDI di12_doorclosed, 1;	等待自动门关闭到位 DI12=1
265	Reset do_15_atodor_close;	复位自动门关闭
266	set do_12_rob_ck56_strpro;	触发 Do_12 车床启动循环启动按钮
267	WaitTime 0.5;	等待时间 0.5 秒
268	Reset do_12_rob_ck56_strpro;	复位 Do_12 循环启动
269	WaitDI di_10_atodr_open, 1;	等待自动门开到位 DI10=1（加工完成）
270	WaitTime 0.8;	延时 0.8 秒
271	set do_9_jajin_son;	设置气爪松开
272	MoveJTypeWork_F, v500, fine, toolwobj\Wobj:=Wobj0;	移动加工类型 1 下端盖坐标 F
273	MoveJTypeWork_I, v500, fine, toolwobj\Wobj:=Wobj0;	移动加工类型 1 下端盖坐标 I
274	MoveLTypeWork_A, v500, fine, toolwobj\Wobj:=Wobj0;	移动加工类型 1 下端盖坐标 A
275	MoveJTypeWork_B, v100, fine, toolwobj\Wobj:=Wobj0;	移动加工类型 1 下端盖坐标 B
276	MoveLTypeWork_C, v20, fine, toolwobj\Wobj:=Wobj0;	移动加工类型 1 下端盖坐标 C
277	Reset do_9_jajin_son;	设置气爪夹紧 Do_9=1
278	WaitDI di_4_jajin_dw_sq, 1;	等待夹紧到位
279	set do_14_kpson;	设置 Do_14 卡盘松开
280	Waitdi di_14_kpson, 1;	等待卡盘松到位
281	Reset do_14_kpson;	复位卡盘松开
282	MoveJType1Work_B, v20, fine, toolwobj\Wobj:=Wobj0;	移动加工类型 1 下端盖坐标 B
283	MoveJType1Work_A, v100, fine, toolwobj\Wobj:=Wobj0;	移动加工类型 1 下端盖坐标 A

续表

序号	程序内容	程序说明
284	MoveJType1Work_I, v500, fine, toolwobj\Wobj:=Wobj0;	移动加工类型 1 下端盖坐标 I
285	MoveJ Type1Work_F, v500, fine, toolwobj;	移动加工类型 1 下端盖坐标 F
286	MoveJType1Work_G, v500, fine, toolwobj\Wobj:=Wobj0;	移动加工类型 1 下端盖坐标 G
287	MoveJType1Work_H, v500, fine, toolwobj\Wobj:=Wobj0;	移动加工类型 1 下端盖坐标 H
288	ENDPROC	子程序结束
289	PROC MoveWorkUpType1 ( )	加工类型 1 上端盖程序（方式同加工类型 1 下端盖子程序一样）

表 2-2-16　　清洁子程序

序号	程序内容	程序说明
340	PROC MoveClean ( )	清洁子程序
341	MoveJTypeClean_A, v500, fine, toolwobj\Wobj:=Wobj0;	移动清洁坐标 A
342	MoveJTypeClean_B, v500, fine, toolwobj\Wobj:=Wobj0;	移动清洁坐标 B
343	MoveJTypeClean_C, v500, fine, toolwobj\Wobj:=Wobj0;	移动清洁坐标 C（慢速移动）
344	MoveJTypeClean_F, v1000, fine, toolwobj\Wobj:=Wobj0;	移动清洁坐标 F（快速移动）
345	MoveJTypeClean_C, v1000, fine, toolwobj\Wobj:=Wobj0;	移动清洁坐标 C
346	MoveJTypeClean_F, v1000, fine, toolwobj\Wobj:=Wobj0;	移动清洁坐标 F
347	MoveJTypeClean_C, v1000, fine, toolwobj\Wobj:=Wobj0;	移动清洁坐标 C
348	MoveJTypeClean_D, v500, fine, toolwobj\Wobj:=Wobj0;	移动清洁坐标 D
349	MoveJTypeClean_E, v500, fine, toolwobj\Wobj:=Wobj0;	移动清洁坐标 E
350	Chuiqi dian cifa qidong!	开吹气电磁阀
351	SET do_11_clean_end;	设置吹气电磁阀吹气输出
352	WaitTime 3;	延时 3 秒
353	Reset do_11_clean_end;	复位吹气电磁阀

续表

序号	程序内容	程序说明
354	MoveJTypeClean_B, v500, fine, toolwobj\Wobj:=Wobj0;	移动清洁坐标 B
355	MoveJTypeClean_A, v500, fine, toolwobj\Wobj:=Wobj0;	移动清洁坐标 A
356	ENDPROC	子程序结束

表 2-2-17　　下端盖换面子程序

序号	程序内容	程序说明
358	PROC MoveDownChange ()	下端盖换面子程序
359	TEST kiGiType	组输入
360	CASE 1:	条件 =1
361	MoveChangeDown1;	执行类型 1 下端盖
362	CASE 2:	条件 =2
363	MoveChangeDown2; EXIT;	执行类型 2 下端盖
369	CASE 6:	条件 =6
370	MoveChangeDown3;EXIT;	执行类型 3 下端盖
371	DEFAULT;	报错
372	TPWrite "the num is error";	示教器显示"the num is error"
376	ENDPROC	子程序结束
377	PROC MoveUpChange（ ）	上端盖换面子程序（与下端盖换面子程序方式相同）

表 2-2-18　　放置下端盖子程序

序号	程序内容	程序说明
473	PROC MoveDownPlace（ ）	放置下端盖子程序
474	TEST kiGiType	组输入
475	CASE 1:	条件 =1
476	MovePlaceDownType1;	放置类型 1 下端盖子程序
477	CASE 2:	条件 =2
478	MovePlaceDownType2;	放置类型 2 下端盖子程序
484	EXIT;MovePlaceDownType3;	退出
485	DEFAULT;	默认
486	TPWrite "the num is error";	示教器显示"the num is error"
487	stop;	停止

续表

序号	程序内容	程序说明
488	EXIT;	退出
489	ENDTEST	结束 TEST
490	ENDPROC	结束子程序
491	PROC MoveUpPlace（ ）	放置上端盖子程序（与放置下端盖子程序方式相同）

表 2-2-19　　搬运托盘子程序

序号	程序内容	程序说明
492	PROC MovePan ()	搬运托盘子程序
493	set do_9_jajin_son;	托盘气爪松开
494	WaitTime 1;	延时 1 秒
495	WaitDI di_5_fson_dw_sq, 1;	托盘气爪松开到位
496	MoveJPan_A, v50, fine, toolpan\Wobj:= Wobj0;	移动托盘子程序坐标 A
497	MoveJPan_B, v500, fine, toolpan\Wobj:= Wobj0;	移动托盘子程序坐标 B
498	MoveJPan_C, v50, fine, toolpan\Wobj:= Wobj0;	移动托盘子程序坐标 C
499	Reset do_9_jajin_son;	夹紧托盘输出 Do_9
500	WaitDI di_4_jajin_dw_sq, 1;	等待托盘紧到位
501	set dolmovepan;	输出 Do1
502	WaitTime 0.3;	延时 0.3 秒
503	WaitDI di15_tpson, 1;	等待 DI15 托盘气缸松开到位 =1
504	reset do1movepan;	复位 Do1
505	MoveJPan_B, v500, fine, toolpan\Wobj:= Wobj0;	移动托盘子程序坐标 B
506	WaitDI di14_tpFanxia, 1;	等待托盘放下 Di14=1
507	MoveJPan_E, v300, fine, toolpan\Wobj:= Wobj0;	移动托盘子程序坐标 E
508	MoveJPan_F, v50, fine, toolpan\Wobj:= Wobj0;	移动托盘子程序坐标 F
509	WaitTime 0.5;	延时 0.5 秒
510	set do_9_jajin_son;	托盘气爪夹紧
511	WaitTime 0.5;	延时 0.5 秒

续表

序号	程序内容	程序说明
512	MoveJPan_E, v500, fine, toolpan\Wobj:=Wobj0;	移动托盘子程序坐标 E
513	WaitTime 0.5;	延时 0.5 秒
514	set do2_tpFanxiaFini;	设置托盘放下结束输出 Do2
515	WaitTime 0.3;	延时 0.3 秒
516	reset do2_tpFanxiaFini;	复位 Do2
517	ENDPROC	结束子程序
518	ENDMODULE	结束程序

教师演示运行调试，并说明操作过程的注意事项。

在教师的指导下，学员参考教师操作步骤，根据上一任务中示教点的数据，分组进行操作练习，通过“修改位置”，设定各个示教点位置数据，并将各程序指令插入。将操作步骤填入表 2–2–20 中。

表 2–2–20　　操作步骤

操作步骤	操作内容	观察内容	观察结果	思考内容
第一步				
第二步				
第三步				
第四步				
第五步				
操作要求	安全教育			

任务测评

对任务实施的完成情况进行检查，并将结果填入表 2–2–21。

表 2–2–21　　任务测评表

序号	主要内容	考核要求	评分标准	配分	扣分	得分
1	机器人基本指令	掌握机器人运动指令、I/O 控制指令、逻辑指令	每错一处扣 2 分	20		
2	程序模块	能够根据控制要求创建新的程序模块	每错一处扣 5 分	25		
3	添加指令	会独立进行程序指令的添加，具有较强的信息分析处理能力	能够根据控制要求达到预定控制效果	30		

续表

序号	主要内容	考核要求	评分标准	配分	扣分	得分
4	创新能力	1. 在任务完成过程中能提出自己的有一定见解的方案 2. 在教学或生产管理上提出建议，具有创新性	1. 方案的可行性及意义 2. 建议的可行性	15		
5	文明生产	团队协作、安全操作规程的掌握	1. 出勤 2. 工作态度 3. 劳动纪律 4. 团队协作精神 5. 穿戴工作服 6. 遵循操作规程	10		
合计				100		
开始时间：			结束时间：			

任务3 工业机器人程序调试与运行

学习目标

1. 能够对已经完成的程序进行检查调试。
2. 正确操作运行机器人。

任务描述

本任务主要完成对新编写程序在运行前的程序检查及调试，以保证程序的正常运行。

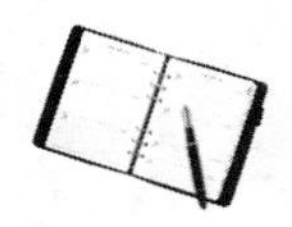

知识准备

一、检查

在运行机器人程序之前，为了安全起见，需要进行上电前检查和程序检查。

1. 上电前检查

（1）观察机构上各元件外表是否有明显移位、松动或损坏等现象，托盘的物料是否有错漏，如果存在以上现象，应及时调整、紧固或更换元件。

（2）对照接线图检查桌面和挂板接线是否正确，检查 24 V 电源、电气元件电源线等线路是否有短路、断路现象，特别需检查 PLC 各 24 V 输入输出信号是否对 220 V 线路短路。

（3）接通气路，打开气源检查是否漏气，手动操作电磁阀，确认各气缸能否正常工作。

（4）检查机器人是否回零，位置是否安全；控制柜钥匙打到自动模式，按下电动机使能按键选择主程序 MAIN。

2. 程序检查

程序编好之后要进行调试，以检查机器人目标点的位置数据是否正确以及机器人程序设计是否完善。工业机器人系统支持对编写程序进行语法检查，若程序语法有错误，则提示报警号、出错程序及错误行号。错误提示信息中括号内的数据即为报警号。若程序没有错，则提示程序检查完成。

加载已编好的程序，若想先试运行单个指令的运动轨迹，可选择“PP 移至例行程序”选项，光标即自动跳转到该指令行。选择单步运行模式，单击“启动”按钮，试运行该指令，机器人会根据程序指令进行相关的动作。

二、手动功能

1. 机器人控制柜钥匙旋到手动模式。

2. 按住示教器上的使能器按钮，选择以下模式：

* 启动（连续执行）
* 步进（步进执行）
* 步退（步退执行）

3. 在按下“启动”按钮后，只要该按钮不松开，程序会一直执行；在交替按下“步进”或“步退”按钮时，程序会一步一步执行。注意，使能器按钮必须被按下并压住，直到指令执行完为止。如果松开按钮，程序将立即停止执行。

4. 松开使能器按钮后，可以选择其他的程序执行模式。如果再次按下使能器按钮，程序会在新的模式中运行。

5. 如果松开了使能器按钮，要重新运行程序，则必须从第一行开始执行。

三、按特定指令位置开始运行程序

一般来说，启动程序时，都是从程序指针处开始执行。若要从另一个指令开始，则需将程序指针移至光标处。具体方法是在 ABB 菜单中单击程序编辑器，单击要启动的程序步骤，单击调试，然后选择 PP 移至光标，确保无任何人员进入机器人工作区域后，按下启动按钮。

> 警告
>
> 在执行启动程序时，机器人将移至程序中第一个编程的位置，应事先确保机器人在移动过程中不会遇到任何障碍物。

四、运行特定的例行程序

要运行特定的例行程序，必须加载带有该例行程序的模块，并且控制器必须在手动停止模式。操作方法是在 ABB 菜单中，单击程序编辑器，单击调试，然后选择 PP 移至例行程序将程序指针置于例行程序开始，按下启动按钮。

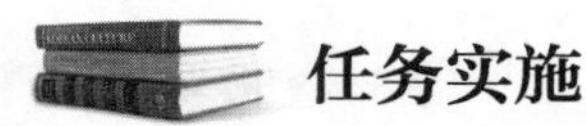

任务实施

一、工作准备

实施本任务教学需领用实训设备及工具材料时，应填写借用清单，清单格式可参考表 2-3-1。

表 2-3-1　　工作站借用实训设备及工具材料清单

序号	名称	数量	借出时间	学生签名	归还时间	学生签名	管理员签名	备注

二、任务流程

对前面已经编好的例行程序，需要一个一个单独调试。下面以一个例子示范程序的运行调试步骤见表 2-3-2。

表 2-3-2　　程序运行调试

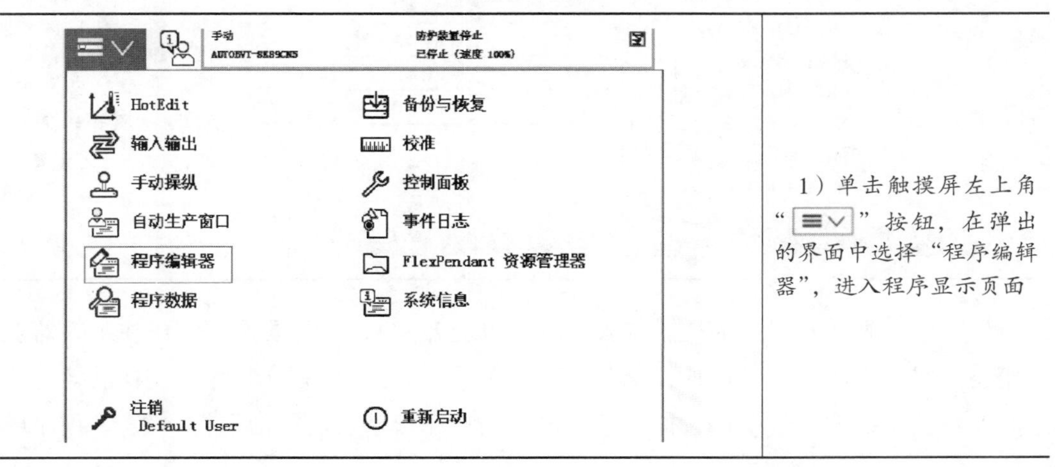

1）单击触摸屏左上角"☰∨"按钮，在弹出的界面中选择"程序编辑器"，进入程序显示页面

续表

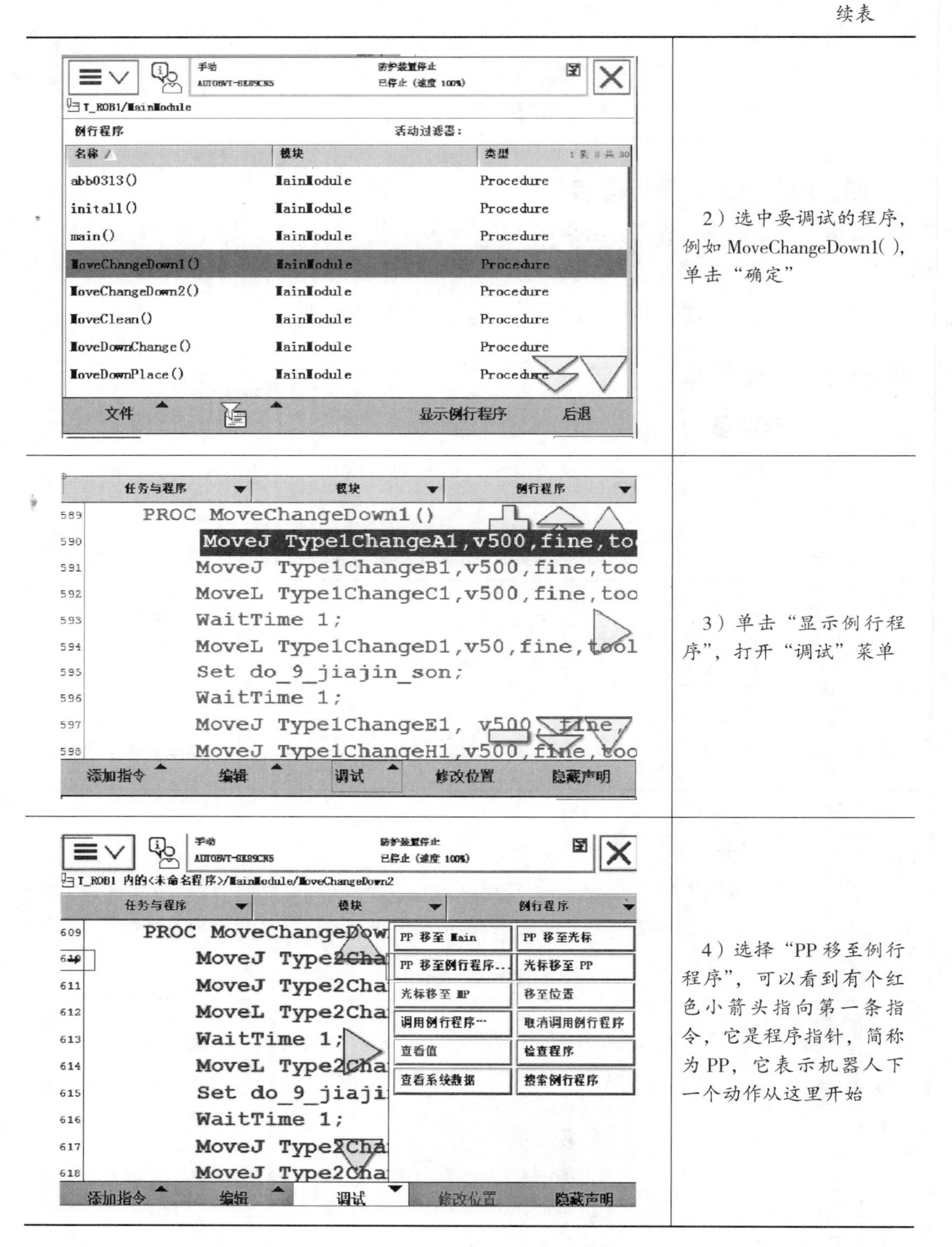

2）选中要调试的程序，例如 MoveChangeDown1( )，单击“确定”

3）单击“显示例行程序”，打开“调试”菜单

4）选择“PP 移至例行程序”，可以看到有个红色小箭头指向第一条指令，它是程序指针，简称为 PP，它表示机器人下一个动作从这里开始

程序调试时需要用到示教器右侧按钮，如图 2–3–1，首先要按下并压住示教器上的使能按钮，再按“单步向前”按钮，每按一次，机器人的程序指令从前往后运行一条；而每按一次“单步后退”按钮，机器人的程序指令从后往前运行一条。“程序启

动”按钮被按下后，机器人顺序运行指针所指向程序中的每条指令，自动逐条执行，而按下“程序停止”按钮会停止机器人的程序运行。整个程序在运行的过程中，在按下“程序停止”按钮之后，才可以松开使能按钮。

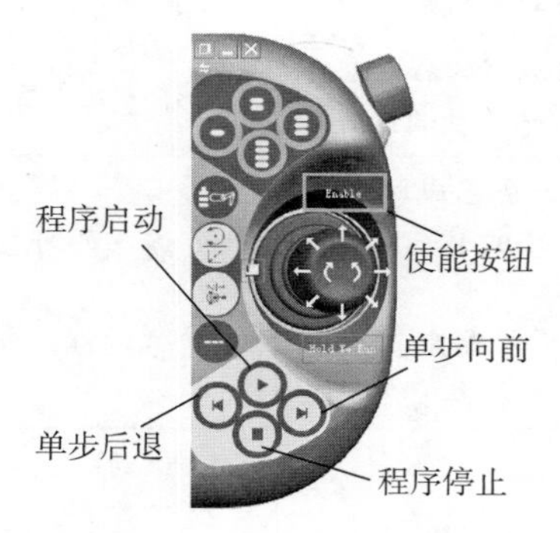

图 2-3-1　示教器右侧按钮

对于新编程序，应先单步调试，以确定设定的目标点位置是否正确。首先按下并压住使能按钮，再按一下“单步向前”按钮，则该条指令运行，完成之后程序指针指向下一条指令，在刚刚运行过的指令左侧会出现一个小机器人的标志，说明机器人已经到达指定点的位置。

依次单步运行后面的指令，观察机器人在工作站中的运动情况，看是否与要求相符，如果不符或者跟周边物体有干涉，那么需要检查目标点位置数据，或者改变示教点，以使机器人的动作达到任务要求。

教师进行操作演示，并说明操作过程的注意事项。

在教师的指导下，学员参考教师操作步骤，分组进行操作练习，完成其他程序的调试，并将步骤填入表 2-3-3。

表 2-3-3　　操作步骤

操作步骤	操作内容	观察内容	观察结果	思考内容
第一步				
第二步				
第三步				
第四步				
第五步				
第六步				
操作要求	安全教育			

任务测评

对任务实施的完成情况进行检查，并将结果填入表 2-3-4。

表 2-3-4　　任务测评表

序号	主要内容	考核要求	评分标准	配分	扣分	得分
1	机器人程序检查	会检查机器人主程序和各子程序的语法错误	每错一处扣 2 分	30		
2	程序调试	能够对编好的程序在示教器中进行单步调试	每错一处扣 5 分	45		
3	创新能力	1. 在任务完成过程中能提出自己的有一定见解的方案 2. 在教学或生产管理上提出建议，具有创新性	1. 方案的可行性及意义 2. 建议的可行性	15		
4	文明生产	团队协作、安全操作规程的掌握	1. 出勤 2. 工作态度 3. 劳动纪律 4. 团队协作精神 5. 穿戴工作服 6. 遵循操作规程	10		
合计				100		
开始时间：			结束时间：			

项目三
智能工厂数控加工车间的技术基础

任务 1　数控车床系统参数设置

学习目标

1. 了解数控系统参数的类型。
2. 了解数控系统各功能参数。
3. 掌握数控系统参数修改方法。
4. 熟悉 GSK980TDb 数控车床参数设定。

任务描述

本任务的目标是令学员掌握数控车床参数的设定。

知识准备

一、参数设置

要对数控系统 GSK980TA/980TA1/980TB 系列参数及伺服参数进行修改、备份和恢复，需要满足三个条件：修改权限在设备管理级（3 级）以上、参数开关处在打开状态、参数处于录入方式。

打开参数开关的操作流程如图 3–1–1 所示。

注 1：对系统参数进行修改以后，有些参数可以立即生效，有些参数必须在系统重新上电后才能生效，详细说明见参数说明。

注 2：要在 CNC 中对伺服系统进行参数查看和修改，应保证伺服系统的连接正确及伺服从机号的配置正确。

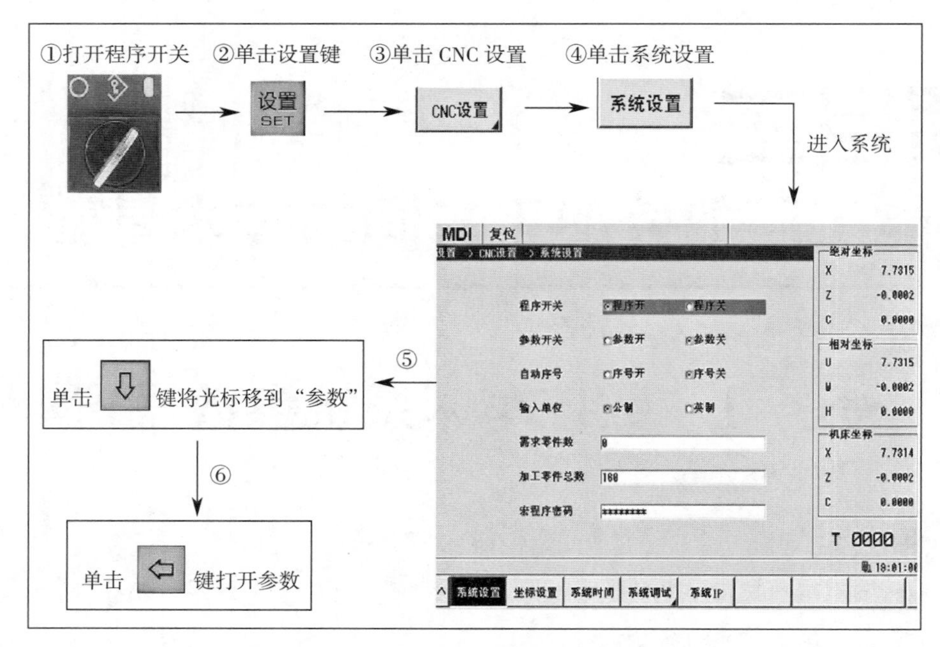

图 3-1-1 打开参数开关的操作流程

1. 系统参数设置

在数控系统主界面依次单击：系统 SYS →参数，进入系统参数设置界面。在该页面可以设置系统参数，在 2 级权限下可以备份用户当前设置的参数、恢复参数为系统默认的参数或恢复为用户备份的参数。

> 注：机床调试前，可在系统参数的配置页面根据该机床的配置选择调用对应的参数。

（1）配置参数的调用

在 2 级权限下，在系统参数页面单击配置键，进入参数配置列表。在该页面，可以根据该车床轴的配置，通过⇧、⇩键在该页面选择相应的默认参数，单击配置参数键选择调用，选择后重新启动系统。

（2）参数的查找

可通过单击操作面板上的▤、▤、⇧、⇩键，选择需要查看或修改的参数。

也可单击查找参数分类软键，选择不同的分类名，再单击确定软键，则将光标定位到该类参数的第一个。

（3）位型参数的设置方法

方法一：

单击查找参数号软键，输入要选择的参数号，再单击确定软键，则将光标定位到该参数处。

1）单击输入 INPUT键，使该参数处于可修改状态。

2）按数值键输入要修改的8位参数，单击 输入INPUT 键确认完成设置（当输入的值不足8位时，高位补0）。

3）也可单击 、 、⇧、⇩ 键选择其他需要设置的参数进行设置。

方法二：

1）单击 ⇦ 或 ⇨ 键选择需要修改的参数位。

2）单击 输入INPUT 键，使该参数位在0和1之间切换，修改该参数位的值。

3）移动光标完成设置。

4）也可单击 、 、⇧、⇩ 键选择其他需要设置的参数进行设置。

（4）数值型参数的设置

1）单击 输入INPUT 键，使选择的参数处于可修改状态。

2）单击 输入INPUT 键确认完成设置。

3）也可单击 、 、⇧、⇩ 键选择其他需要设置的参数进行设置。

（5）参数的备份与恢复

用户修改参数前，可以单击 备份 软键备份参数，当修改参数错误或不需要修改参数时，单击 恢复 软键，可以把参数恢复为用户备份的参数或系统默认的参数。

参数的备份：

1）单击 备份 软键，显示 备份参数 确定要备份参数吗? 。

2）单击 确定 可以备份当前用户当前设置的参数。

参数的恢复：

1）单击 恢复 软键，在 恢复参数 [用户参数] 恢复用户备份参数 [默认参数] 恢复系统默认参数 [取　消] 取消操作 中恢复用户备份参数或系统默认参数。

2）单击 用户参数 软键可把参数恢复为用户备份的参数，单击 默认参数 软键可把参数恢复为系统默认的参数，单击 取消 软键退出恢复参数界面。

2. 伺服参数设置

（1）伺服参数修改及保存

在系统参数主界面依次单击 GSKLink → 伺服 → 伺服参数 软键，进入伺服参数界面，如图3–1–2所示。

伺服参数页面可从数控机床侧查找、修改、保存、恢复保存、备份和恢复备份参数，以及导出和导入伺服参数。

1）轴参数页面的切换：单击 X轴 、 Z轴 、 S轴 软键、在 X 轴、Z 轴、S 轴间切换显示对应轴的伺服参数。

2）单击 输入INPUT 软键完成修改。

3）单击 保存参数 软键将参数写入伺服装置，修改成功的参数值在伺服装置重新上电后保持不变。

4）单击 备份参数 软键，将当前伺服参数进行备份。

MDI　复位

系统 -> GSKLink -> 伺服 -> 伺服参数 -> X轴

序 号	数 据		注释
000	315	0~9999	密码(315:用户参数　385:调电动机默认参数)
001	150	1~1328	电动机型号代码
002*	0	0~1	电动机类型(0:同步机　1:异步机)
003	0	0~35	上电初始化显示内容
004	21	9~25	控制模式
005	0	0~2	
006	2	0~2	
007	2	0~2	
008	0	0~1000	
009	0	0~10	
010	0	0~30000	
011	2	0~11	
012	0	0~1	

19:20:57

^ | X轴 | Z轴 | 查找 | 保存参数 | 恢复保存参数 | 备份参数 | 恢复备份参数 | 导出伺服参数 | >

图 3-1-2　伺服参数界面

5）单击 恢复备份参数 软键，将当前使用的参数恢复为备份的参数。

（2）恢复电动机默认参数

1）单击 恢复电机默认参数 软键。

2）选择相应的电动机型号并单击 确定 软键，系统就会调用对应电动机的默认参数并覆盖当前保存的参数，如图 3-1-3 所示。

图 3-1-3　选择电动机型号

二、主要参数详细说明

本节主要说明数控系统 GSK980TA/980TA1/980TB 系列参数的意义。

数据类型参数主要有以下六种，见表 3-1-1。

表 3-1-1　　数据类型参数

数据类型		表示范围
（1）位型	1001 INM 0 0 0 0 0 0 0 0	8 位 0 或 1
（2）位轴型	1006 ZMIx DIAx ROSx ROTx X 0 0 0 0 1 0 0 0 Z 0 0 0 0 0 0 0 0	
（3）位主轴型		
（4）字型	0123 BPS 115200	根据各个不同参数，设定值范围不一样，详见参数
（5）字轴型	1020 CAN X 88 Z 90	
（6）字主轴型	3720 CNT S1 1024 S2 1024	

> 注：位型的『取值范围』为：0 或 1。

1. 有关系统设置的参数

	#7	#6	#5	#4	#3	#2	#1	#0
0000			SEQ			INI		

每个参数应包含如下信息：

『修改权限』：系统（1 级）、车床（2 级）、设备（3 级）、操作（4 级）、受限（5 级）。

『参数类型』：位型，位轴型，位主轴型，字型，字轴型，字主轴型。

『生效方式』：立即或上电。

『取值范围』：区间，枚举或特别判定。

『出厂默认』：8 位二进制或 32 位整型值。

2. 有关输入输出接口的参数

0123	串口波特率

『修改权限』：设备。

『取值范围』：4 800，9 600，19 200，38 400，57 600，115 200。

『出厂默认』：115 200。

0138		OWN						

『修改权限』：设备。

『出厂默认』：0000 0000。

#6　OWN 当 NC 数据或程序输入或输出时：

0：显示是否覆盖信息。

1：文件全部覆盖，不显示提示。

3. 有关轴控制 / 设定单位的参数

1001								INM

『修改权限』：车床。

『生效方式』：上电。

『出厂默认』：0000 0000。

#0　INM 直线轴的最小移动单位为：

0：公制（公制车床）。

1：英制（英制车床）。

1004	IPC	RPR					ISC	IPC

『修改权限』：车床。

『生效方式』：上电。

『出厂默认』：0000 0000。

#1	ISC	设定最小输入单位和最小指令增量
		0：0.001 mm、0.001（°）或 0.000 1 inch（IS–B）
		1：0.000 1 mm、0.000 1（°）或 0.000 01 inch（IS–C）
#6	RPR	设定旋转轴的最小指令增量与 ISC 参数的倍数
#7	IPC	设定旋转轴的最小指令增量与 ISC 参数的倍数
		00：×1 倍
		01：×10 倍
		10：×100 倍

1006			ZMIx		DIAx		ROSx	ROTx

『修改权限』：车床。

『生效方式』：上电。

『参数类型』：位轴型。

『出厂默认』：0000 0000。

#0、#1　ROTx、ROSx 设定直线轴或旋转轴：

<table>
<tr><th>ROSx</th><th>ROTx</th><th>内容</th></tr>
<tr><td rowspan="4">0</td><td rowspan="4">0</td><td>直线轴</td></tr>
<tr><td>可进行公 / 英制转换</td></tr>
<tr><td>所有的坐标值是直线轴型</td></tr>
<tr><td>存储型螺距误差补偿为直线轴型</td></tr>
<tr><td rowspan="5">0</td><td rowspan="5">1</td><td>旋转轴（A 型）</td></tr>
<tr><td>不能进行公 / 英制转换</td></tr>
<tr><td>车床坐标值按参数 1 260 的设置而循环显示，相对坐标值和绝对坐标与参数 No.1008#0 有关</td></tr>
<tr><td>存储型螺距误差补偿为旋转轴型</td></tr>
<tr><td>从返回参考点方向进行自动参考点返回（G28、G30），移动量不超过一转</td></tr>
<tr><td>1</td><td>0</td><td>设定无效</td></tr>
<tr><td rowspan="5">1</td><td rowspan="5">1</td><td>旋转轴（B 型）</td></tr>
<tr><td>不能进行公 / 英制转换</td></tr>
<tr><td>车床坐标值、相对坐标值（与参数 No.1008#2 有关）和绝对坐标值为直线</td></tr>
<tr><td>轴型（不能按参数 1260 循环显示）</td></tr>
<tr><td>存储型螺距误差补偿为直线轴型</td></tr>
</table>

#3　DIAx 设定各轴的移动量为：

0：半径指定。

1：直径指定。

#5　ZMIx 设定各轴返回参考点方向：

0：正方向。

1：负方向。

1010	CNC 控制轴数（CCA）

『修改权限』：车床。

『生效方式』：上电。

『取值范围』：0 ~ 总控制轴数。

设定 CNC 可直接控制的最大轴数（0 ~ 总控制轴数），其余由 PLC 控制。

> 注：总控制轴数取决于参数 No.8130，该参数的设定值不能大于参数 No.8130 设定的值。

1022	基本坐标系中各轴的属性

『修改权限』：车床。

『生效方式』：上电。

『参数类型』：字轴型。

『取值范围』：0~7。

为了确定圆弧插补，刀具偏置和刀尖半径等的平面。

G17：*X*–*Y* 平面；G18：*Z*–*X* 平面；G19：*Y*–*Z* 平面。

各控制轴分为四类：*X* 基本轴及其平行轴；*Y* 基本轴及其平行轴；*Z* 基本轴及其平行轴；旋转轴。3 个基本轴每次只能设定一个值；平行轴可以设定 2 个值以上（与基本轴平行）。

设定值	意义
0	既不是基本轴，也不是其平行轴
1	基本 3 轴中的 *X* 轴
2	基本 3 轴中的 *Y* 轴
3	基本 3 轴中的 *Z* 轴
5	*X* 轴的平行轴
6	*Y* 轴的平行轴
7	*Z* 轴的平行轴

4. 有关坐标系的参数

1201	WZR		EWZ	RWO	ZCR	ZCL		

『修改权限』：设备。

『出厂默认』：0000 0000。

#2　ZCL 手动参考点返回完成后，局部坐标系：

0：不取消。

1：取消。

#3　ZCR 手动参考点返回完成后，G50 设置的工件坐标系偏移量：

0：不取消。

1：取消。

#4　RWO 上电坐标记忆时 G50 设置的工件坐标系偏移量：

0：清除。

1：恢复为上次掉电时的记忆值。

#5　EWZ 上电坐标记忆时工件坐标系：

0：不返回到 G54。

1：返回到 G54。

#7　WZR 复位时工件坐标系：

0：不返回到 G54。

1：返回到 G54。

1202					RLC	G50	EWS	EWD

『修改权限』：设备。

『出厂默认』：0000 0000。

#0	EWD	外部工件原点偏移量引起的坐标系的移动方向
		0：与外部工件原点偏移量指定的方向相同
		1：与外部工件原点偏移量指定的方向相反
#1	EWS	工件坐标系移动量与外部工件零点偏移量
		0：存储在存储器中
		1：存储在同一个存储器中（工件坐标系移动量和外部工件零点偏移量相同）
#2	G50	坐标系设定指令为 G50 代码
		0：不报警并执行 G50
		1：报警
#3	RLC	复位后，局部坐标系
		0：不取消
		1：取消

1205								MCE

『修改权限』：设备。

『出厂默认』：0000 0000。

#0 MCE 配增量式编码器时上电是否记忆坐标系：

0：不记忆。

1：记忆。

5. 有关进给速度的参数

1401		RDR	TDR	RF0			LRP	RPD

『修改权限』：设备。

『出厂默认』：0000 0000。

#0 RPD 从接通电源到返回参考点期间，手动快速运行：

0：无效（变为手动进给）。

1：有效。

#1 LRP 定位（G00 快速定位指令）为：

0：非直线插补定位。

1：直线插补定位。

#4 RF0 快速移动时，切削进给速度倍率为 0% 的情况下：

0：刀具不停止移动。

1：刀具停止移动。

#5 TDR 螺纹切削或攻螺纹期间，空运行：

0：有效。

1：无效。

#6 RDR 对快速运行指令，空运行：

0：无效。

1：有效。

1402						JOV		

『修改权限』：设备。

『出厂默认』：0000 0000。

#2 JOV 手动倍率：

0：有效。

1：无效（固定 100%）。

1403	RTV		HTG					MIF

『修改权限』：设备。

『出厂默认』：0000 0000。

#0	MIF	每分钟进给时的 F 指令（切削进给速度）的最小单位
		0：1 mm/min（公制输入）或 0.01 in/min（英制输入）
		1：0.001 mm/min（公制输入）或 0.000 01 in/min（英制输入）
#5	HTG	螺旋插补的速度指令
		0：用圆弧的切线速度来指定
		1：用包含直线轴的切线速度来指定
#7	RTV	螺纹切削循环刀具退尾时倍率
		0：有效
		1：无效

1404						F8A	DLF	

『修改权限』：设备。

『出厂默认』：0000 0000。

#1 DLF 参考点建立后，进行手动返回参考点时：

0：以快速进给速度移动到参考点（No.1420）。

1：以手动快速进给速度移动到参考点（No.1424）。

#2 F8A 每分进给时的 F 指令范围：

0：按照参数 MIF（No.1403#0）的设定指定 F。

1：按如下参数设定。

设定单位	单位	IS–B	IS–C
公制输入	mm/min	1 ~ 60 000.999	1 ~ 24 000.999
英制输入	in/min	0.01 ~ 2 400	0.01 ~ 960
旋转轴	（°）/min	1 ~ 60 000	1 ~ 24 000

1410	空运行速度（DRR）

『修改权限』：设备。

『数据设定』：设定空运行时的速度。

设定单位	数据单位	有效范围		出厂默认
		IS–B	IS–C	
公制车床	1 mm/min	6 ~ 15 000	6 ~ 12 000	1 000
英制车床	0.1 in/min	6 ~ 6 000	6 ~ 4 800	

1411	接通电源时自动方式下的进给速度（IFV）

『修改权限』：设备。

『取值范围』：6 ~ 12 000。

『出厂默认』：1 000。

设定单位		数据单位
公制车床	G98	1 mm/min
	G99	0.001 mm/r
英制车床	G98	0.1 in/min
	G99	0.000 1 in/r

加工中如果不太需要变更切削速度，可用该参数指定切削进给速度，这样就不必在程序内指定切削进给速度，但实际的进给速度是受参数 No.1422（所有轴最大切削进给速度）限制的。

1420	各轴快移速度（RTT）

『修改权限』：车床。

『参数类型』：字轴型。

『取值范围』：设定快速移动倍率为 100% 时各轴的快速移动速度。

设定单位	数据单位	有效范围		出厂默认
		IS–B	IS–C	
公制车床	1 mm/min	30 ~ 100 000	6 ~ 60 000	8 000
英制车床	0.1 in/min	30 ~ 48 000	6 ~ 24 000	
旋转轴	1（°）/min	30 ~ 100 000	6 ~ 60 000	

1421	各轴快移倍率的 F0 速度（F0R）

『修改权限』：设备。

『参数类型』：字轴型。

『取值范围』：设定各轴快速移动倍率为 F0 时的速度。

设定单位	数据单位	有效范围		出厂默认
		IS–B	IS–C	
公制车床	1 mm/min	30 ~ 15 000	30 ~ 12 000	4 000
英制车床	0.1 in/min	30 ~ 12 000	30 ~ 6 000	
旋转轴	1（°）/min	30 ~ 15 000	30 ~ 12 000	

1422	所有轴最大切削进给速度（MFR）

『修改权限』：车床。

『取值范围』：设定约束所有轴的最大切削进给速度。

设定单位	数据单位	有效范围		出厂默认
		IS–B	IS–C	
公制车床	1 mm/min	6 ~ 100 000	6 ~ 60 000	8 000
英制车床	0.1 in/min	6 ~ 48 000	6 ~ 24 000	

1423	各轴手动进给速度（JFR）

『修改权限』：设备。

『参数类型』：字轴型。

『取值范围』：设定约束所有轴的手动进给速度。

设定单位	数据单位	有效范围		出厂默认
		IS–B	IS–C	
公制车床	1 mm/min	6 ~ 60 000		1 000
英制车床	0.1 in/min			
旋转轴	1（°）/min			

设定各轴手动连续进给（手动进给）时的进给速度，实际的进给速度受参数 No.1422（所有轴最大切削进给速度）限制。

1424	各轴的手动快移速度（MRR）

『修改权限』：设备。

『参数类型』：字轴型。

『取值范围』：设定约束所有轴的手动快速移动速度。

设定单位	数据单位	有效范围		出厂默认
		IS–B	IS–C	
公制车床	1 mm/min	6～15 000	6～12 000	200
英制车床	0.1 in/min	6～12 000	6～6 000	
旋转轴	1（°）/min	6～15 000	6～12 000	

设定快速移动倍率 100% 时，各轴手动快速移动的速度等于手动脉冲进给的最高速度。

注：如果设为 0，使用参数 1 420 的设定值。

1425	各轴参考点返回的 FL 速度（FLR）

『修改权限』：设备。

『参数类型』：字轴型。

『取值范围』：设定约束所有轴回参考点的速度。

设定单位	数据单位	有效范围		出厂默认
		IS–B	IS–C	
公制车床	1 mm/min	6～15 000	6～12 000	200
英制车床	0.1 in/min	6～12 000	6～6 000	
旋转轴	1（°）/min	6～15 000	6～12 000	

设定返回参考点时减速后各轴的速度（FL 速度）。

1428	各轴的参考点返回速度（RPF）

『修改权限』：设备。

『参数类型』：字轴型。

『取值范围』：设定约束所有轴参考点的返回速度。

设定单位	数据单位	有效范围	出厂默认
公制车床	1 mm/min	0.6～60 000	5 000
英制车床	0.1 in/min		
旋转轴	1（°）/min		

设定采用减速挡块的参考点返回的情形或在尚未建立参考点的状态下的参考点返回情形下的快速移动速度。当参数值为 0 时，参数 No.1421 有效。

1434	各轴的手动脉冲进给的最大进给速度（HMF）

『修改权限』：设备。

『参数类型』：字轴型。

『取值范围』：各轴的手动脉冲进给的最大进给速度。

设定单位	数据单位	有效范围	出厂默认
公制车床	1 mm/min	0.6 ~ 60 000	5 000
英制车床	0.1 in/min		
旋转轴	1（°）/min		

设定各轴的手动脉冲进给的最大进给速度。当设定为0时，参数No.1424设定值有效。

1466	执行螺纹切削的退尾动作时的进给速度（FRT）

『修改权限』：设备。

『参数类型』：字轴型。

『取值范围』：螺纹切削的退尾动作时的进给速度。

设定单位	数据单位	有效范围		出厂默认
		IS–B	IS–C	
公制车床	1 mm/min	6 ~ 100 000	6 ~ 60 000	8 000
英制车床	0.1 in/min	6 ~ 48 000	6 ~ 24 000	

设定螺纹切削加工时的退尾动作的进给速度。当该参数设定值为0时，即以长轴的速度进行退尾动作。

6. 有关加减速控制的参数

1601				RTO				

『修改权限』：设备。

『出厂默认』：0000 0000。

#4　RTO 快速运行时，程序段：

0：不重叠。

1：重叠。

1610			THLX	JGLx				

『修改权限』：设备。

『参数类型』：位轴型。

『出厂默认』：0000 0000。

#4　JGLx 手动进给的加减速：

0：指数型加减速。

1：插补后的直线型加减速。

#5　THLX 螺纹切削加工时退尾动作的加减速采用：

0：指数型加减速。

1：直线型加减速。

1620	各轴快进的直线加减速时间常数（TT1）

『修改权限』：设备。

『参数类型』：字轴型。

『取值范围』：0 ~ 4 000 ms。

『出厂默认』：设定快速移动的加减速时间常数 100。

1622	各轴插补后切削进给的加减速时间常数（ATC）

『修改权限』：设备。

『参数类型』：字轴型。

『取值范围』：0 ~ 4 000 ms。

『出厂默认』：设定各轴切削进给指数型或插补后直线型加减速时间常数 100。

具体使用类型由参数 No.1610#0（CTLx）选择。若 CTLx 设定的为插补后的直线型加减速类型，则加减速的最大时间常数会限制在 512 ms 以内，超过限制的值都按 512 ms 来处理。

注：该参数除特殊用途外，所有的轴必须设定相同的时间常数。若设定了不同的时间常数，将不可能得到正确的直线或圆弧形状。

1624	插补后各轴手动进给的加减速时间常数（JET）

『修改权限』：设备。

『参数类型』：字轴型。

『取值范围』：0 ~ 4 000 ms。

『出厂默认』：设定各轴的手动进给指数型或插补后直线型加减速时间常数 100。

具体使用类型由参数 No.1610#4（JGLx）选择。若 JGLx 设定的为插补后的直线型加减速类型，则加减速的最大时间常数会限制在 512 ms 以内，超过限制的值都按 512 ms 来处理。

1625	各轴手动进给的指数型加减速的 FL 速度（FLJ）

『修改权限』：设备。

『参数类型』：字轴型。

『取值范围』：设定各轴手动进给的指数型加减速的 FL 速度。

设定单位	数据单位	有效范围		出厂默认
		IS–B	IS–C	
公制车床	1 mm/min	0.6 ~ 15 000	0.6 ~ 12 000	30
英制车床	0.1 in/min	0.6 ~ 12 000	0.6 ~ 6 000	30
旋转轴	1（°）/min	0.6 ~ 15 000	0.6 ~ 12 000	30

设定各轴手动进给的指数型加减速的下限速度（FL 速度）。

1626	各轴螺纹切削循环时的加减速时间常数（TET）

『修改权限』：设备。

『参数类型』：字轴型。

『取值范围』：0 ~ 4 000 ms。

『出厂默认』：设定各轴螺纹切削循环时的直线型和指数型加减速时间常数 100。

1627	各轴螺纹切削循环时的指数型加减速的 FL 速度（FLT）

『修改权限』：设备。

『参数类型』：字轴型。

『取值范围』：设定各轴螺纹切削循环时的指数型加减速的 FL 速度。

设定单位	数据单位	有效范围		出厂默认
		IS–B	IS–C	
公制车床	1 mm/min	0.6 ~ 15 000	0.6 ~ 12 000	30
英制车床	0.1 in/min	0.6 ~ 12 000	0.6 ~ 6 000	30

设定各轴螺纹切削循环时的指数型加减速的下限速度（FL 速度）。

1628	各轴螺纹切削循环时退尾动作的加减速时间常数（TST）

『修改权限』：设备。

『参数类型』：字轴型。

『取值范围』：0 ~ 4 000 ms。

『出厂默认』：0。

设定各轴螺纹切削循环时退尾动作的加减速时间常数，当该参数设定值为 0 时，使用参数值 No.1626（0 ~ 4 000 ms）。

7. 有关伺服和反向间隙补偿的参数

1800	BDEC	BD8						

『修改权限』：车床。

『出厂默认』：1000 0000。

#6　BD8 反向间隙补偿的脉冲输出频率：

0：以参数 No.1853 设置的频率进行补偿。

1：以参数 No.1853 设置频率的 1/8 进行补偿。

#7　BDEC 反向间隙补偿方式：

0：以固定的脉冲频率（由参数 No.1853 及 No.1800#6 设置）输出。

1：脉冲频率按加减速特性输出。

1811						POD		

『修改权限』：车床。

『生效方式』：上电。

『参数类型』：位轴型。

『出厂默认』：0000 0000。

#2　POD 各轴脉冲输出方向选择：

0：不取反。

1：取反。

1815			APCx	APZx				

『修改权限』：车床。

『生效方式』：上电。

『参数类型』：位轴型。

『出厂默认』：0000 0000。

#4　APZx 使用绝对位置检测器时，机械位置与绝对位置检测器的位置：

> 注：使用绝对位置检测器时，进行初调时或更换绝对位置检测器后，此参数必须设定为 0，切断电源后再接通电源，进行手动返回参考点的操作。这样机械位置与位置检测器的位置就一致了，并且此参数会自动设定为 1。

0：不一致。

1：一致。

#5　APCx 位置检测器：

0：不使用绝对位置检测器。

1：使用绝对位置检测器（绝对脉冲编码器）。

1816	各轴检测倍乘比（DMR）

『修改权限』：设备。

『参数类型』：字轴型。

『取值范围』：1 ~ 32 767。

『出厂默认』：2。

1820	各轴指令倍乘比（CMR）

『修改权限』：车床。

『参数类型』：字轴型。

『取值范围』：1 ~ 32 767。

『出厂默认』：2。

各轴输出的齿轮比 =CMR/DMR，检测单位 = 最小移动单位 ÷ CMR。最小设定单位与最小移动单位的关系如下：

		IS–B		IS–C	
	输入	最小设定单位	最小移动单位	最小设定单位	最小移动单位
公制车床	公制	0.001 mm（直径）	0.000 5 mm	0.000 1 mm（直径）	0.000 05 mm
		0.001 mm（半径）	0.001 mm	0.000 1 mm（半径）	0.000 1 mm
	英制	0.000 1 in（直径）	0.000 5 mm	0.000 01 in（直径）	0.000 05 mm
		0.000 1 in（半径）	0.001 mm	0.000 01 in（半径）	0.000 1 mm
英制车床	公制	0.001 mm（直径）	0.000 05 in	0.000 1 mm（直径）	0.000 005 in
		0.001 mm（半径）	0.000 1 in	0.000 1 mm（半径）	0.000 01 in
	英制	0.000 1 in（直径）	0.000 05 in	0.000 01 in（直径）	0.000 005 in
		0.000 1 in（半径）	0.000 1 in	0.000 01 in（半径）	0.000 01 in
旋转轴		0.001（°）	0.001（°）	0.000 1（°）	0.000 1（°）

1851	各轴的反向间隙补偿量（BCV）

『修改权限』：车床。

『参数类型』：字轴型。

『取值范围』：–9 999 ~ +9 999（检测单位）。

『出厂默认』：0。

接通电源后，车床向返回参考点相反的方向移动时，进行第一次反向间隙补偿。检测单位与参数 1820（指令倍乘比 CMR）和最小移动单位有关，设定单位与最小移动单位的关系见参数 1820 的注解。

1853	反向间隙补偿脉冲频率的设置值

『修改权限』：车床。

『参数类型』：字型。

『取值范围』：1 ~ 32。

『出厂默认』：12。

2071	各轴反向间隙加速有效时间常数（BAT）

『修改权限』：车床。

『参数类型』：字轴型。

『取值范围』：0 ~ 100 ms。

『出厂默认』：40。

8. 有关输入输出的参数

3030	M 代码的允许位数（MCB）

『修改权限』：车床。

『取值范围』：2 ~ 8。

『出厂默认』: 4。

设定 M 代码的允许位数。

3031	S 代码的允许位数（SCB）

『修改权限』: 车床。

『取值范围』: 1 ~ 5。

『出厂默认』: 4。

设定 S 代码的允许位数（最多允许 5 位）。

3032	T 代码的允许位数（TCB）

『修改权限』: 车床。

『取值范围』: 2 ~ 8。

『出厂默认』: 4。

设定 T 代码的允许位数。

3033	B 代码的允许位数（BCN）

『修改权限』: 车床。

『取值范围』: 0 ~ 8。

『出厂默认』: 0。

B 代码（第 2 辅助功能）的允许位数（0 ~ 8）。

9. 有关显示及编辑的参数

3101				BGD				

『修改权限』: 设备。

『出厂默认』: 0000 0000。

#4　BGD 后台编辑选择前台已经选择的程序时:

0: 可编辑。

1: 不可编辑。

3104	DAC	DAL	DRC	DRL				MCN

『修改权限』: 车床。

『出厂默认』: 1100 0000。

#0　MCN 车床的位置显示:

0: 按照输出单位显示（与输入是公制或英制无关，公制车床用公制单位显示，英制车床用英制单位显示）。

1: 按照输入单位显示（公制输入时，用公制显示，英制输入时，用英制显示）。

#4　DRL 相对位置的显示:

0: 显示含刀具偏置的实际位置。

1：显示不含刀具偏置的编程位置。

> 注：用坐标系偏移补偿时［参数 No.5002#4（LGT）为 0］，显示的是忽略了刀补（即刀尖半径补偿）的编程位置（此参数设 1），但是不能显示不含刀具外形补偿量的编程位置。

#5　DRC 相对位置的显示：

0：显示含刀尖半径补偿的实际位置。

1：显示不含刀尖半径补偿的编程位置。

#6　DAL 绝对位置显示：

0：显示含刀具偏置的实际位置。

1：显示不含刀具偏置的编程位置。

> 注：用移动坐标系进行刀具外形补偿时［参数 No.5002#4（LGT）为 0］，显示的是忽略了刀补的编程位置（此参数设 1），但是不能显示不含刀具外形补偿量的编程位置。

#7　DAC 绝对位置显示：

0：显示含刀尖半径补偿的实际位置。

1：显示不含刀尖半径补偿的编程位置。

3107					REV	DNC		

『修改权限』：设备。

『出厂默认』：0001 0000。

#2　DNC 复位是否清除 DNC 运行程序的显示：

0：不清除。

1：清除。

#3　REV 在每转进给方式实际速度显示：

0：mm/min 或 in/min。

1：mm/r 或 in/r。

3110						AHC		

『修改权限』：设备。

『出厂默认』：0000 0100。

#2　AHC 报警履历是否可以用软键清除：

0：可以。

1：不可以。

3111	NPA							

『修改权限』：设备。

『出厂默认』：1000 0000。

#7　NPA 是否在报警发生时以及操作信息输入时切换到报警 / 信息画面：

0：不切换。

1：切换。

3114								IPC

『修改权限』：设备。

『出厂默认』：0000 0000。

#0　IPC 在当前页面下，按下当前页面功能键时：

0：切换画面。

1：不切换画面。

3115								NDPx

『修改权限』：设备。

『出厂默认』：0000 0000。

#0　NDPx 是否进行当前位置显示：

0：显示。

1：不显示。

3200		PSR		NE9				

『修改权限』：设备。

『出厂默认』：0000 0000。

#4　NE9 是否禁止程序号 9000 以后的程序编辑、删除、修改、拷贝等操作：

0：不禁止。

1：禁止。

#6　PSR 是否允许载入和查看受到保护的程序：

0：不允许。

1：允许。

3202			CPD					NE8

『修改权限』：设备。

『出厂默认』：0010 0000。

#0　NE8 是否禁止程序号 8000 ~ 8999 的程序编辑、删除、修改、拷贝等操作：

0：不禁止。

1：禁止。

#5　CPD 删除 NC 程序时，确认信息和确认软键：

0：不显示。

1：显示。

3203	MCL	MER						

『修改权限』：设备。

『出厂默认』：0000 0000。

#6 MER 在单程序段运行时，当程序中的最后程序段执行完时，删除已执行的程序：

0：不删除。

1：删除。

> 注：即使设定不删除（MER 为 0），当读入“结束代码”并被执行时，程序也被删除。

#7 MCL 用复位操作是否删除在录入方式编辑的程序：

0：不删除。

1：删除。

3209	MCL	MER						MPD

『修改权限』：设备。

『出厂默认』：0000 0000。

#0 MPD 子程序执行时，主程序的程序号是否显示：

0：不显示。

1：显示。

3216	自动插入顺序号时号数的增量值（INC）

『修改权限』：设备。

『取值范围』：1 ~ 9 999。

『出厂默认』：10。

自动插入顺序号时［参数 No.0000#4（SEQ）为 1］，各程序段顺序号的增量值。

3281	设置界面显示语言（LANG）

『修改权限』：车床。

『取值范围』：0 ~ 1。

『出厂默认』：1。

0：English；1：中文。

3282	限时停机提前提示的天数（NDAYS）

『修改权限』：车床。

『取值范围』：1 ~ 30。

『出厂默认』：3。

10. 有关编程的参数

3401		GSB			NCK		DPI

『修改权限』：设备。

『出厂默认』：0000 0001。

#0	DPI	使用小数点的地址，省略了小数点时设定如下
		0：视为最小设定单位
		1：视为 mm，in，s 单位
#2	NCK	语法检查中，出现相同的 N 号时
		0：报警
		1：不报警
#6	GSB	设定 G 代码的形式
		0：G 代码体系 A
		1：G 代码体系 B

3402	G23	CLR		FPM	G91			G01

『修改权限』：设备。

『出厂默认』：0101 0000。

#0　G01 在接通电源时的模态：

0：G00 方式（定位）。

1：G01 方式（直线插补）。

#3　G91 在 G 代码体系 B 中，上电后系统默认为：

0：G90 方式（绝对指令）。

1：G91 方式（增量指令）。

#4　FPM 上电后系统默认为：

0：每转进给。

1：每分进给。

#6　CLR 按下复位键，外部复位信号和紧急停止时，G 代码模态和进给速度：

0：保持模态。

1：转换至上电状态。

#7　G23 接通电源时，为：

0：G22 方式（进行存储行程检查）。

1：G23 方式（不进行存储行程检查）。

3403		AD2	CIR	RER				

『修改权限』：设备。

『出厂默认』：0000 0000

#4	RER	圆弧插补中，R过小终点不在圆弧上，半径没有超差时： 0：算出新的半径，走轨迹为半圆 1：出现P/S报警
#5	CIR	在圆弧插补（G02，G03）指令中，没有指令始点到中心的距离（I，J，K），也没有指令圆弧半径时： 0：直线插补移动到终点 1：出现P/S报警
#6	AD2	在同一程序段中，指令了2个或2个以上相同的地址时： 0：后面的指令有效 1：视为程序错误，出现P/S报警

3404	M3B	EOR	M02	M30				

『修改权限』：设备。

『出厂默认』：0000 0000。

#4 M30是指在程序自动运行的过程中，M30指令的处理方式：

0：返回到程序的开头。

1：不返回到程序的开头。

#5 M02是指在程序自动运行的过程中，M02指令的处理方式：

0：返回到程序的开头。

1：不返回到程序的开头。

#6 EOR是指在程序自动运行的过程中，读入“%”（程序结束）时的处理方式：

0：报警。

1：不报警。

> 注：执行“程序结束”时，CNC复位，但不关闭辅助功能输出。

#7 M3B同一程序段中可以指令的M代码的个数：

0：1个。

1：最多3个。

3405			DDP					AUX

『修改权限』：设备。

『出厂默认』：0000 0000。

#0 AUX在第2辅助功能中指令计算器型小数点输入或带有小数点的指令，相对于指令值输出值的倍率：

0：公制输入与英制输入相同。

1：将英制输入时的倍率设定为公制输入时的倍率的10倍。

#5 DDP图纸尺寸直接输入的角度指令：

0：为通常规格。

1：指令补角。

3410	圆弧半径允许误差（CRE）

『修改权限』：设备。

『取值范围』：0 ~ 9999 9999。

设定单位	IS–B	IS–C	单位
公制输入	0.001	0.000 1	mm
英制输入	0.001	0.000 01	inch

『出厂默认』：0。

即设定圆弧插补（G02，G03）的起点半径与终点半径的允许误差值。当圆弧插补的半径差大于设定值时，出现 P/S 报警。

> 注：当设定值为 0 时，不进行圆弧半径差的检查。

3453								CRD

『修改权限』：设备。

『出厂默认』：0000 0000。

#0　CRD 倒角 / 拐角 R 有效［参数 CCR（No.8134）=“1”］时：

0：倒角 / 拐角 R 有效。

1：图纸尺寸直接输入有效。

11. 有关螺距误差补偿的参数

3621	各轴负方向最远端的螺距误差补偿点的号码（NEN）

『修改权限』：车床。

『生效方式』：上电。

『参数类型』：字轴型。

『取值范围』：0 ~ 1 023。

『出厂默认』：0。

即该参数设定各轴负方向上最远端的螺距误差补偿点的号码。

3622	各轴正方向最远端的螺距误差补偿点的号码（NEP）

『修改权限』：车床。

『生效方式』：上电。

『参数类型』：字轴型。

『取值范围』：0 ~ 1 023。

『出厂默认』：0。

即该参数设定各轴正方向上最远端的螺距误差补偿点的号码。

注：该参数的设定值要比参数 NO.3620 的设定值大。

3623	各轴螺距误差补偿倍率（PCM）

『修改权限』：车床。

『生效方式』：上电。

『参数类型』：字轴型。

『取值范围』：0 ~ 100。

『出厂默认』：0。

为设定各轴螺距误差补偿的倍率。

如果倍率设定为 1，则检测单位和补偿单位相同；如果倍率设定为 0，则不进行螺距误差补偿。

3624	各轴的螺距误差补偿点的间距（PCI）

『修改权限』：车床。

『生效方式』：上电。

『参数类型』：字轴型。

『取值范围』：0 ~ 9 999 999。

设定单位	IS–B	IS–C	单位
公制输入	0.001	0.000 1	mm
英制输入	0.000 1	0.000 01	in
回转轴	0.001	0.000 1	(°)

『出厂默认』：0。

螺距补偿点是等间距分布的，间距值各轴分别设定。间距的最小值是受限制的，由下式确定：最小值 = 最大进给速度（快速进给速度）÷ 7 500。螺距补偿最小间隔单位可以为 mm、in、(°)。最大进给速度：mm/min、in/min、(°) /min。

例如，最大进给速度为 15 000 mm/min 时的螺距误差补偿间隔的最小值为 2 mm。根据设定的倍率，当补偿点补偿量的绝对值超过 100 时，用下式计算的倍率将补偿点的间隔放大。

倍数 = 最大补偿量（绝对值）÷ 128（小数点后的数四舍五入），螺距补偿最小间隔 = 从上述最大进给速度中求得的值 × 倍数。

注：螺距补偿值的单位和检测单位相同。检测单位与参数 1820（指令倍乘比 CMR）和最小移动单位有关，设定单位与最小移动单位的关系见参数 1820 的注解。

3626	双向螺距误差补偿的最靠近负侧的补偿点号（NPN）

『修改权限』：车床。

『生效方式』：上电。

『参数类型』：字轴型。

『取值范围』：0～1 023。

『出厂默认』：0。

即使用双向螺距误差补偿时，设定刀具沿着负方向移动时的最靠近负侧的补偿点号。

3627	自与返回原点方向相反的方向移动到参考点时的参考点中螺距误差补偿值（PCD）

『修改权限』：车床。

『生效方式』：上电。

『参数类型』：字轴型。

『取值范围』：–32 768～32 767。

『出厂默认』：0。

即设定原点方向为正 / 负方向时，以绝对值从负 / 正方向设定移动时参考点中的螺距误差补偿量。

3628	螺距补偿脉冲频率的设置值（NPF）

『修改权限』：车床。

『取值范围』：1～32。

『出厂默认』：8。

即螺距补偿脉冲频率的设置值。

12. 有关主轴控制的参数

3710	CNC 控制主轴数（CCS）

『修改权限』：系统。

『生效方式』：上电。

『取值范围』：1～3。

『出厂默认』：1。

即设定 CNC 控制的主轴数。

3720	各主轴编码器线数（CNT）

『修改权限』：车床。

『生效方式』：上电。

『参数类型』：字主轴型。

『取值范围』：100～99 999 999。

『出厂默认』: 1024。

即设定各主轴编码器的线数。

3721	各主轴位置编码器一侧齿轮的齿数(GOE)

『修改权限』: 车床。

『参数类型』: 字主轴型。

『取值范围』: 1 ~ 9 999。

『出厂默认』: 1。

即设定速度控制时(每转进给、螺纹切削等)各主轴位置编码器一侧齿轮的齿数。

3722	各主轴一侧齿轮的齿数(GOS)

『修改权限』: 车床。

『参数类型』: 字主轴型。

『取值范围』: 1 ~ 9 999。

『出厂默认』: 1。

即设定速度控制时(每转进给、螺纹切削等),各主轴一侧齿轮的齿数。

3723	各主轴编码器对应的通道号(CSE)

『修改权限』: 车床。

『生效方式』: 上电。

『参数类型』: 字主轴型。

『取值范围』: 0 ~ 2。

『出厂默认』: 0。

即设定各主轴编码器对应的通道号。

参数设定的值	对应通道接口	
0	编码器的数据来自 GSKlink 传输	使用 GSKLink 主轴时且没有外接编码器时使用
1	使用第 1 编码器通道接口	使用外接编码器时使用
2	使用第 2 编码器通道接口	

3730	各主轴速度模拟输出的增益调整数据(AGS)

『修改权限』: 车床。

『参数类型』: 字主轴型。

『出厂默认』: 1 000。

『取值范围』: 500 ~ 2 000。

设置方法：

（1）设定标准设定值 1 000。

（2）指令主轴速度模拟输出最大电压为 10 V 时的主轴速度。

（3）测量输出电压。

（4）在参数 No.3730 上设定下式的值：

设定值 =10（V）×1 000÷ 测定电压（V）

（5）参数设定后，再次指令主轴速度模拟输出为最大电压的主轴速度，确认输出电压应为 10 V。

3740	检测主轴速度到达信号的延时时间（SAD）

『修改权限』：车床。

『取值范围』：5 ~ 32 767 ms。

『出厂默认』：1 000。

即设定从执行 S 功能到检测主轴速度到达信号的时间延迟。

3741	齿轮挡 1 的各主轴最高转速（MSG1）
3742	齿轮挡 1 的各主轴最高转速（MSG2）
3744	齿轮挡 1 的各主轴最高转速（MSG3）
3744	齿轮挡 1 的各主轴最高转速（MSG4）

以上参数（3741/3742/3743/3744）分别设定对应齿轮挡的主轴最高转速。

『修改权限』：车床。

『参数类型』：字主轴型。

『取值范围』：0 ~ 32 767 r/min。

『出厂默认』：6 000。

3770	恒线速控制时作为计算基准的轴（ACS）

『修改权限』：车床。

『取值范围』：0 ~ 控制轴数。

『出厂默认』：0。

即该参数设定恒线速控制时作为计算基准的轴。

注：设定 0 时，默认为 *X* 轴。此时 G96 程序段中指令的 *P* 值对恒线速控制没有意义。

3771	恒线速控制方式（G96）主轴最低转速（CFL）

『修改权限』：车床。

『取值范围』：0 ~ 32 767 r/min。

『出厂默认』：50。

即该参数设定恒线速控制时的主轴最低转速。进行恒线速控制（G96）时，当主轴转速低于参数给出的转速时，被限制在该转速。

3772	各主轴上限转速（MSS）

『修改权限』：车床。

『参数类型』：字主轴型。

『取值范围』：0 ~ 32 767 r/min。

『出厂默认』：6 000。

该参数设定各主轴的上限转速。当指令的主轴转速超过主轴上限转速时，或主轴转速倍率超过了主轴上限转速时，实际的主轴转速被限制在该参数设定的上限转速。

> 注 1：使用恒线速控制时，不管是否指令 G96 或 G97，主轴转速都会受最高主轴速度的限制。
>
> 注 2：设定值为 0 时，不进行转速限制。

13. 有关刀具补偿的参数

5001		EVO		EVR				

『修改权限』：设备。

『出厂默认』：0000 0000。

#4 EVR 在刀具半径补偿中，变更刀具补偿量时：

0：从下个指定 T 代码的程序段开始生效。

1：从下一个缓冲程序段开始生效。

#6 EVO 在刀具偏置补偿方式中，补偿量改变时：

0：从下一个指定 T 代码的程序段开始有效。

1：从下一个缓冲程序段开始有效。

5002		LWM		LGT		LWT		LD1

『修改权限』：设备。

『出厂默认』：0000 0000。

#0	LD1	刀具偏置的偏置号
		0：用 T 代码的最后 2 位指定
		1：用 T 代码的最后 1 位指定
#2	LWT	刀具磨损补偿
		0：用刀具移动补偿
		1：用坐标系偏移补偿（此时与 LWM 无关，在 T 代码的程序段补偿）
#4	LGT	刀具偏置补偿方式
		0：用坐标系偏移补偿（此时与 LWM 无关，在 T 代码的程序段补偿）
		1：用刀具移动补偿

续表

#6	LWM	当刀具偏置补偿方式为刀具移动时（LGT 为 1 时外形补偿和磨损补偿）
		0：在 T 代码程序段执行补偿
		1：与轴移动同时进行

注：LGT 为 0 时，偏置在 T 代码程序段中执行，与本参数无关。

5003		LVC			CCN		

『修改权限』：设备。

『出厂默认』：0000 0000。

#2　CCN G28 在刀尖半径补偿方式中，取消刀补方式：

0：移动到中间点取消。

1：移动到参考点时才取消。

#6　LVC 刀具偏置量：

0：复位时不清除。

1：复位时清除。

注：复位清除刀具偏置功能必须在非录入方式下才有效。

5004					TS1		ORC	

『修改权限』：设备。

『出厂默认』：0000 0000。

#1　ORC 刀具偏置量：

0：用直径值指定（编程用直径值）。

1：用半径值指定。

#3　TS1 刀具补偿量测量时直接输入 B 功能中的触摸传感器的接触检测值：

0：通过 4 个接点输入进行。

1：通过 1 个接点输入进行。

5005			QNI			PRC		

『修改权限』：设备。

『出厂默认』：0000 0000。

#2　PRC 在刀具偏置的补偿量中直接输入：

0：不使用。

1：使用。

#5　QNI 在刀具偏置的补偿量测量值直接输入功能 B 中：

0：由操作者通过操作光标进行选择。

1：通过输入来自 PLC 的信号进行选择。

5006							TGC	OIM

『修改权限』：设备。

『生效方式』：上电。

『出厂默认』：0000 0000。

#0　OIM 进行英制 / 公制切换时，是否进行刀具偏置量的自动变换：

0：不进行。

1：进行。

#1　TGC 在含 G50，G04 或 G10 程序段中指定 T 代码：

0：不报警。

1：P/S 报警。

5008		CNS	CNF	MCR	CNV		CNC	CNI

『修改权限』：设备。

『出厂默认』：0000 0000。

#0	CNI	刀尖半径补偿的干涉检查 0：执行 1：不执行
#1	CNC	在半径补偿的干涉检查中，编程移动方向与偏置移动方向相差 90～270 度时 0：P/S 报警 1：不报警
#3	CNV	刀尖半径补偿（T 系刀具）的干涉检查和矢量消除 0：执行 1：不执行
#4	MCR	G41/G42 刀尖半径补偿在录入方式下是否报警 0：不报警 1：P/S 报警
#5	CNF	在刀尖半径补偿的干涉检查中，对于切削整圆内部时是否报警 0：P/S 报警 1：不报警
#6	CNS	在刀尖半径补偿的干涉检查中，对于小于刀具半径的台阶是否报警 0：P/S 报警 1：不报警

5009				TSD				GSC

『修改权限』：设备。

『出厂默认』：0000 0000。

#0　GSC 刀具补偿量测量值直接输入功能 B 中的偏置写入输入信号：

0：由机械一侧输入。

1：由 PLC 一侧输入。

#4　TSD 刀具补偿量测量值直接输入功能 B 中，使移动方向判别规格：

0：无效。

1：有效。

5010	刀尖补偿中刀具沿拐角外侧移动时忽略矢量的极限值（CLV）

『修改权限』：设备。

『取值范围』：0 ~ 16 383。

设定单位	IS–B	IS–C	单位
公制输入	0.001	0.000 1	mm
英制输入	0.000 1	0.000 01	inch

『出厂默认』：0。

即设定刀尖半径补偿中，刀具沿拐角外侧移动时，忽略的微小移动量的极限值。

5013	刀具磨损补偿量的最大值（MTW）

『修改权限』：设备。

『取值范围』：0 ~ 99 999 999。

		IS–B	IS–C
设定单位	公制输入	0.001 mm	0.000 1 mm
	英制输入	0.000 1 in	0.000 01 in
设定范围	公制输入	0 ~ 99 999 999	0 ~ 99 999 999
	英制输入		

『出厂默认』：10。

即该参数设定刀具磨损补偿量的最大值。

注：当设定的刀具磨损补偿量的绝对值超过此最大值时，出现如下报警：从录入输入…警告：位数过多。超出范围（XXXX——XXXX）（括号内为输入范围）用 G10 输入…出现报警：用 G10 输入的偏置量超出了规定范围。

14. 有关基本功能的参数

8131								HPG

『修改权限』：车床。

『生效方式』：上电。

『出厂默认』：0000 0001。

#0　HPG 手动脉冲进给是否使用：

0：不使用。

1：使用。

8133						SCS		SSC

『修改权限』：车床。

『生效方式』：上电。

『出厂默认』：0000 0001。

#0　SSC 是否使用恒线速控制（G96）功能：

0：不使用。

1：使用。

#2　SCS 是否使用 CS 轮廓控制功能：

0：不使用。

1：使用。

15. 有关倾斜轴控制的参数

8200						AZR		AAC

『修改权限』：车床。

『生效方式』：上电。

『出厂默认』：0000 0000。

#0　AAC 是否进行倾斜轴控制：

0：不进行。

1：进行。

#2　AZR 在执行倾斜轴控制中的倾斜轴的手动参考点返回操作时：

0：正交轴也同时移动。

1：正交轴不移动。

8209								ARF

『修改权限』：车床。

『生效方式』：上电。

『出厂默认』：0000 0000。

#0　ARF 从倾斜轴控制中的 G28/G30 指令的中间点向参考点的移动为：

0：倾斜坐标系的动作。

1：笛卡尔坐标系中的动作。

三、参数丢失的原因

1. 数控系统后备电池失效

数控系统后备电池失效将导致全部参数丢失。为预防这种情况出现，在车床正常工作时应注意CRT是否有电源电压过低的报警显示。如果发现CRT上有报警显示，应在一周内按照厂家要求更换相应型号的电池。

2. 参数存储器故障或电气元件老化

参数存储器故障或电气元件老化都将使参数发生变化或导致参数不可用。遇到此类故障，一般需更换存储器板或损坏的电气元件，然后将备份好的参数重新传回到数控系统中。定期检查数控系统的元件是否老化是十分必要的。

3. 车床长期闲置不用，没有定期对车床通电

如果车床长期停用而没有通电，很容易出现后备电池失效或保持数据用电容失电的现象。为了防止这类故障发生，应定期为车床通电，使车床空运行一段时间。这样不但有利于后备电池使用寿命的延长和及时发现后备电池是否失效，对车床数控系统、机械系统等使用寿命的延长也有很大益处。

4. 车床在直接数控状态下加工工件或进行数据通信过程中电网瞬间停电

此类故障由于其不可预知性，一般是无法避免的。解决这类问题的办法就是将备份好的参数重新传回数控系统中。

5. 受到外部干扰，使参数丢失或发生混乱

针对受到外部干扰使参数丢失或发生混乱的故障，在数控车床安置时一定要考虑周围的环境，如系统周围的温度、湿度，电器控制柜中应装有空调或风扇，空气过滤器应保持良好的状况，系统周围应避免振动源、高频放电设备及其他干扰源等，并且数控车床所采用的电缆线一定要做好屏蔽，动力线与信号线分离，信号线采用铰合线，以防受到磁场耦合和电场耦合的干扰。

6. 操作者误操作

为避免出现这类情况，应对操作者加强上岗前的业务技术培训，制定可行的操作章程并严格执行。

四、故障查询表

故障查询表见表3–1–2。

表3–1–2 故障查询表

代码	故障现象	故障原因	解决方法
Er6001	定位气缸不动作	定位传感器异常	调整传感器或更换
		气缸极限位丢失	调整气缸极限位位置
		PLC无输出信号	检查PLC及线路
Er6002	进料输送带不动作	不满足转动条件	检查程序及相应条件
		线路故障	检查线路排除故障

续表

代码	故障现象	故障原因	解决方法
Er6002	进料输送带不动作	电气元件损坏	更换
		机械卡死或电动机损坏	调整结构或更换电动机
Er6003	出料输送带不动作	不满足转动条件	检查程序及相应条件
		线路故障	检查线路排除故障
		电气元件损坏	更换
		机械卡死或电动机损坏	调整结构或更换电动机
Er6005	阻挡气缸不动作	气压不足	检查气路
		阻挡气缸没有下降到位或下降位距离传感器异常	检查阻挡气缸机构及相应传感器的线路
		阻挡气缸前限位传感器异常	调整或更换传感器
		线路故障	检查线路排除故障
Er6006	自动门气缸不动作	气压不足	检查气路
		自动门没有关到位或开到位传感器距离异常	检查自动门相应传感器的线路
		自动门气缸前限位传感器异常	调整或更换传感器
		线路故障	检查相关线路电气元件
Er6007	卡盘松紧到位故障	液压压力不足	检查卡盘液压压力
		卡盘夹紧到位或卡盘放松到位传感器距离异常	检查卡盘夹紧或者放松及相应传感器的线路
		传感器异常	调整或更换传感器
		线路故障	检查相关线路电气元件
Er6010	工件夹紧/放松气缸不动作	气压不足	检查气路
		夹紧没有到位或放松到位传感器距离异常	检查搬运机构及相应传感器的线路
		夹紧/放松气缸限位传感器异常	调整或更换传感器
		线路故障	检查相关线路电气元件

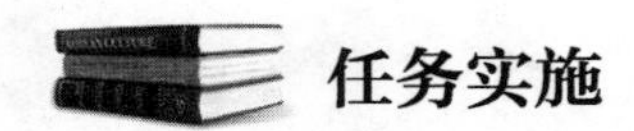

任务实施

任务活动一　任务分析

一、领取生产任务单（见表 3–1–3），明确加工任务

表 3–1–3　　　　　　　　　　　**生产任务单**

<table>
<tr><td colspan="2">需方单位名称</td><td colspan="2">XXX 企业</td><td>完成日期</td><td colspan="2">年　月　日</td></tr>
<tr><td>序号</td><td>产品名称</td><td>数控系统</td><td>数量</td><td colspan="3">技术标准、质量要求</td></tr>
<tr><td>1</td><td>广州数控</td><td>GSK980TA</td><td>1</td><td colspan="3">达到正常运行状态</td></tr>
<tr><td>2</td><td></td><td></td><td></td><td colspan="3"></td></tr>
<tr><td>3</td><td></td><td></td><td></td><td colspan="3"></td></tr>
<tr><td colspan="2">生产批准时间</td><td>年　月　日</td><td>批准人</td><td></td><td></td><td></td></tr>
<tr><td colspan="2">通知任务时间</td><td>年　月　日</td><td>发单人</td><td></td><td></td><td></td></tr>
<tr><td colspan="2">接单时间</td><td>年　月　日</td><td>接单人</td><td></td><td>生产班组</td><td>数控车组</td></tr>
<tr><td colspan="7">1. 本通知一式四份，分别由通知人、批准人、生产主管经理及工艺部门存备，相关人员必须按规定要求认真填写并检查执行，不得有误
2. 本通知单产品技术标准、产品规格型号及数量已确定，工艺部门必须按通知时间完成
本通知要求内容由项目经理交由工艺部门安排制作，并通知质管部门配合检查</td></tr>
</table>

填表：　　　　　　　　　　　　　　　　审核：

1. 请根据生产任务单，明确任务单。

工作任务：____________________；

系统型号：____________________；

设备故障：____________________；

故障原因：____________________；

维修数量：____________________；

完成时间：____________________。

2. 任务分析

根据加工过象限的圆弧有凸台这种现象分析，精度达不到要求的原因可能是机械部件长期运行，造成磨损，导致机械运行不到位。

3. 解决方式

检测出机械反向运行中的间隙值，利用车床自身的间隙补偿功能进行参数设置，以解决加工精度不达标的问题。

任务活动二　熟悉相关设备

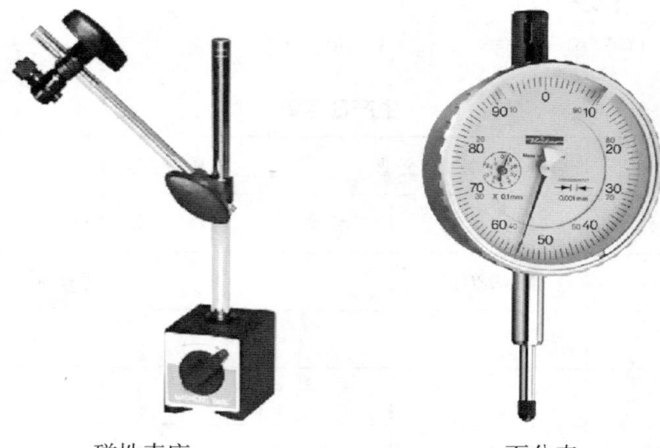

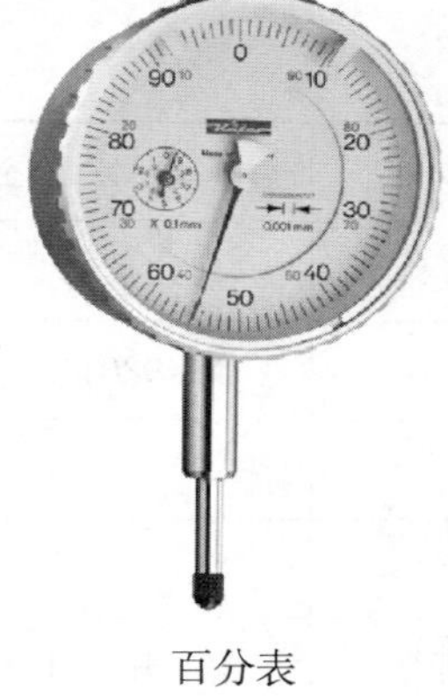

磁性表座　　　　百分表

使用手册

任务活动三　故障检测

故障检测安装示意图

（1）根据故障位置，磁性表座应该安装在什么位置?（可在上图中标出）

（2）如何测量车床的反向误差值？如何更准确地确定测量值？

（3）检测的主要方向是 X 轴方向还是 Z 轴方向？检测数值为多少？

任务活动四　参数修改

1. 参数设置

修改权限分为 5 级，各对应什么项目：

级别	连线	项目
1 级		操作
2 级		受限
3 级		系统
4 级		设备
5 级		车床

将参数开关打开步骤的操作顺序和操作说明在表 3-1-4 中填写好：

表 3-1-4　　**参数开关打开步骤**

操作顺序	操作说明	连线	车床图片
	进入程序设置页面		
	光标移动（移动到参数开关）		程序开关 程序开 程序关 参数开关 参数开 参数关
	光标移动（打开参数开关）		设置 SET
	CNC 设置		程序开关 程序开 程序关 参数开关 参数开 参数关
	“设置”		系统设置

续表

操作顺序	操作说明	连线	车床图片
	程序设置		CNC设置
1	打开程序开关		MDI 复位 程序开关 程序开 程序关 参数开关 参数开 参数关 自动序号 序号开 序号关 输入单位 公制 英制 需求零件数 0 加工零件总数 100 改程序密码 ******** 绝对坐标 X 7.7315 Z -0.0002 C 0.0000 相对坐标 U 7.7315 W -0.0002 H 0.0000 机床坐标 X 7.7314 Z -0.0002 C 0.0000 T 0000 系统设置 坐标设置 系统时间 系统调试 系统IP

2. 间隙值录入

（1）反向间隙设置参数号为：________________。

（2）反向间隙取值范围为：________________。

（3）间隙值录入（如测得 X 轴方向测量值为 0.07 mm）：________________。

任务活动五　操作测试

方法 1：采用测量各轴误差值的方法，测量各轴的间隙误差。

方法 2：开启车床，编程加工一个过象限的球体，通过观察过象限处的痕迹看反向间隙值是否符合要求（以便观察反向间隙是否消除）。

任务测评

对任务实施的完成情况进行检查，并将结果填入表 3-1-5。

表 3-1-5　任务测评表

序号	主要内容	考核要求	评分标准	配分	扣分	得分
1	故障分析	任务分析清晰 故障分析清晰	1. 任务分析错误 1 项扣 2 分 2. 故障分析是否全面，少 1 项扣 2 分 3. 测量要求分析是否得当，少一项扣 2 分	20		
2	检修过程	工具使用正确 操作过程规范 测量数据准确	1. 工具使用方法不正确，每处扣 2 分 2. 操作过程不规范，每次扣 2 分 3. 测量数据及其计算不正确，每处扣 3 分	30		

续表

序号	主要内容	考核要求	评分标准	配分	扣分	得分
3	参数设置 结果检测	参数操作正确 数值录入正确 结果检测正确	1. 系统操作错误，每次扣2分 2. 不能正确录入间隙值，每次扣2分 3. 检测过程操作不规范，每次扣2分 4. 加工测试操作错误，每次扣5分	40		
4	安全 卫生 整洁	严格执行数控加工安全操作规程 车间执行6S标准	1. 操作前是否安全穿着劳保用品，穿着错误一件扣2分 2. 操作时是否符合安全规程，违反一项扣2分 3. 操作后是否能做到6S标准，违反一项扣2分 4. 工量具是否整齐摆放，摆放不整齐扣4分	10		
合计				100		
开始时间：			结束时间：			

拓展学习

1. 清除系统基本参数后进行恢复与调试。
2. 更改螺纹加工的起刀和收尾长度值。
3. 如何设置刀具补偿？

任务2　数控车床零件加工的程序编写

学习目标

1. 掌握视图的识读。
2. 掌握套类零件的加工工艺制定。
3. 掌握数控车床编程相关指令。
4. 理解切削用量的选择及使用。
5. 熟悉数控车床程序的编写。

任务描述

本任务通过令学员学习视图识读，加工工艺制定，车床编程相关指令，程序编写和切削用量的选择及使用，令学员掌握数控车床的程序编写和加工。

知识准备

一、数控车床编程指令（GSK980TA 系统）

1. 固定循环代码

为了简化编程，系统提供了只用一个程序段就能完成快速移动定位、直线/螺纹切削、快速移动返回起点的单次加工循环的代码：

G90：轴向切削循环；G92：螺纹切削循环；G94：径向切削循环。

（1）轴向切削循环 G90

代码功能：从起点开始，进行径向（*X* 轴）进刀、轴向（*Z* 轴或 *X*、*Z* 轴同时）切削，实现柱面或锥面切削循环，如图 3-2-1、图 3-2-2 所示。

代码格式：G90X（U）______ Z（W）______ F ______；（直线切削循环）

G90X（U）______ Z（W）______ R ______ F ______；（锥度切削循环）

代码说明：G90 为模态代码。

X_，Z_	纵向切削终点（图 3-2-1*C* 点）的坐标值
U_，W_	至纵向切削终点（图 3-2-1*C* 点）的移动量
F_	切削进给速度
R_	锥度量（半径值，带方向，取值范围见图 3-2-1 和图 3-2-2）

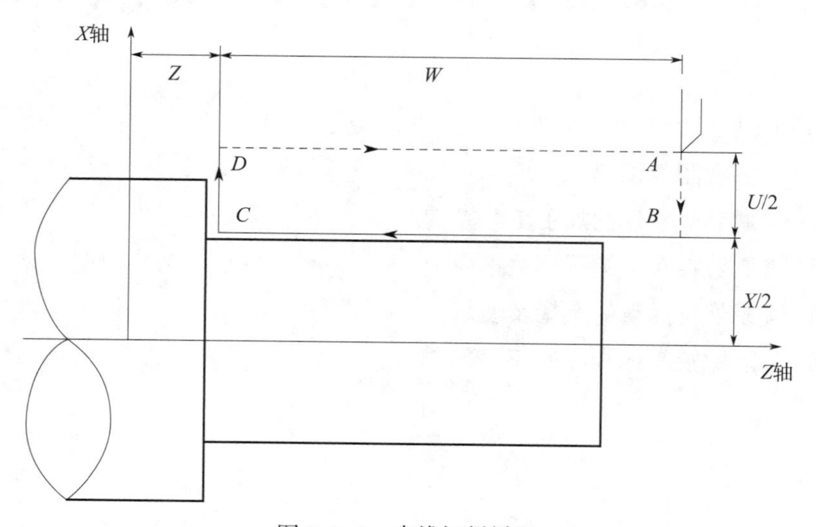

图 3-2-1　直线切削循环

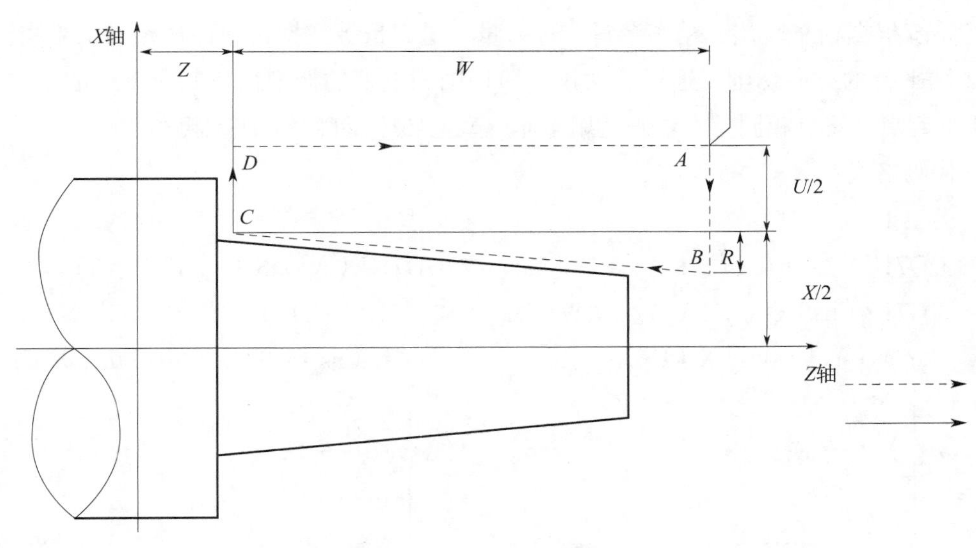

图 3-2-2　锥度切削循环

说明：快速移动- - - - - - - ->，切削进给———→

A：起点（终点）。B：切削起点。

执行过程：

1）X 轴从起点 A 快速移动到切削起点 B；

2）从切削起点 B 直线插补（切削进给）到切削终点 C；

3）X 轴以切削进给速度退刀，返回到 X 轴绝对坐标与起点相同处 D；

4）Z 轴快速移动返回到起 A，循环结束。

（2）多重循环代码

GSK980TA 系列车床的多重循环代码包括轴向粗车循环 G71、径向粗车循环 G72、封闭切削循环 G73、精加工循环 G70、轴向切槽多重循环 G74、径向切槽多重循环 G75 及多重螺纹切削循环 G76。系统执行这些代码时，根据编程轨迹、进刀量、退刀量等数据自动计算切削次数和切削轨迹，进行多次进刀→切削→退刀→再进刀的加工循环，自动完成工件毛坯的粗、精加工，代码的起点和终点相同。

1）轴向粗车循环 G71。G71 粗车加工循环类型有两种：类型Ⅰ和类型Ⅱ。类型Ⅰ的 X 轴、Z 轴必须单向递增或者递减，类型Ⅱ的 X 轴可以非单向，Z 轴必须单向递增或者递减。

代码功能：G71 代码分为三个部分：

①给定粗车时的切削量、退刀量和切削速度、主轴转速、刀具功能的程序段；

②精车轨迹的程序段、精车余量的程序段；

③精车轨迹的若干连续的程序段，执行 G71 时，这些程序段仅用于计算粗车的轨迹，实际并未被执行。

系统根据精车轨迹、精车余量、进刀量、退刀量等数据自动计算粗加工路线，沿与 Z 轴平行的方向切削，通过多次进刀→切削→退刀的切削循环完成工件的粗加工。G71 的起点和终点相同。本代码适用于非成型毛坯（棒料）的成型粗车。

代码格式：

类型 1：

①G71U（Δd）R（e）F　S　T；

②G71P（ns）Q（nf）U（Δu）W（Δw）；

类型Ⅱ：

①G71U（Δd）R（e）F　S　T；

②G71P（ns）Q（nf）U（Δu）W（Δw）；

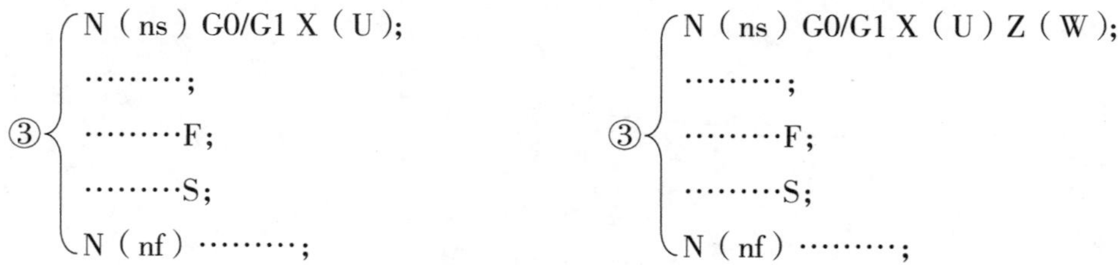

类型 1：

③ N（ns）G0/G1 X（U）；
………；
………F；
………S；
N（nf）………；

类型Ⅱ：

③ N（ns）G0/G1 X（U）Z（W）；
………；
………F；
………S；
N（nf）………；

代码说明：

①建议 ns ~ nf 程序段紧跟在 G71 程序段后编写。如果 ns ~ nf 程序段不是紧跟在 G71 程序段后编写，系统执行完成粗车循环后，会从 G71 的下一程序段执行。

②ns 程序段只能是 01 组 G00、G01 模态代码，ns 段不含 Z（W）代码字时，为类型 1，含 Z（W）代码字时，为类型 2。

③ns ~ nf 程序段中，类型 1 的 X 轴、Z 轴的尺寸必须单调变化（一直增大或一直减小）；类型 2 的 Z 轴的尺寸必须单调变化。

④ns ~ nf 程序段仅用于计算粗车轮廓，程序段并未被执行。ns ~ nf 程序段中的 F、S、T 代码在执行 G71 循环时无效，此时 G71 程序段的 F、S、T 代码有效；执行 G70 精加工循环时，ns ~ nf 程序段中的 F、S、T 代码有效。

⑤ns ~ nf 程序段中（不含 ns 段），只能有 G 功能：G00、G01、G02、G03、G04、G96、G97、G98、G99、G40、G41、G42 代码；不能有子程序调用代码（如 M98/M99）。

⑥G96、G97、G98、G99、G40、G41、G42 代码在执行 G71 循环中无效，执行 G70 精加工循环时有效。

⑦在 G71 代码执行过程中，可以停止自动运行并手动移动，但要再次执行 G71 循环时，必须返回到手动移动前的位置。如果不返回就继续执行，后面的运行轨迹将错位。

⑧执行单程序段的操作，在运行完当前一次切削循环并到达该次切削轨迹的终点后程序停止。

⑨Δd、Δu 都用同一地址 U 指定，其区分是根据该程序段有无指定 P，Q 代码。

⑩在录入方式中不能执行 G71 代码，否则产生报警。

代码的相关定义见表 3-2-1。

表 3-2-1　　代码的相关定义

精车轨迹	如图 3-2-4 所示，由代码说明中的③（ns～nf 程序段）给出的工件精加工轨迹，精加工轨迹的起点（即 ns 程序段的起点）与 G71 的起点、终点相同，简称 *A* 点；精加工轨迹的第一段（ns 程序段）只能是 *X* 轴的快速移动或切削进给，ns 程序段的终点简称 *B* 点；精加工轨迹的终点（nf 程序段的终点）简称 *C* 点。精车轨迹为 *A* 点→ *B* 点→ *C* 点
粗车轮廓	粗车轨迹按精车余量（Δu、Δw）偏移后的轨迹，是执行 G71 形成的轨迹轮廓。精加工轨迹的 *A*、*B*、*C* 点经过偏移后对应粗车轮廓的 *A'*、*B'*、*C'* 点，G71 代码最终的连续切削轨迹为 *B'* 点→ *C'* 点
Δd	粗车时 *X* 轴的切削量，取值范围见图 3-2-3（半径值），无符号，进刀方向由 ns 程序段的移动方向决定。U（Δd）执行后，代码值 Δd 保持，并修改数据参数 NO.5132 的值。未输入 U（Δd）时，以数据参数 NO.5132 的值作为进刀量
e	粗车时 *X* 轴的退刀量，取值范围见图 3-2-3（半径值），无符号，退刀方向与进刀方向相反，R（e）执行后，代码值 e 保持，并修改数据参数 NO.5133 的值。未输入 R（e）时，以数据参数 NO.5133 的值作为退刀量
ns	精车轨迹的第一个程序段的程序段号
nf	精车轨迹的最后一个程序段的程序段号
Δu	*X* 轴的精加工余量，取值范围见图 3-2-3（直径），有符号，粗车轮廓相对于精车轨迹的 *X* 轴坐标偏移，即 *A'* 点与 *A* 点 *X* 轴绝对坐标的差值。U（Δu）未输入时，系统按 Δu=0 处理，即粗车循环 *X* 轴不留精加工余量
Δw	*Z* 轴的精加工余量，取值范围见图 3-2-3，有符号，粗车轮廓相对于精车轨迹的 *Z* 轴坐标偏移，即 *A'* 点与 *A* 点 *Z* 轴绝对坐标的差值。W（Δw）未输入时，系统按 Δw=0 处理，即粗车循环 *Z* 轴不留精加工余量
M、S T、F	M：开关指令；F：切削进给速度；S：主轴转速；T：刀具号、刀具偏置号。 在第一个 G71 代码或第二个 G71 代码中，也可在 ns～nf 程序中指定。在 G71 循环中，ns～nf 间程序段号的 M、S、T、F 功能都无效，仅在有 G70 精车循环的程序段中才有效

留精车余量时坐标偏移方向：

Δu、Δw 反映了精车时坐标偏移和切入方向，按 Δu、Δw 的符号有四种不同组合，如图 3-2-3 所示，图中：*A* → *B* → *C* 为精车轨迹，*A'* → *B'* → *C'* 为粗车轮廓，*A* 为起刀点。

G71 类型 1 执行过程：如图 3-2-4 所示。

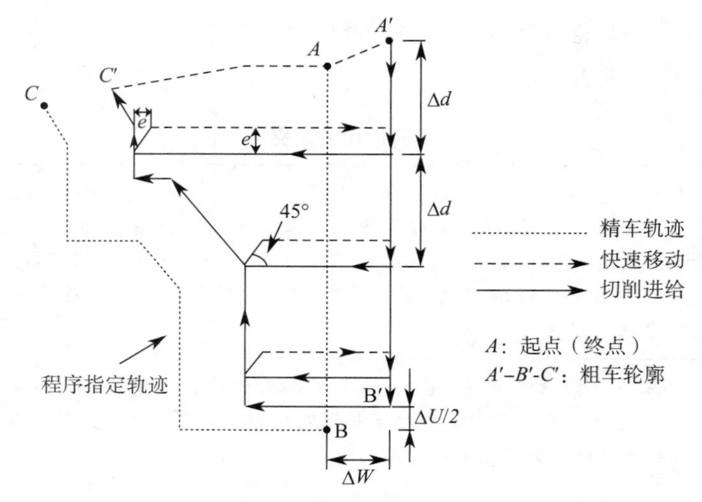

图 3-2-3　G71 代码精车走刀轨迹

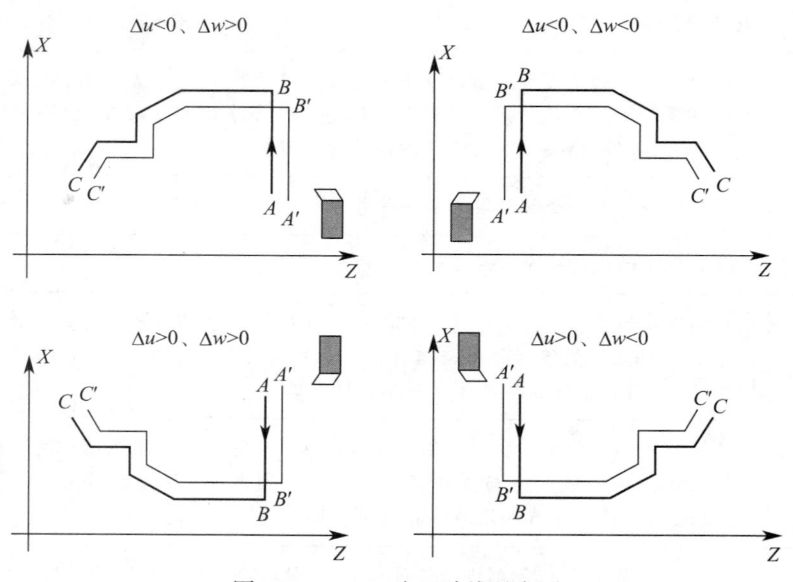

图 3-2-4　G71 走刀路线示意图

从起点 A 点快速移动到 A' 点，X 轴移动为 Δu、Z 轴移动为 Δw。

从 A' 点 X 轴移动 Δd（进刀），ns 程序段是 G0 时按快速移动速度进刀，ns 程序段是 G1 时按 G71 的切削进给速度 F 进刀，进刀方向与 A 点→ B 点的方向一致。

Z 轴切削进给到粗车轮廓，进给方向与 B 点→ C 点 Z 轴坐标变化一致。

X 轴、Z 轴按切削进给速度退刀 e，退刀方向与各轴进刀方向相反。

Z 轴以快速移动速度退回到与 A' 点 Z 轴绝对坐标相同的位置。

2）精加工循环 G70

代码功能：刀具从起点位置沿着 ns ~ nf 程序段给出的工件精加工轨迹进行精加工。一般来说，在 G71、G72 或 G73 进行粗加工后，用 G70 代码进行精车，单次完成精加工余量的切削。G70 循环结束时，刀具以快速移动方式返回到循环起点，并执行 G70 程序段后的下一个程序段。

代码格式：G70P（ns）Q（nf）;

代码说明：

ns：精车轨迹的第一个程序段的程序段号，取值范围为 1 ~ 99999；

nf：精车轨迹的最后一个程序段的程序段号，取值范围为 1 ~ 99999；

G70 代码轨迹由 ns ~ nf 程序段的编程轨迹决定。ns、nf 在 G70 ~ G73 程序段中的相对位置关系如下：

……

G71……;

N（ns）……;

………;

……F;　　精加工路线程序段群

……S;

N（nf）……;

G70　P（ns）　Q（nf）;

……

G70 一般在 ns ~ nf 程序段后编写；

①执行 G70 精加工循环时，ns ~ nf 程序段中的 F、S、T 代码有效。

②G96、G97、G98、G99、G40、G41、G42 代码在执行 G70 精加工循环时有效。

③在 G70 代码执行过程中，可以停止自动运行并手动移动，但要再次执行 G70 循环时，必须返回到手动移动前的位置。如果不返回就继续执行，后面的运行轨迹将错位。

④执行单程序段的操作，在运行完缓冲段中当前轨迹的终点后程序停止。

⑤在录入方式中不能执行 G70 代码，否则产生报警。

⑥当刀具在精切循环中切削到精车形状的终点位置时，两轴同时以快速移动方式返回到循环起点，故编程时应注意，防止过切。

2. 其他加工指令代码

（1）快速定位 G00

代码功能：在绝对编程方式下，将刀具快速移动到工件坐标系指定的位置；在增量编程方式下，将刀具快速移动到仅偏离当前位置指定值的位置。

代码格式：G00 X ______ Z ______;

代码说明：X ______ Z ______：绝对编程为刀具移动的终点坐标值。

（2）直线插补 G01

代码功能：可以使刀具沿着直线移动。

代码格式：G01 X ______ Z ______ F ______;

代码说明：X ______ Z ______：对绝对编程方式下 *X* 轴和 *Z* 轴的终点坐标值。

F ______：刀具的进给速度，取值范围见表 3–2–2。

注：G98、G99 为每分钟进给和每转进给，在 G 代码体系 B 中则为 G94 和 G95。

3. 进给方式指令

（1）每分进给 G98

G98 代码功能：指定切削进给速度为每分进给，G98 为模态 G 代码。如果当前为 G98 模态，可以不输入 G98。

代码格式：G98Fxxxx;

（2）每转进给 G99

G99 代码功能：指定切削进给速度为每转进给，G99 为模态 G 代码。如果当前为 G99 模态，可以不输入 G99。

代码格式：G99Fxxxx;

代码说明：系统执行 G99Fxxxx 时，把 F 代码值与当前主轴转速的乘积作为代码进给速度以控制实际的切削进给速度，主轴转速变化时，实际的切削进给速度随着改变。使用 G99Fxxxx 给定主轴每转的切削进给量，可以在工件表面形成均匀的切削纹路。若在 G99 模态进行加工，车床必须安装主轴编码器。

G98、G99 代码中 F 的取值范围见表 3–2–2。

表 3–2–2　F 的取值范围

地址	增量系统	公制输入	英制输入
F（G98）	ISB 系统	0.001 ~ 60 000（mm/min）	0.000 01 ~ 2 400（in/min）
	ISC 系统	0.001 ~ 24 000（mm/min）	0.01 ~ 960（in/min）
F（G99）	ISB 系统	0.001 ~ 500（mm/r）	0.000 1 ~ 9.99（in/r）
	ISC 系统	0.000 01 ~ 960（mm/r）	0.000 1 ~ 9.99（in/r）

每转进给量与每分钟进给量的换算公式为：

$$F_m=F_r\times S$$

式中　F_m——每分钟的进给量；

F_r——每转进给量；

S——主轴转速。

系统执行 F 代码后，F 值保持不变。

注：

1）G98、G99 为同组的模态 G 代码，同一时刻仅能一个有效。系统上电时的默认模态可以通过参数 NO.3402 的第四位（FPM）设定。

2）G99 模态，当主轴转速低于 1 r/min 时，切削进给速度会出现不均匀的现象；主轴转速出现波动时，实际的切削进给速度会存在跟随误差。为了保证加工质量，建议加工时选择的主轴转速不能低于主轴伺服器或变频器输出有效力矩的最低转速。

3）参数 NO.1422 可以设定切削进给速度的上限，如果实际切削进给速度（乘过倍率后的值）超过指定的上限，就被钳制到上限速度值。

4）通过参数 NO.1403 的第零位（MI–F）可以设定每分钟进给切削速度的单位，具体详见《GSK980TA/980TA1/980TB 系列车床操作手册》。

5）当在 G98 模态下指令 G99 但未指令 F 时，F 值为上一次执行 G99 的模态值。同理，当在 G99 模态下指令 G98 但未指令 F 时，F 值为上一次执行 G98 的模态值。

6）当初态为 G98/G99，上电后单独执行 G99/G98 时，系统均按 No.1411 参数设置速度值执行。

4. 辅助功能（M 指令）

M 代码由代码地址 M 和其后的数字组成（数字的位数可由参数 NO.3030 设置），用于控制程序执行的流程或输出 M 代码到 PLC。

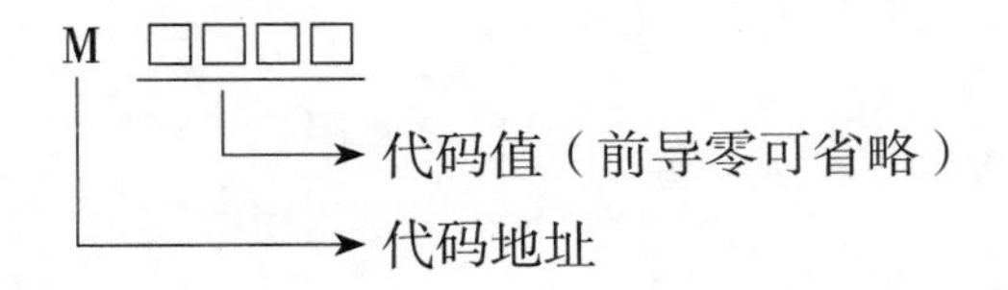

通常一个程序段中只有一个 M 代码有效。但是，一个程序段中最多可以指定 3 个 M 代码，由参数 NO.3404 的第七位（M3B）设定。M 代码和功能之间的对应关系由车床制造商决定。CNC 处理 M 代码时向 PLC 送出代码信号和一个选通信号。

除了 M00、M01、M02、M30、M98、M198、M99 以外，所有的 M 代码都在 PLC 里处理，其功能、意义、控制时序及逻辑等应以车床厂家的说明为准。

（1）程序结束 M02

代码格式：M02 或 M2

代码功能：在自动方式下，执行 M02 代码，当前程序段的其他代码执行完成后，自动运行结束。光标是否返回程序开头由参数 No.3404 的第五位（M02）设定。若要再次执行程序，必须让光标返回程序开头。

除上述 NC 处理的功能外，M02 代码的功能也可由 PLC 梯形图定义。

（2）程序运行结束 M30

代码格式：M30

代码功能：在自动方式下，执行 M30 代码，当前程序段的其他代码执行完成后，自动运行结束。加工件数加 1，取消刀尖半径补偿，光标是否返回程序开头由参数 No.3404 的第四位（M30）设定，若要再次执行程序，必须让光标返回程序开头。

除上述 NC 处理的功能外，M30 代码的功能也可由 PLC 梯形图定义。如果在子程序中指令了 M30，系统将作自动运行结束处理，并返回主程序。

（3）程序停止 M00

代码格式：M00 或 M0

代码功能：与单程序段暂停同样，当执行 M00 程序段后，系统停止自动运转，并把其前面的模态信息全部保存起来，也即其等同于程序暂停的功能。若欲继续执行后续程序段，则须重按操作面板上循环起动键，CNC 便继续自动运转。

当 M00 与其他 G 功能代码在同一程序段时，先执行完程序段中的代码，再执行 M00，系统停止运转。

（4）选择停止 M01

代码格式：M01 或 M1

代码功能：在包含 M01 的程序段执行以后，自动运行停止，单段停止信号灯点亮。在下一次自动起动中，关闭单段停止信号灯。只有在车床操作面板上的选择停开关按下时，M01 代码才有效。

（5）子程序调用 M98

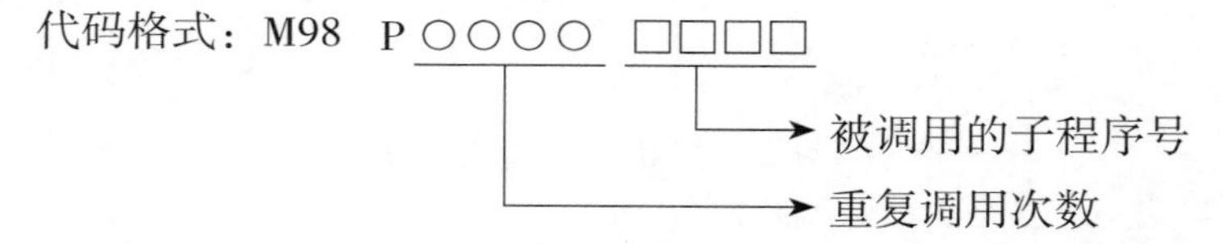

代码功能：在自动方式下执行 M98 代码时，当前程序段的其他代码执行完成后，CNC 去调用执行 P 指定的子程序。

若用户只需要对子程序调用 1 次，则在输入 P 后的数值“○○○○□□□□”时，○○○○可省略输入，同时被调用的子程序号其前导零也可省略输入，系统不做报警。如输入：M98P12；其代表的功能就是调用一次子程序 O0012；如果子程序的调用次数大于 1，子程序号的前导零不能省略。

M98 中调用的子程序名必须为小于 9999 的且已经存在于系统中的程序，子程序名必须输入。

M98 中指定调用次数的取值范围为 1 ~ 9999。

M98 中调用的子程序编写格式如下所示。除了子程序的最后必须为 M99 而不是 M30 结束以外，其程序编写格式与主程序的编写格式一样。

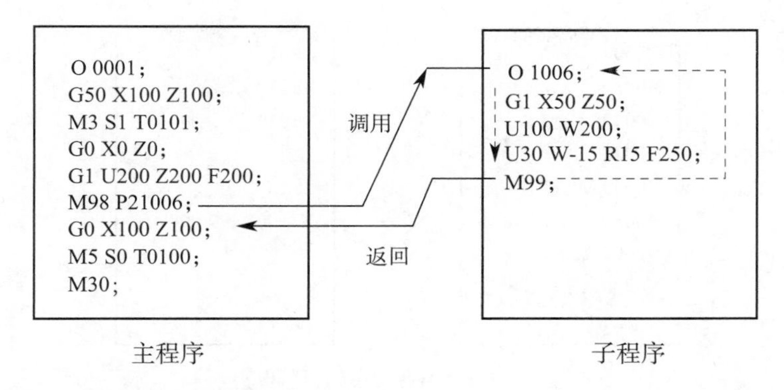

在被调用的子程序中又可调用其他子程序。被主程序调用的子程序为一重子程序，被一重子程序调用的称为二重子程序，依次类推，有三重子程序、四重子程序等。一个主程序总共可调用 12 重子程序（包含宏程序调用），图 3-2-5 所示为四重子程序嵌套的示意图。

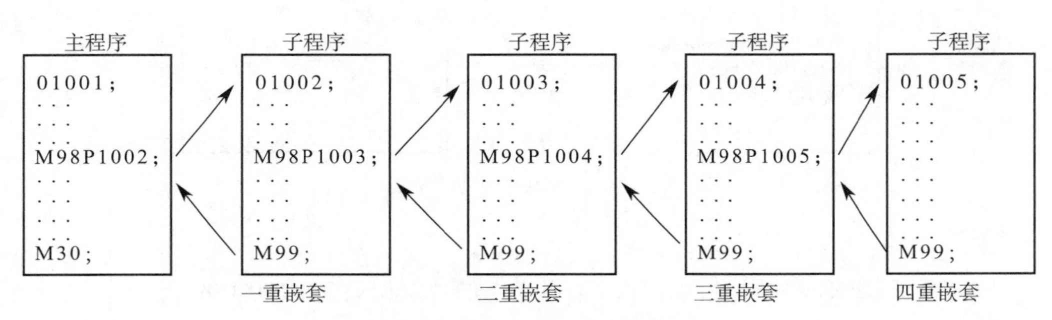

图 3-2-5　四重子程序嵌套

注：

1）当检索不到用 P 指定的子程序时，系统产生报警。

2）在 MDI 方式下输入 M98P ______时，不能实现子程序的调用，系统出现报警。

3）用 M98P ______调用自身时，系统出现报警。

4）如果 M98 代码后，没有用 P 指令调用的子程序，系统出现报警。

（6）子程序返回 M99

代码格式：M99　P○○○○○

返回主程序时将被执行的程序段号（00000 ~ 99999），前导 0 可以省略。

代码功能：（子程序中）当前程序段的其他代码执行完成后，返回主程序中由 P 指定的程序段继续执行，当未输入 P 时，返回主程序中调用当前子程序的 M98 代码的后一程序段继续执行。在自动方式下，如果 M99 用于主程序结束（即当前程序不是由其他程序调用执行），当前程序将反复执行。

示例：图 3-2-6 表示调用子程序 M99 中有 P 代码字的执行路径。图 3-2-7 表示调用子程序 M99 中无 P 代码字的执行路径。

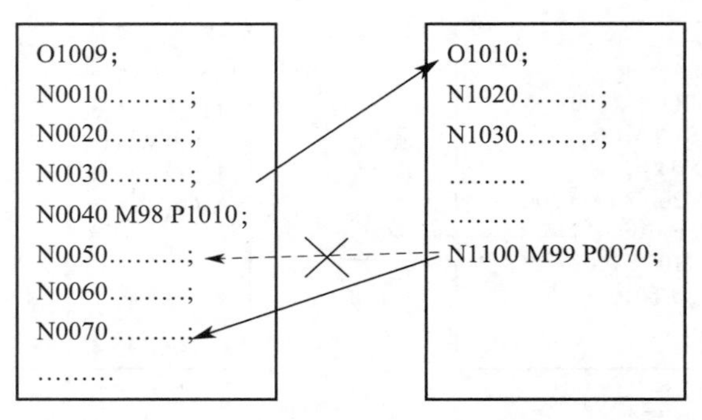

图 3-2-6 M99 中有 P 代码字

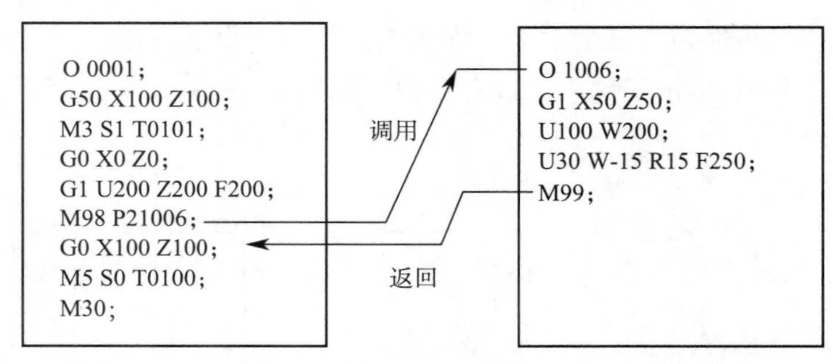

图 3-2-7 M99 中无 P 代码字

注：

1）M99 代码不必在单独的程序段中指定，如：G00 X100 Z100 M99。

2）如果 M99 指令了不存在的程序段号，系统出现报警。

3）在自动方式下，如果在 M99 后指定的程序段号在程序中有重复，系统分 3 种情况处理：

①两个重复程序段号在 M98 程序段前，程序返回靠后的重复程序段；

②两个重复程序段号在 M98 程序段后，程序返回靠前的重复程序段；

③两个重复程序段号分别在 M98 程序段前 / 后，程序返回靠后的重复程序段。

4）在自动方式下，如果主程序以 M99 结束，并且指定了 P 后的行号，则系统忽略该行号，返回到文件头重复执行。

二、实例编程

采用 GSK980TA 系统对以下零件图进行加工程序编制。

1. 轴类零件加工

图 3-2-8 所示零件为一阶梯轴，毛坯尺寸为 ϕ45 mm × 80 mm。材料为 45 号钢。要求生产 100 件。

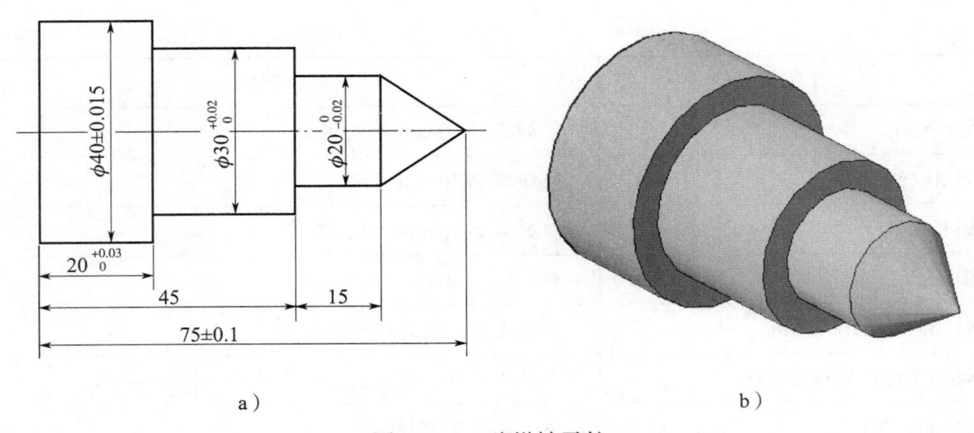

a） b）

图 3-2-8 阶梯轴零件

a）阶梯轴零件参数图 b）阶梯轴零件模型图

（1）零件分析

如图 3-2-8a 所示，该零件的轮廓结构形状不复杂，但对零件的尺寸精度要求较高。在零件的加工中，径向较为重要的尺寸有 ϕ40 mm ± 0.015 mm 外圆、$\phi 30^{+0.02}_{0}$ mm 外圆和 $\phi 20^{0}_{-0.02}$ mm。轴向较为重要的尺寸有零件左端 $\phi 20^{+0.03}_{0}$ mm 和零件总长 70 mm ± 0.1 mm。以零件左端为编程零点。

（2）零件的装夹

该零件为回转体零件，用三爪自定心卡盘装夹零件，粗加工零件右端外形。

（3）刀具的选择

T01：90° 外圆车刀：（粗车）；T02：90° 外圆车刀：（精车）。

（4）编制轴类零件加工程序（见表 3-2-3）

表 3-2-3　　编制轴类零件加工程序

程序	说明
O0001;	程序号
N10 M03 T0101 S600;	选择 1 号刀及 1 号刀补，以 600 r/min 启动主轴正转
N20 G00 X50 Z85;	快速定位至安全位置
N30 X47 Z77;	定位至进刀点
N40 G71 U1 R0.5;	外圆粗加工循环，进刀量为 1 mm，退刀量为 0.5 mm
N50 G71 P60 Q120 U0.5 W0 F150;	精加工程序始 N60，终 N120；精加工余量为 0.5 mm，进给速度为 150 mm/min
N60 G00 X0;	定位到零件轴心
N70 G01 Z75 F120;	直线插补，慢速移动至工件表面（精车进给速度为 120 mm/min）
N80 X20 Z60;	粗加工圆锥

续表

程序	说明
N90 X30;	粗加工 ϕ30 mm 外圆端面
N100 Z20;	粗加工 ϕ30 mm 外圆
N110 X40;	粗加工 ϕ40 mm 外圆端面
N120 Z0;	粗加工 ϕ40 mm 外圆
N130 G00 X100 Z100;	快速退刀，返回换刀点
N140 T0202 M03 S1200;	更换 2 号刀，更改主轴转速至 1 200 r/min
N150 G0 X47 Z77;	快速定位至进刀点
N160 G70 P60 Q120;	G70 精加工零件表面轮廓
N170 G0 X100 Z100 M5;	快速退刀，停止主轴转动
N180 T0100;	刀具换回一号基准刀
N190 M30;	程序结束并复位

2. 盘套类零件加工

图 3-2-9 所示为盘套类零件，毛坯尺寸为 ϕ105 mm × 45 mm。该零件外表面已经加工完成，只要求对其内孔部分进行加工，零件已经钻直径为 ϕ20 mm 的孔，零件材料为 45 号钢。要求生产 100 件。

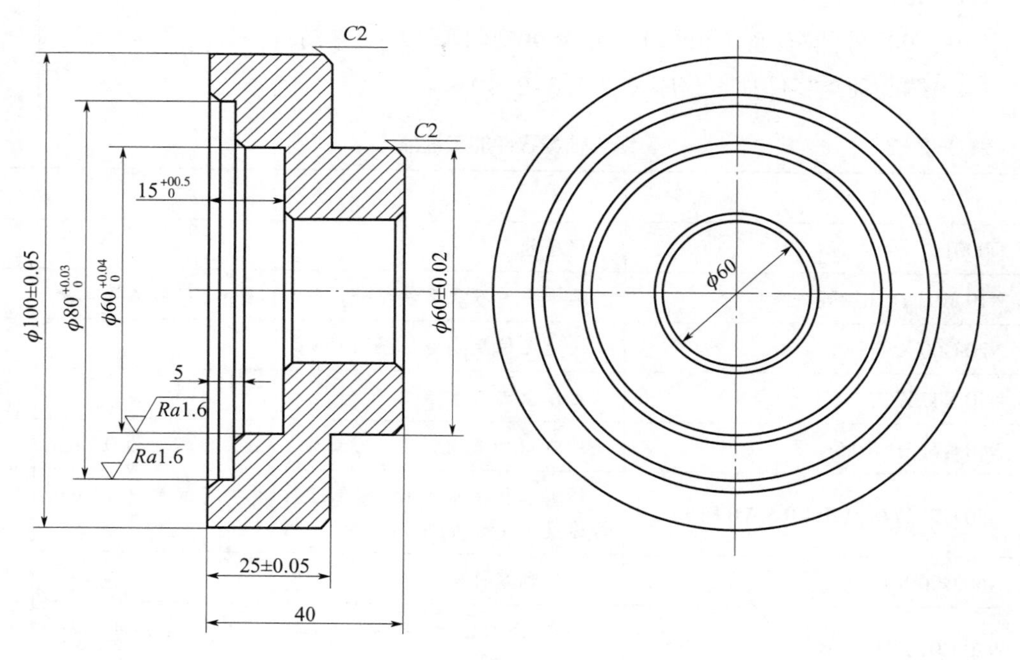

a）

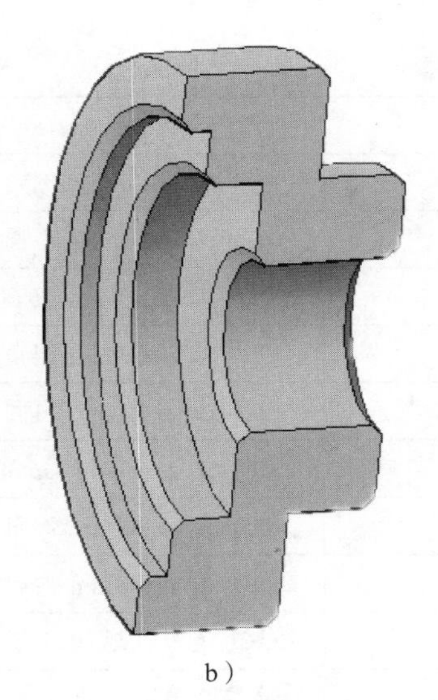

b）

图 3-2-9　盘套类零件

a）盘套类零件参数图　b）盘套类零件模型图

（1）零件分析

如图 3-2-9a 所示，该零件为典型的阶梯孔类零件，零件的尺寸精度要求一般。在零件的加工中，径向较为重要的尺寸有 $\phi 80_{0}^{+0.03}$ mm 内圆和 $\phi 60_{0}^{+0.04}$ mm 内圆，表面粗糙度均要求为 *Ra*1.6；轴向较为重要的尺寸有零件左端 15 $_{0}^{+0.05}$ mm。以零件左端 $\phi 80_{0}^{+0.03}$ 内孔轴心线与端面交点为编程零点。

（2）零件的装夹

该零件为回转体零件，用三爪自定心卡盘装夹零件，夹持 ϕ60 mm ± 0.02 mm 外圆柱面，粗精加工零件内部轮廓。

（3）刀具的选择

T01：90° 内圆盲孔车刀：（粗车）T02：90° 外圆盲孔车刀：（精车）

（4）编制轴类零件加工程序（见表 3-2-4）

表 3-2-4　　编制轴类零件加工程序

程序	说明
O0002;	程序号
N10 M03 T0101 S600;	选择 1 号刀及 1 号刀补，以 600 r/min 启动主轴正转
N20 G00 X18 Z5;	快速定位至安全位置
N30 X20 Z2;	定位至进刀点
N40 G71 U0.8 R0.5;	外圆粗加工循环，进刀量 0.8 mm，退刀量 0.5 mm
N50 G71 P60 Q150 U-0.5 W0 F120;	精加工程序始 N60，终 N150；精加工余量为 0.5 mm，进给速度为 120 mm/min
N60 G00 X84;	定位到零件轴心
N70 G01 Z0 F100;	直线插补，慢速移动至工件表面（精车进给速度为 100 mm/min）

续表

程序	说明
N80 X80 Z-2;	粗加工 ϕ80 mm 倒角
N90 Z-5;	粗加工 ϕ80 mm 内圆面
N100 X64;	粗加工 ϕ80 mm-ϕ60 mm 台阶面
N110 X60 Z-7;	粗加工 ϕ60 mm 倒角
N120 Z-15;	粗加工 ϕ60 mm 内圆
N130 X34;	粗加工 ϕ60 mm-ϕ30 mm 台阶面
N140 X30 Z-17;	粗加工 ϕ30 mm 倒角
N150 Z-41;	粗加工 ϕ30 mm 内圆面
N160 G00 X100 Z100;	快速退刀，返回换刀点
N170 T0202 M03 S1200;	更换 2 号刀，更改主轴转速至 1 200 r/min
N180 G0 X20 Z5;	快速定位至进刀点
N190 G70 P60 Q150;	G70 精加工零件内轮廓面
N200 G0 X100 Z100 M5;	快速退刀，停止主轴转动
N210 T0100;	刀具换回一号基准刀
N220 M30;	程序结束并复位

3. 铸件零件加工

根据图 3-2-10 所示零件图要求，加工前端盖右端内容。

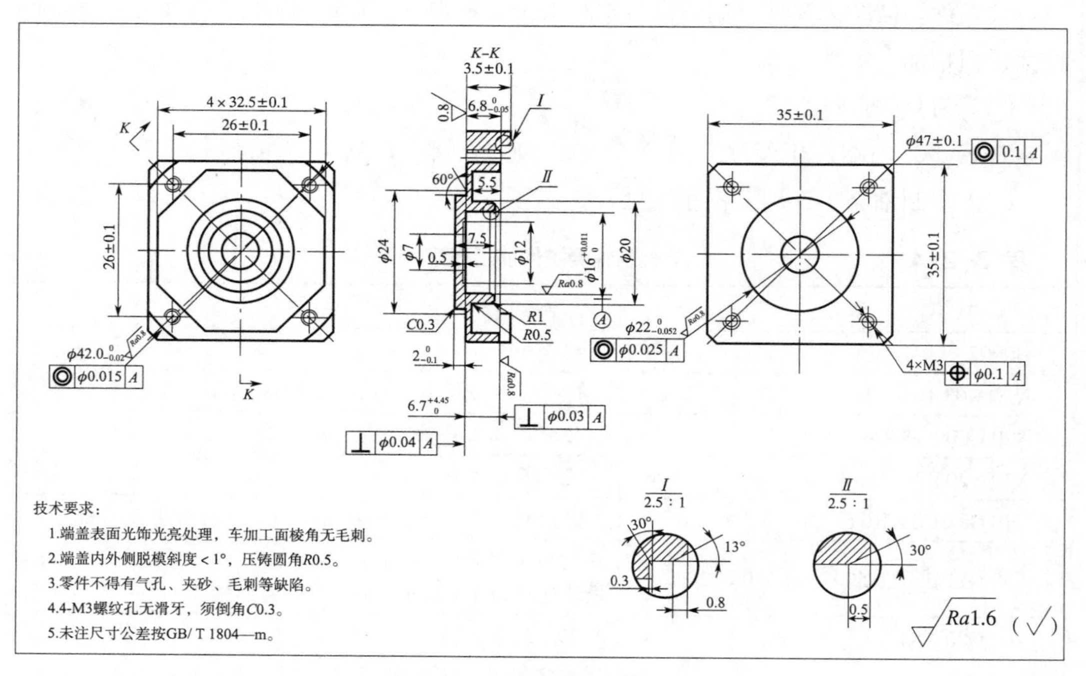

图 3-2-10　前端盖零件图

铸件零件加工程序编制（见表 3–2–5）

表 3–2–5　铸件零件加工程序编制

序号	程序	说明
	O0005;	程序名
N10	T0101;	选 1 号刀，选 1 号刀补
N20	G00 X225.0 Z50;	快速移动至换刀点
N30	M15;	取消主轴定向
N40	M12;	主轴夹紧
N50	G00 X75.0 Z5.0;	快速定位至安全点
N60	M04 S1500	启动主轴反转，转速 1 500 r/min
N70	X44;	*X* 轴定位至加工起点
N80	M37;	主轴吹气
N90	G00 X42.84 Z2;	定位至加工超点
N100	G01 Z0 F100;	直线插补，定位到工件端面
N110	X41.99 Z–0.8;	倒角
N120	Z–2 F100;	加工 ϕ42 mm 内圆
N130	X40.95 Z–1.7;	加工 ϕ42 mm 内圆底部台阶槽
N140	X–17.74;	加工 ϕ42 mm—ϕ16 mm 台阶面
N150	X16 Z–3.5;	倒角
N160	Z–8.4;	加工 ϕ16 mm 内圆
N170	X12;	加工 ϕ16 mm—ϕ12 mm 台阶面
N180	Z–8.9;	加工 ϕ12 mm 台阶孔
N190	X7;	加工 ϕ12 mm—ϕ7 mm 台阶面
N200	G00 Z5;	快速退刀，*Z* 轴退至安全位置
N210	G00 X225.0 Z50;	快速移动到换刀点
N220	M38;	取消主轴吹气
N230	G00 X235.0 Z55.0 M5;	快速退刀至换刀点，停止主轴
N240	M14;	主轴定向
N250	M80;	自动门关闭
N260	M30;	程序结束

三、数控车床编程的注意事项

1. 粗精加工分开编程

为了提高零件的精度并保证生产效率，车削工件轮廓的最后一刀通常由精车刀连续在数控加工中心中加工完成，因此，粗精加工应分开编程。并且，刀具的进、退位置要考虑妥当，尽量不要在连续的轮廓中切入切出或换刀及停顿，以免因切削力的突然变化而造成弹性变形，致使光滑连接的轮廓上产生划伤、形状突变或滞留刀痕等疵病。

2. 编程时的工艺处理

数控编程人员要注意以下几点：

（1）确定加工方案。根据零件的形状特点及技术要求选择加工设备。此时应考虑数控车床使用的合理性及经济性，并充分发挥数控车床的功能。

（2）确定零件的装夹方法及选择在数控加工中使用的夹具。在进行数控加工时，应特别注意减少辅助时间，而使用夹具能加快零件的定位和夹紧过程。相较而言，组合夹具有很大的优越性，它生产准备周期短，标准件可以反复使用，经济效果好。另外，应考虑夹具本身能否方便地安装在车床上，能否便于协调零件和车床坐标系的尺寸关系。

（3）合理地选择走刀路线。

（4）正确地选择对刀点。

（5）合理地选择刀具。

在进行数控加工时，应根据工件的材料性能、车床的加工能力、数控加工工序的类型、切削参数以及其他与高速加工中心的加工有关的因素来选择刀具。一般来说，对刀具的要求是：安装调整方便、刚性好、精度高、耐用度好等。

3. 数控编程误差

数控编程误差由三部分组成：

（1）逼近误差

逼近误差是用近似计算法逼近零件轮廓时产生的误差，又称一次逼近误差，它出现在用直线段或圆弧段直接逼近零件轮廓的情况及由样条函数拟合曲线及曲面时，此时也称拟合误差。因为所拟合零件的理想形状是未知的，所以拟合误差往往难以确定。

（2）插补误差

插补误差是用样条函数拟合零件轮廓后，用直线或圆弧段作二次逼近时产生的误差。其误差根据零件的加工精度要求确定。

（3）圆整误差

圆整误差是编程中数据处理、脉冲当量转换、小数圆整时产生的误差。对这个误差的处理要注意，否则会产生较大的累积误差，从而导致编程误差增大，处理时应采用合理的圆整化方法。

4. 编程时常取零件要求尺寸的中值作为编程尺寸依据

如果遇到比车床所规定的最小编程单位还要小的数值时，应尽量向其最大实体尺寸靠拢并圆整。如图样尺寸为 $\phi 30$ mm ± 0.06 mm，则编程时写 X30.003。

5. 编程时尽量符合各点重合的原则

编程的原点要和设计的基准、对刀点的位置尽量重合起来，减少由于基准不重合所带来的加工误差。在很多情况下，图样上的尺寸基准往往与编程所需要的尺寸基准不一致，故应首先将图样上的各个基准尺寸换算为编程坐标系中的尺寸。当需要掌握控制某些重要尺寸的允许变动量时，还要通过尺寸链解算才能得到该变动量，然后才可进行下一步编程工作。

6. 巧利用切断刀倒角

在批量车削加工时，加工带倒角的零件比较普遍，为了便于切断并避免调头倒角，可巧利用切断刀同时完成车倒角和切断两个工序，效果较好。同时切刀有两个刀尖，在编程中要注意使用哪个刀尖及刀宽问题，防止对刀加工时出错。

总之，数控车床的编程总原则是先粗后精、先近后远、先内后外、程序段最少、走刀路线最短。

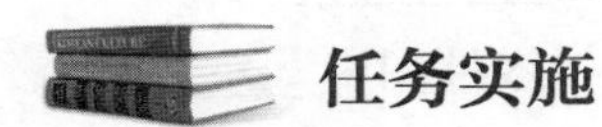

任务实施

学习活动一　任务分析

一、领取生产任务单，明确加工任务（见表3-2-6）

表3-2-6　　生产任务单

需方单位名称		XXX企业		完成日期	年　月　日	
序号	产品名称	材料	数量	技术标准、质量要求		
1	后端盖	压铸铝合金	200	按图样要求（见零件图）		
2						
3						
生产批准时间		年　月　日	批准人			
通知任务时间		年　月　日	发单人			
接单时间		年　月　日	接单人		生产班组	数控车组

本通知一式四份，分别由通知人、批准人、生产主管经理及工艺部门存备，相关人员必须按规定要求认真填写并检查执行，不得有误。

本通知单产品技术标准、产品规格型号及数量已确定，工艺部门必须按通知时间完成。

本通知要求内容由项目经理交由工艺部门安排制作，并通知质管部门配合检查。

填表：　　　　　　　　　　　　　　审核：

二、根据生产任务单，明确任务单

零件的名称是：____________________；

材料类型：____________________；

来料方式：____________________；毛坯尺寸：____________________；

加工内容：____________________；加工数量：____________________；

完成加工所采用设备：________________________________。

完成时间：____________________。

三、根据生产任务，安排任务

序号	工作内容	时间	成员	负责人
1	零件图分析			
2	工艺分析			
3	编制程序			

学习活动二　零件图分析

解读与分析零件图（见图 3–2–11），完成下列问题。

1. 零件图中共采用了______个视图表达。其中左视图采用______视图方式表达。
2. 零件图中需采用数控车床加工部分尺寸精度要求最高的是__________。
3. 零件图中________与________的垂直度误差为 0.04 mm，零件图中________与________的垂直度误差为 0.02 mm。
4. 零件图中对孔的加工要求表面粗糙度达到__________。
5. 零件图中要求未注圆角为________；未注尺寸公差按________________处理。
6. 数控车床可加工部分内容有：____。
7. 该零件内孔加工需要采用（通、盲）孔车刀进行加工。

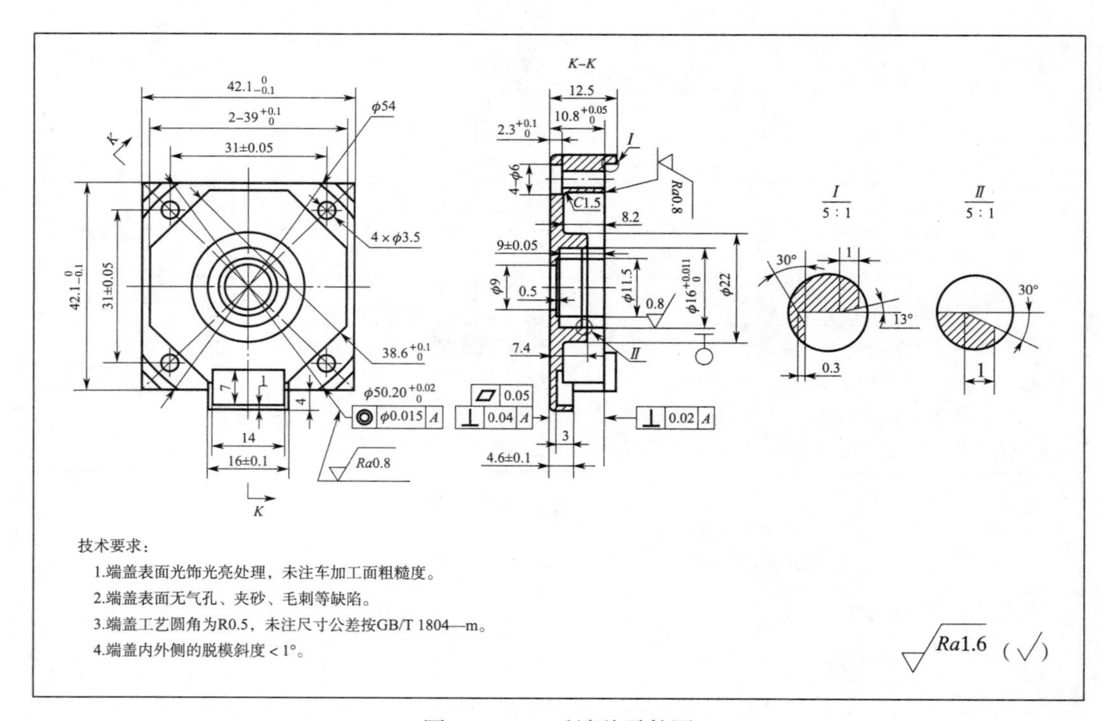

图 3–2–11　后端盖零件图

学习活动三　确定工件的装夹方式

根据零件装夹要求填写以下内容。

1. 根据工件的形状特征及加工数量，采用__________夹具对工件进行装夹。

2. 根据工件的加工要求，应将工件的右端面向________方夹持以方便对工件的内孔进行加工，夹持的长度为________。

3. 填写表 3-2-7，进行夹具选择。

表 3-2-7　　夹具选择表

序号	图片	名称	优点	缺点	是否选用	选用与否的原因	运动方式
1		三爪自定心卡盘	自动定心	夹紧力小	否	不利于装夹方形零件	手动
2		四爪单动卡盘	夹紧力大	定心麻烦			手动
3							液压
4							液压

4. 根据零件图，确定编程零点。

按图 3-2-12 中所示 01 或 02 两点为零件工件坐标系原点，选择以________为工件的编程零点。

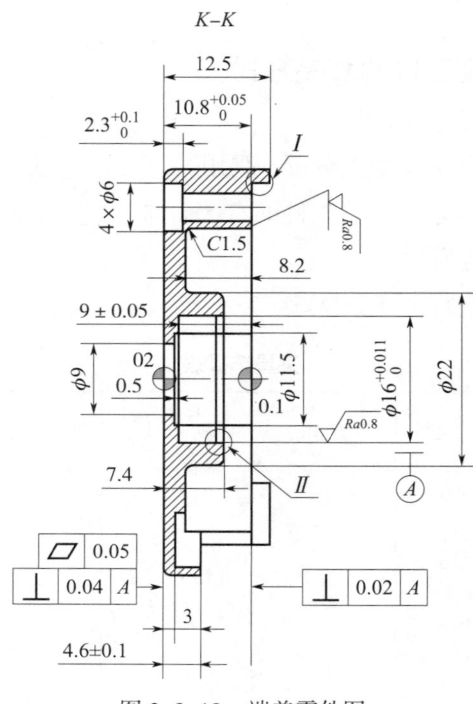

图 3–2–12　端盖零件图

学习活动四　确定加工刀具及工艺路线

一、刀具种类及选择

填写表 3–2–8，选择刀具种类。

表 3–2–8　　刀具选择表

序号	图片	名称	用途	是否选用	刀头圆弧	备注
1		通孔车刀	内孔车削	否		
2						
3					R0.1 ~ R0.8	
4						
5						

二、确定工件的加工刀具

1. 制定数控加工刀具卡（见表 3–2–9）。

表 3–2–9　　数控加工刀具卡

产品名称或代号			零件名称		零件图号	
刀具号	刀具规格名称	数量	加工内容	主轴转速	进给量	材料
T01	93° 内孔车刀	1				
T02						
T03						
T04						

2. 制定后端盖加工工艺卡（见表 3–2–10）。

表 3–2–10　　后端盖加工工艺卡

工序	工艺要求	刀具号	刀具规格（mm）	主轴速（r/min）	进给速度（mm/min）	背吃刀量	备注
1	粗加工 $\phi 54$ 内孔	T01	20 × 20	1 000	130	0.3	
2							
3							
4							
5							

学习活动五　编写加工程序

一、按制定工艺，编写加工程序

1. 将编写零件图程序需用到的代码填在表 3–2–11 中。

表 3–2–11　　编写程序所需代码表

G 代码					
代码	名称	代码	名称	代码	名称
M 代码					
代码	名称	代码	名称	代码	名称

2. 按图样要求填写表 3-2-12 加工程序单内容。

表 3-2-12　　加工程序单

<table>
<tr><td rowspan="2">数控车间</td><td colspan="2">数控车床加工程序单</td><td colspan="2">零件图号</td><td></td></tr>
<tr><td>零件名称</td><td colspan="4"></td></tr>
<tr><td>设备名称</td><td></td><td>设备型号</td><td></td><td>系统型号</td><td></td></tr>
<tr><td>毛坯材料</td><td></td><td>毛坯尺寸</td><td></td><td>工序名称</td><td></td></tr>
<tr><td>程序号</td><td></td><td>工序号</td><td colspan="3"></td></tr>
<tr><td colspan="6">程序内容</td></tr>
</table>

程序内容	程序说明
O0010;	程序名
N10 T0101;	
N20 G00 X225.0 Z50;	快速移动至换刀点
N30;	取消主轴定向
N40;	主轴夹紧
N50 G00 X75.0 Z5.0;	
N60;	启动主轴反转，转速 1 500 r/min
N70 X44;	X 轴定位至加工起点
N80;	主轴吹气

续表

程序内容	
程序内容	程序说明
	取消主轴吹气
	快速退刀至换刀点，停止主轴
	主轴定向
	自动门关闭
	程序结束

任务测评

对任务实施的完成情况进行检查，并将结果填入表 3-2-13。

表 3-2-13　　任务测评表

序号	主要内容	考核要求	评分标准	配分	扣分	得分
1	信息分析	任务分析清晰 零件分析清晰	1. 任务分析错误 1 项扣 2 分 2. 零件分析是否全面，少 1 项扣 2 分 3. 技术要求分析是否得当。少一项扣 2 分	20		
2	工艺过程	工艺分析清晰 夹具分析清晰 刀具分析清晰	1. 描述加工工艺有错误，每处扣 2 分 2. 夹具的分析及选择有遗漏及错误，每项扣 5 分 3. 刀具的分析及选择有遗漏及错误，每项扣 5 分	30		
3	加工参数	编程代码的使用 能正确编写加工程序 加工参数设置	1. 不能正确写出代码格式，每个扣 2 分 2. 不能正确使用指令代码，每处扣 2 分 3. 程序编写有遗漏或错误，每处扣 2 分 4. 加工参数设置错误，每处扣 5 分	40		
4	安全卫生整洁	严格执行数控加工安全操作规程 车间执行 6S 标准	1. 操作前是否安全穿着劳保用品，穿着错误一件扣 2 分 2. 操作时是否符合安全规程，违反一次扣 2 分 3. 操作后是否能做到 6S 标准，一项未做到扣 2 分	10		
合计				100		
开始时间：			结束时间：			

任务 3　数控车床零件加工程序调试与运行

学习目标

1. 掌握工件与刀具的安装定位。
2. 掌握数控车床的对刀和刀具半径补偿。
3. 了解夹具的选择和使用。
4. 掌握零件的工艺分析和切削用量的选用原则。

任务描述

本任务是根据加工如图 3–3–1 所示的两批不同尺寸的步进电动机端盖（分前、后端盖）的内孔，令学员掌握数控车床零件加工程序调试与运行。

图 3–3–1　步进电动机前后端盖

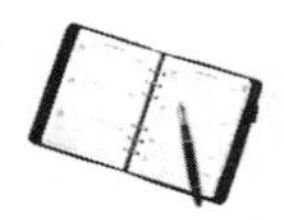

知识准备

一、刀具的选择和安装

1. 车刀的种类和用途

（1）外圆车刀

常用的外圆车刀主要有左偏刀和右偏刀，如图 3–3–2 所示，它们的主偏角均为 90°，用来车削工件的端面和台阶，有时也用来车外圆，特别是用来车削细长工件的外圆，可以避免把工件顶弯。左偏刀一般用于后置刀架，右偏刀一般用于前置刀架，本车床采用后置刀架。

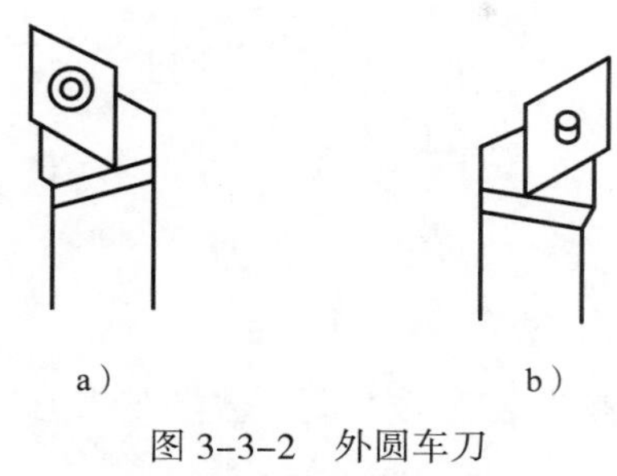

图 3–3–2　外圆车刀
a）右偏刀　b）左偏刀

（2）内孔车刀

内孔车刀又称扩孔刀或镗孔刀，用来加工内孔。它可以分为通孔刀和盲孔刀两种，如图 3–3–3 所示。通孔刀主偏角小于 90°，盲孔刀的主偏角一般应略大于 90°，刀尖在刀杆的最前端，为了使内孔底面车平，刀尖与刀杆最外端距离应小于内孔半径。

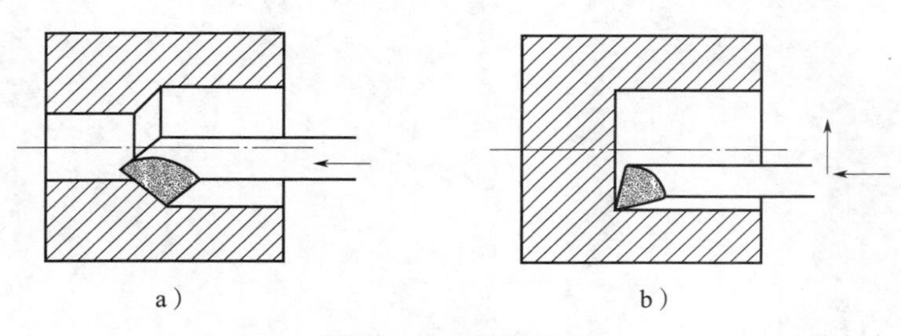

图 3–3–3　内孔车刀
a）通孔刀　b）盲孔刀

（3）螺纹车刀

螺纹车刀有外螺纹刀和内螺纹刀两种，如图 3–3–4 所示，螺纹车刀的刀尖角等于螺纹的牙型角。

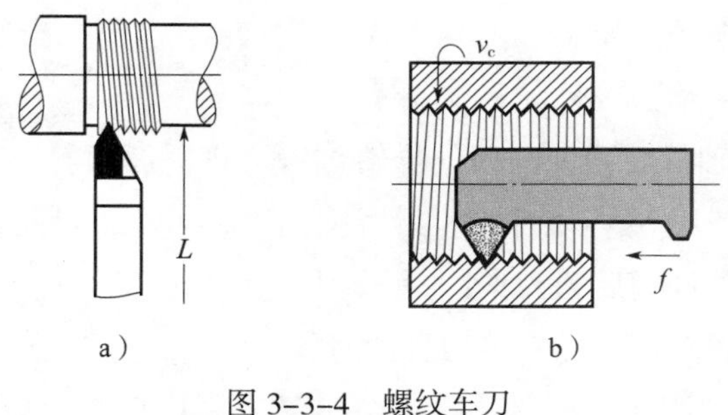

图 3–3–4　螺纹车刀
a）外螺纹刀　b）内螺纹刀

（4）切断刀

切断刀用来切断工件，也可以切槽，如图 3–3–5 所示。

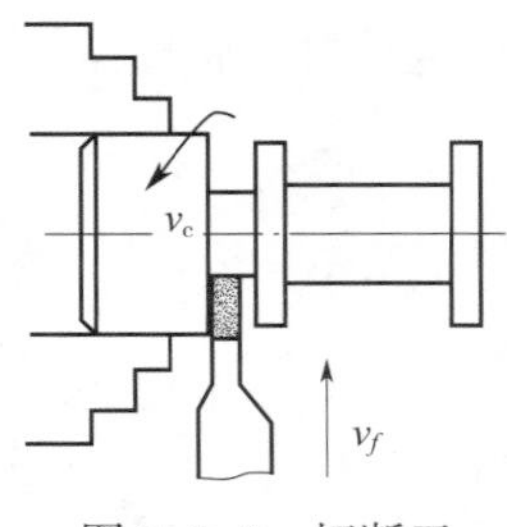

图 3-3-5 切断刀

2. 车刀的安装

车削前必须将选好的刀具安装在刀架上，数控车床刀架布置有两种形式，分别为前置刀架和后置刀架，如图 3-3-6 所示。

a）

b）

图 3-3-6 数控车床刀架

a）前置刀架 b）后置刀架

（1）前置刀架

前置刀架位于 Z 轴的前面，与传统卧式车床刀架的布置形式一样，刀架导轨为水平导轨，使用四工位电动刀架。

（2）后置刀架

后置刀架位于 Z 轴的后面，刀架的导轨位置与正平面倾斜，这样的结构形式便于观察刀具的切削过程、切屑容易排除、后置空间大，可以设计更多工位的刀架，一般多功能的数控车床都设计为后置刀架。

本车床采用了后置刀架，在安装刀具的时候应注意以下几点：

1）该车床采用了刀塔作为刀架，刀具在安装上去以后刀尖与工件轴线能自动实现等高。

2）车刀不能伸出太长，否则切削起来容易发生振动，使车出来的工件表面粗糙，甚至会把车刀打断。但也不能伸出太短，太短会使车削不方便，容易发生刀架与卡盘碰撞，一般伸出长度不超过刀杆高度的一倍半。

3）外圆车刀刀杆应与车床主轴轴线垂直，内孔车刀通过刀套安装在刀塔上，刀杆轴线与主轴轴线平行。

4）车刀位置装正后，应交替拧紧刀架螺钉。

3. 刀尖半径补偿

（1）刀尖半径补偿分析

试切法对刀时，对刀的刀位点是假想刀尖点，编程时如果不加刀具补偿直接按照轮廓编程，实际上是控制假想刀尖沿着轮廓轨迹运动，而如果刀尖过渡刃有圆弧过渡，实际车削时，假想刀尖点与刀具实际车削点有时并不重合，这就会导致实际切削轨迹与编程轨迹不一致，进而产生欠切削或过切削的情况。车外圆柱面和端面时并没有误差，但是在加工锥面、圆弧面和特殊曲线时就会产生欠切削或过切削的情况，引起加工形状和尺寸误差，使加工精度达不到要求。图 3-3-7 所示为刀具补偿示意。

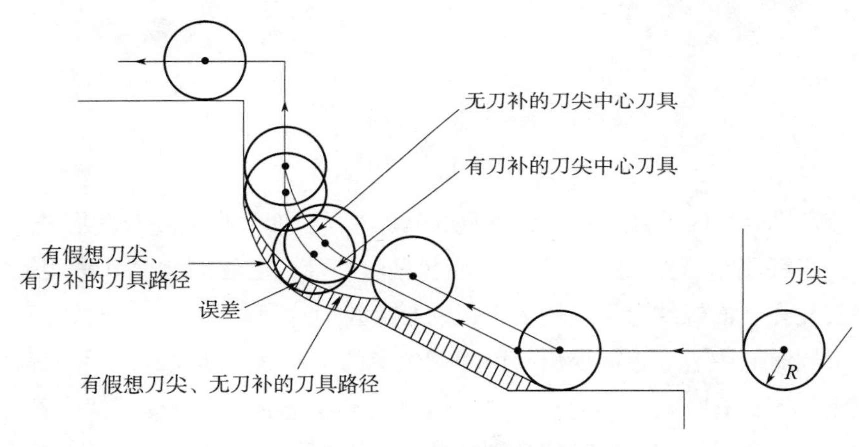

图 3-3-7　刀具补偿示意图

（2）刀尖半径补偿方向的确定

在刀具补偿过程中要先在补偿平面内确定刀具的补偿方向，即左补偿还是右补偿，补偿方向判断如图 3-3-8 所示。

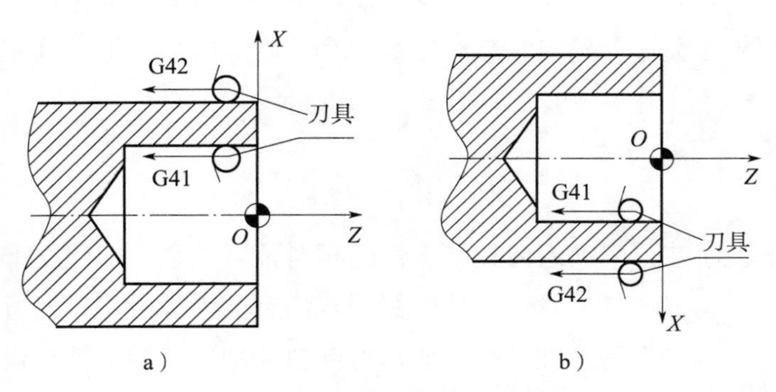

图 3-3-8　补偿方向的判断

a）前置刀架补偿　b）后置刀架补偿

二、数控车床夹具的使用和选择

数控车床最常用的夹具有三爪卡盘和四爪卡盘两种，如图 3–3–9 所示，三爪卡盘的夹紧力较小，适用于夹持圆柱形、六角形等中小工件；四爪卡盘的夹紧力大，精度高，适用于夹持较大的圆柱形工件以及装夹各种矩形的、不规则的工件。

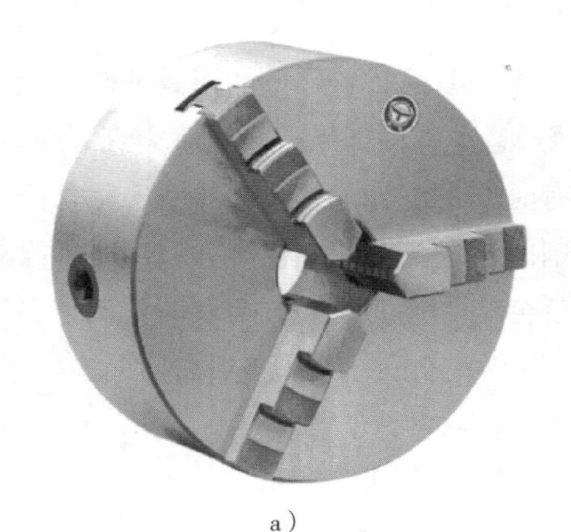

a）

b）

图 3–3–9　车床夹具

a）三爪卡盘　b）四爪卡盘

四爪卡盘又分为四爪自定心卡盘和四爪单动卡盘。四爪自定心卡盘是由一个盘体，四个小伞齿，一副卡爪组成。四个小伞齿和盘丝啮合，盘丝的背面有平面螺纹结构，卡爪等分安装在平面螺纹上。当用扳手扳动小伞齿时，盘丝便转动，它背面的平面螺纹就使卡爪同时向中心靠近或退出。因为盘丝上的平面矩形螺纹的螺距相等，所以四爪运动距离相等，有自动定心的作用。四爪单动卡盘是由一个盘体，四个丝杆，一副卡爪组成的。工作时是用四个丝杆分别带动四个卡爪，因此常见的四爪单动卡盘没有自动定心的作用。但可以通过调整四爪位置，装夹各种矩形的、不规则的工件，每个卡爪都可单独运动。

本次加工的步进电动机端盖为正方形，有两种不同尺寸规格，为了提高装夹效率，车床采用了四爪自定心卡盘，并且采用了特制软卡爪。软卡爪加工成台阶形，台阶尺寸根据步进电动机端盖尺寸确定，然后经数控车（磨）后可获得较高定心精度，可同时满足夹持不同规格端盖的要求，如图 3–3–10 所示。

三、对刀

在执行加工程序前，应确定刀具与工件的相对位置关系，即建立准确的工件坐标系。对刀是设定刀具刀位点相对于工件坐标原点位置关系的过程，通过对刀可以建立起工件坐标系。对刀操作是否准确会直接影响到数控加工的精确性和设备的安全。下面把内孔车刀放在 1 号刀位上（T0100）介绍它的对刀过程。

图 3–3–10　带软卡爪的四爪自定心卡盘

1. *Z* 轴对刀

（1）在手动模式下，启动主轴令其正转（转速小于 50 r/min），然后用手动或手轮方式移动刀具，使刀具与工件右端面紧密接触，如图 3–3–11 所示。

（2）操作系统面板进入刀具补偿存储器界面，将光标移动到相应的刀具补偿号位置处（图中 –262.151 处），如图 3–3–12 所示，输入 Z0.0，并确认，即完成 *Z* 轴对刀流程。

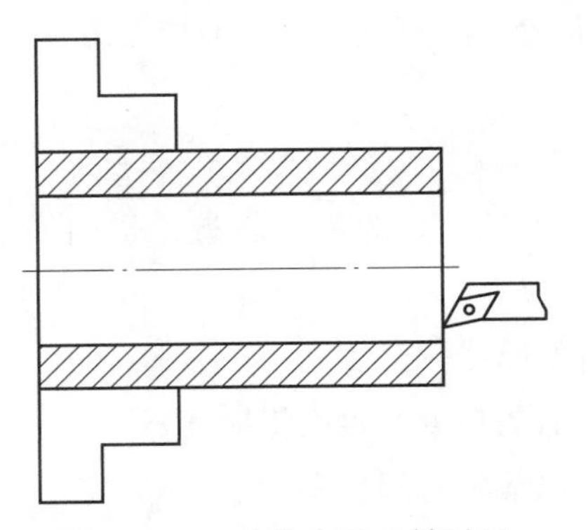

图 3–3–11　内孔车刀 *Z* 轴对刀

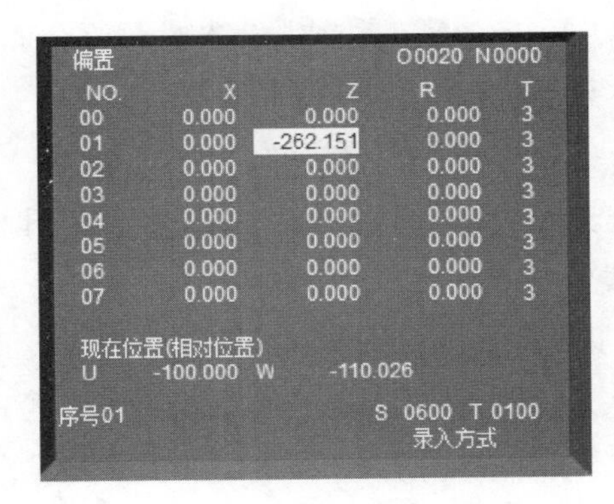

图 3–3–12　*Z* 轴刀补输入界面

2. *X* 轴对刀

（1）在手动模式下先启动主轴令其正转，用手动或手轮方式移动刀具，沿 *Z* 轴负方向在内孔的基础上切削一小段内圆柱面，然后刀具沿 *Z* 轴正方向退出工件，如图 3–3–13 所示。在切入和切出过程中刀具不能沿 *X* 轴移动。

（2）手动控制主轴停转，用游标卡尺测量所切削的内圆柱面的 *X* 直径值。

（3）操作系统面板进入刀具补偿存储器界面，将光标移动到相应的刀具补偿号位置处（No.01 0.000 处），如图 3–3–14 所示，输入 *X* 直径值，并确认，即完成 *X* 轴对刀流程。

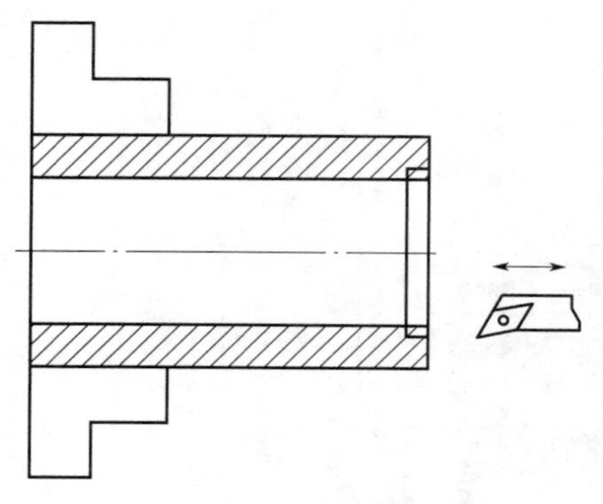

图 3-3-13　内孔车刀 *X* 轴对刀

偏置　　　　O0020 N0000

NO.	X	Z	R	T
00	0.000	0.000	0.000	3
01	0.000	0.000	0.000	3
02	0.000	0.000	0.000	3
03	0.000	0.000	0.000	3
04	0.000	0.000	0.000	3
05	0.000	0.000	0.000	3
06	0.000	0.000	0.000	3
07	0.000	0.000	0.000	3

现在位置(相对位置)
U　-100.000　W　-110.026
序号01　　S 0600　T 0100
录入方式

图 3-3-14　*X* 轴刀补输入界面

四、零件的工艺分析和切削用量的选用原则

1. 零件图样分析

首先要熟悉整个产品的用途、性能和工作条件，结合装配图了解零件在产品中的位置、作用、装配关系及精度等技术要求对产品质量和使用性能的影响，然后从加工的角度对零件进行工艺分析。主要内容有：

（1）检查零件的图样是否完整和正确。如视图数量是否足够、绘制是否正确，所标注的尺寸、公差、粗糙度和技术要求等是否齐全、合理，并要分析零件主要表面的精度、表面质量和技术要求等在现有的生产条件下能否达到，以便采取适当的措施。

（2）审查零件的结构工艺性是否合理，是否能经济、高效、合格地加工出零件。

2. 确定进给路线

（1）选择进给路线的原则

进给路线是数控加工过程中，刀具相对于工件的运动方向和轨迹，也叫作走刀路线。

1）按工件总体加工顺序来确定各表面加工进给路线顺序。

2）所选择的进给路线应该能够满足工件加工后的精度及表面粗糙度要求。

3）寻求捷径，选择最短的进给路线，这样可以节省时间提高加工效率。

4）所选择的进给路线要满足工件加工时的变形量是最小的。

在确定进给路线的过程中，尽可能减少空行程尤为重要。

（2）空行程进给路线的确定

1）合理设置换刀点

若将精车换刀点设在离坯件过远的位置，那么换刀精加工时，精车空行程必然较长；如将精车换刀点设在离工件过近的位置，虽然可缩短精车路线，但有可能影响换刀的便利性和安全性。

2）合理设置粗车循环起始点

数控车削加工中，经常用到 G71、G72、G73 粗车循环指令，循环起始点的合理设置可大大缩短循环空行程，提高加工效率。应将粗车循环起始点设在距离工件较近的点，可有效缩短加工循环的空行程。

3）合理安排退刀路线

刀具在每一刀加工完成后，都要返回对刀点或换刀点，返回退刀时理论上采用 X、Z 坐标轴双向返回指令的路线是最短的，但需要注意不能在退刀时发生刀具刮伤已加工表面的情况，因此最好的办法是先沿 X 轴坐标稍微退一点刀，然后再采用 X、Z 坐标轴双向返回指令。

3. 切削用量

（1）切削用量的概念

切削用量包括切削速度、进给量和背吃刀量（切削深度），俗称切削用量三要素，如图 3-3-15 所示。它们是表示主运动和进给运动最基本的物理量，是切削加工前调整车床运动的依据，并对加工质量、生产率及加工成本都有很大影响。

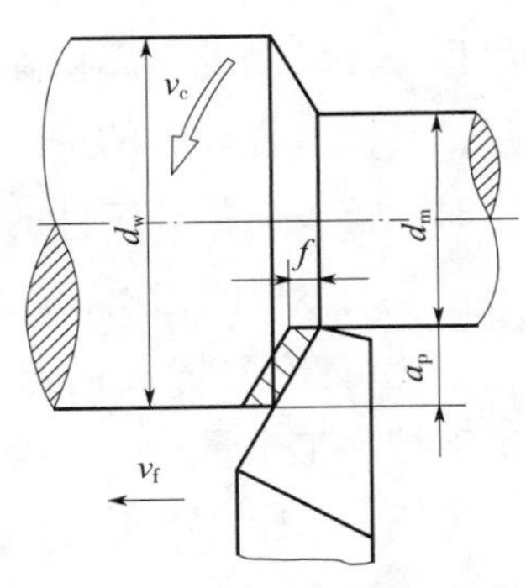

图 3-3-15　切削用量示意图

1）背吃刀量（a_p）：指工件上已加工表面和待加工表面的垂直距离，也可指每次进给时车刀切入工件的深度，故背吃刀量又称切削深度。

计算公式：

$$a_p = \frac{d_w - d_m}{2}$$

式中　d_w——工件待加工表面的直径，mm；

d_m——工件已加工表面的直径，mm；

a_p——背吃刀量，mm。

2）进给量（f）：指工件每转一周，刀具沿进给方向移动的距离，单位为 mm/r，它包括纵向进给量和横向进给量，进给速度 v_f（单位为 mm/min）是指刀具在单位时间内沿着进给方向上相对于工件的位移量，它与进给量之间的关系为：

$$v_f = nf$$

式中　n——主轴转速，r/min；

f——进给量，mm/r；

v_f——进给速度，mm/min。

3）切削速度（v_c）：指车削时，刀具切削刃上某选定点相对于待加工表面在主运动方向上的瞬时速度。在各种金属切削车床中，大多数切削加工的主运动都是车床主轴的回转运动形成的。这样就需要在切削速度与车床主轴转速之间进行转换，两者的关系为：

$$v_c = \frac{\pi dn}{1\,000}$$

式中 v_c——切削速度，m/min；

d——工件待加工表面的最大直径，mm；

n——工件每分钟的转数，r/min。

（2）切削用量的选择

在切削加工过程中，选择合理的切削用量不仅可以充分利用刀具的切削性能和车床性能，而且可以提高生产率并降低加工成本。不同的加工性质，对切削加工的要求是不一样的。因此，在选择切削用量时，考虑的侧重点也应有所区别。粗加工时，应尽量保证较高的金属切除率和必要的刀具耐用度，故一般优先选择尽可能大的背吃刀量，其次选择较大的进给量，最后根据刀具耐用度要求，确定合适的切削速度。精加工时，首先应保证工件的加工精度和表面质量要求，故一般选用较小的进给量和背吃刀量，而尽可能选用较高的切削速度。

1）背吃刀量 a_p 的选择：背吃刀量应根据工件的加工余量来确定。粗加工时，除留下精加工余量外，一次走刀应尽可能切除全部余量。当加工余量过大，工艺系统刚度较低，车床功率不足，刀具强度不够或断续切削的冲击振动较大时，可分多次走刀。切削表面层有硬皮的铸锻件时，应尽量使 a_p 大于硬皮层的厚度，以保护刀尖。半精加工和精加工的加工余量一般较小时，可一次切除，但有时为了保证工件的加工精度和表面质量，也可采用二次走刀。多次走刀时，应尽量将第一次走刀的背吃刀量取大些，一般为总加工余量的 2/3 ~ 3/4。在中等功率的车床上、粗加工时的背吃刀量可达 8 ~ 10 mm，半径加工（表面粗糙度为 Ra6.3 ~ 3.2 μm）时，背吃刀量取为 0.2 mm，精加工（表面粗糙度为 Ra1.0 ~ 0.8 μm）时，背吃刀量取为 0 ~ 0.4 mm。

2）进给量 f 的选择：背吃刀量选定后，接着就应尽可能选用较大的进给量 f。粗加工时，由于作用在工艺系统上的切削力较大，进给量的选取受到下列因素限制：车床—刀具—工件系统的刚度，车床进给机构的强度，车床有效功率与转矩，以及断续切削时刀片的强度。半精加工和精加工时，最大进给量主要受工件加工表面粗糙度的限制。在工厂中，进给量一般多根据经验制成表格以便选取，在有条件的情况下，可制作切削数据库以进行检索和优化。

3）切削速度 v_c 的选择：在背吃刀量和进给量选定以后，可在保证刀具合理耐用度的条件下，用计算的方法或用查表法确定切削速度的值。在具体确定切削速度时，一般应遵循下述原则：

①粗车时，背吃刀量和进给量均较大，故选择较低的切削速度；精车时，则选择较高的切削速度。

②工件材料的加工性较差时，应选较低的切削速度。故加工灰铸铁的切削速度应较加工中碳钢低，而加工铝合金和铜合金的切削速度则较加工钢高得多。

③刀具材料的切削性能越好时，切削速度也可选得越高。因此，硬质合金刀具的切削速度可选得比高速钢刀具高出好几倍，而涂层硬质合金、陶瓷、金刚石和立方氮化硼刀具的切削速度又可选得比硬质合金刀具高许多。

此外，在确定精加工、半精加工的切削速度时，应注意避开积屑瘤和鳞刺产生的区域；在易发生振动的情况下，切削速度应避开自激震动的临界速度，在加工带硬皮的铸锻件时，加工大件、细长件和薄壁件时以及断续切削时，应选用较低的切削速度。

五、数控车床的自动运行

数控程序的自动运行是实现数控车床自动加工的一项操作，操作人员需完成加工前的工件刀具安装、对刀、程序输入等工作，然后使用试运行和图形模拟手段对程序的正确性运行检查。最后执行程序的运行，完成工件的自动加工。

1. 自动操作

（1）调用程序

按编辑键选择编辑或自动工作方式→按程序PRG键，必要时按键或键进入“程序内容”显示界面→输入地址“O”，输入要调用的程序号（如O1234）→按光标向下⇩或EOB键，即可显示出检索到的程序O1234。

（2）自动运行程序

按自动键选择自动工作方式，再按程序PRG键，确认需要运行的程序→再按循环起动键即可。

提醒：程序的运行是从光标所在行开始的，因此，在按下键之前应先检查光标是否在需要运行的程序段上。如果光标不在首行位置，可以切换到编辑方式下，使用复位键，使光标返回程序的起始行。

（3）程序的暂停

可以利用程序中的M00指令或按操作面板上的进给保持键，使自动运行暂停，程序停止运行后想要再次自动运行仍按键。

提醒：自动运行状态下可通过单击主轴、快速进给以及进给倍率的修调按键进行主轴、快速运行以及进给倍率的修调。

2. 单段运行

首次执行程序时，为防止编程错误出现意外，可选择单段运行。即在自动操作方式下，将单段程序开关处于打开的状态下运行程序。

按单程序段开关进入单段运行模式，单段运行指示灯亮。在单段运行模式中，按下循环起动按钮时，执行程序中的一个程序段，然后车床停止；继续执行下一个程序段时，需再次按键，如此反复直至程序运行完毕。单段运行一般可以用来对程序进行检查。

提醒：

①返回参考点和单段运行：如果发出 G28 至 G30 指令，则中间单段功能有效。

②子程序段和单段运行：在有 M98P××××、M99 或 G65 的程序段中，则单程序段停止。

③对于固定循环和多重循环在单段模式下的执行，参见代码说明书中的相关内容。

3. 试运行

（1）空运行

自动运行程序前，为防止因数据输入错误或编辑错误等原因造成不良后果，可以选择空运行状态进入程序的检验，检查车床动作和刀架运动轨迹是否正确。空运行操作步骤如下。

1）空运行过程中，系统忽略程序中 G01 等指令的 F 指令所设定的进给速度，均按当前的快速倍率下进行刀架的快递移动，所以为避免产出碰撞情况，可以预先拆下工件；或者把工件坐标原点在 Z 轴正方向临时平移一段距离（大于工件的 Z 轴方向的加工距离）；空运行结束后，恢复到原来的坐标位置。

2）自动工作方式下，按空运行键使状态指示区中的空运行指示灯亮起，表示进入空运行状态。

（2）车床锁住运行

按机床锁键使状态指示区中的空运行指示灯亮起，表示车床进入了车床锁住运行状态。车床锁住运行常与辅助功能锁住运行一起用于程序的校验。当程序锁住运行时，车床拖板不移动，位置界面的综合坐标界面中的“车床坐标”不改变，相对坐标、绝对坐标和其余移动量显示不断刷新。与车床锁住开关处于关闭状态时一样。M、S、T 指令能够正常执行。

（3）程序的图形模拟

利用系统自带的图形模拟功能可以模拟刀具在加工过程中运行的轨迹。能从轨迹的位置和走向检查出刀具路线是否存在问题。由于显示的只是刀具刀尖点大致的移动轨迹，所以图形模拟不能检查出实际加工过程中可能存在的诸如换刀干涉、加工干涉等情况。图形模拟的操作步骤见表 3-3-1。

表 3-3-1　图形模拟的操作步骤

1）调用需要模拟的程序：按编辑或自动键选择编辑或自动工作方式→按程序 PRG 键，输入要调用的程序号（O1234）→按光标向下 ⇩ 或 EOB 键，调用程序 O1234	

续表

2）设置图形模拟参数：按录入方式键，按设置键两次，切换到“图形设置”页面→按键，进入“图形模拟参数设置”窗口，设置如右图虚线框内所示的图形参数	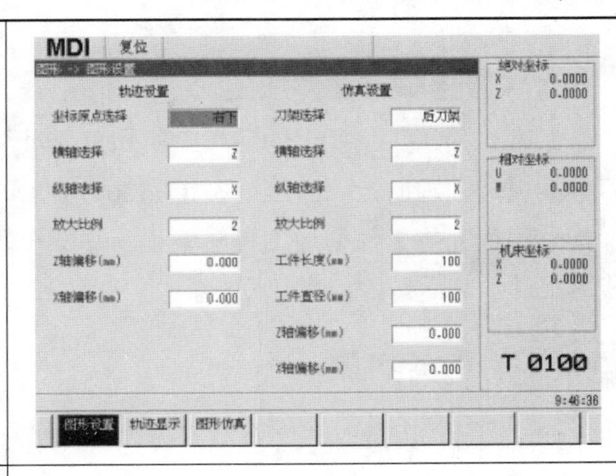
3）选择自动工作方式→按键使状态指示区中的空运行指示灯亮起，进入空运行状态→按键，锁住各运动轴→按键，锁住辅助动作	
4）按 MDI 键盘面上的 S 键，进入模拟状态→按键，开始进行刀具移动轨迹的图形模拟，如右图所示，调整进给倍率按钮或快速移动倍率可以动态调整模拟速度	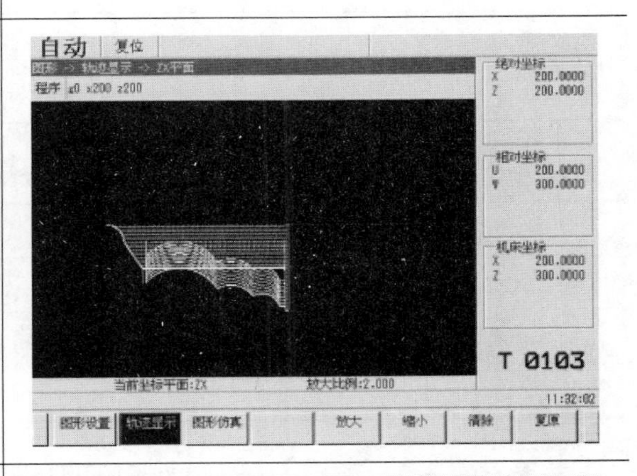
5）图形模拟过程中，按 <D> 键可以删除之前模拟的图形轨迹。模拟结束的图形如右图所示	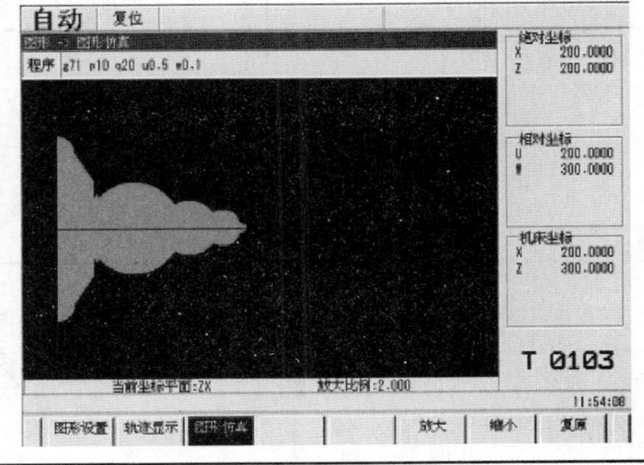

提醒：模拟前需要将刀补清零，否则模拟过程中系统会把刀偏数据叠加在模拟轨迹中，造成轨迹偏移。为避免这种情况，可以在进行图形模拟前，把刀具选择指令中临时设定刀补取消状态，如把“T0101”指令中的后两位改为“T0100”，待模拟结束

后，再改成“T0101”。

六、数控车床零件加工

加工如图 3-3-1 所示的后端盖。加工人员须认真分析零件图样，选择合适的数控刀具，拟定合理的走刀路线，制定完善的加工方案。在执行本任务时，学员要根据所学指令编程完成工件的加工程序编程，并操作数控车床完成工件的数控加工，最后完成对工件加工质量的检测和分析。

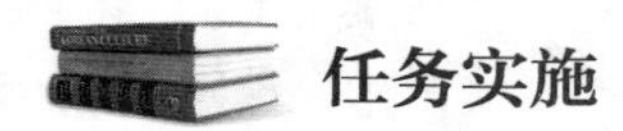

任务实施

一、工作准备

根据加工方案对表格进行填写，毛坯的准备见表 3-3-2，设备的准备见表 3-3-3，数控加工刀具的准备见表 3-3-4，工具、量具的准备见表 3-3-5。

表 3-3-2　毛坯的准备

毛坯材料	规格	数量	要求
			工厂准备

表 3-3-3　设备的准备

名称	型号	数量	要求
数控车床	GSK980TA	1 台 / 组	工厂准备
夹具	四爪自定心卡盘	1 个 / 车床	工厂准备
自定心卡盘	自制	个	工厂准备

表 3-3-4　数控加工刀具的准备

零件名称					零件图号		
	刀具号	刀具名称	刀片规格	刀尖方位	加工对象	数量	备注
	T0101				孔		
编制		审核			批准		

表 3-3-5　工具、量具的准备

零件名称		零件图号			
序号	工具、量具名称	规格	精度	单位	数量
1	游标卡尺				
2	内径千分尺				
3	装夹工具				

二、制定工序卡片

根据零件的加工工艺制定工序卡片，见表 3–3–6。

表 3–3–6　　数控加工工序卡片

工件名称		零件图号		系统		毛坯	

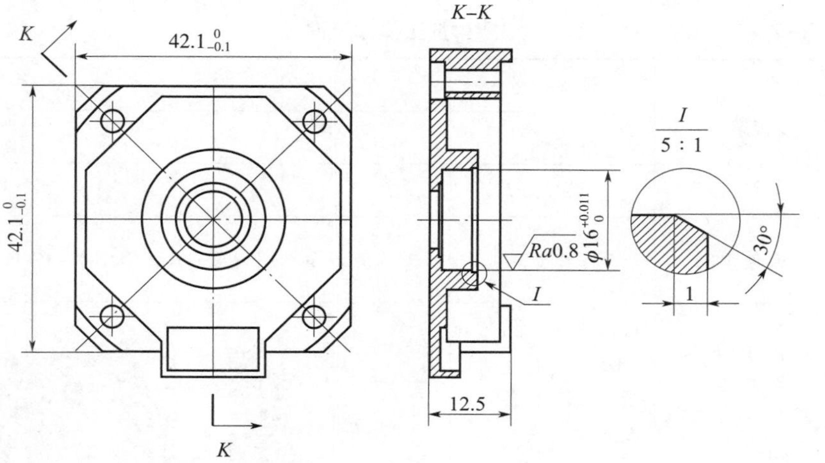

技术要求：
1. 端盖表面光饰光亮处理，未注车加工面粗糙度。
2. 端盖表面无气孔、夹砂、毛刺等缺陷。
3. 端盖工艺圆角为 $R0.5$，未注尺寸公差按GB/T1804—m。
4. 端盖内外侧的拔模斜度 < 1°。

程序号	（参照任务二）		使用夹具		四爪自定心卡盘	
工步	工步内容	T 刀具	G 功能	切削用量		
				主轴转速（r/min）	进给量（mm/r）	背吃刀量（mm）
1	机械手装夹工件					
2	安装内孔车刀	T01				
3	粗车 ϕ16 mm 和 ϕ11 mm 内孔	T01		800	0.15/0.05	2/0.5
4	精车 ϕ16 mm 和 ϕ11 mm 内孔及 $C1$ 倒角					
5						

三、编写数控加工程序

参见任务 2。

四、加工操作步骤

按照表 3-3-7 中所列的操作流程，操作数控车床，完成零件的加工。

表 3-3-7　　零件加工操作流程

加工零件名称		设备编号	
		设备名称	
		操作员	
操作项目	操作步骤	操作要点	工作流程示意图遵照 ABB-ROBOT-CNC 操作规程
准备工作	检查车床、准备工具、量具、刀具和毛坯	车床动作正常，量具校对准确、刀具调整妥当	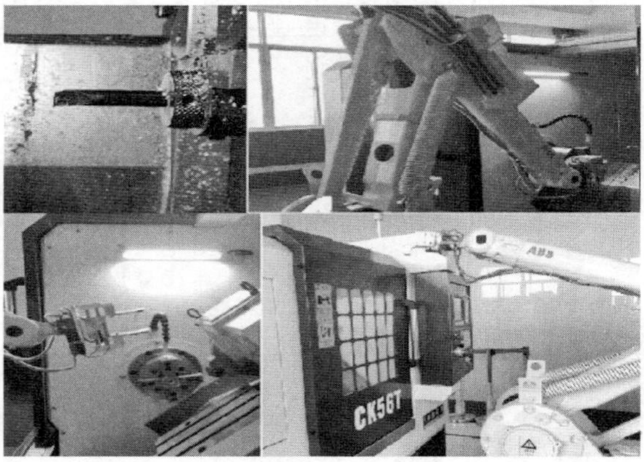
开始	安装夹具 装夹刀具 装夹工件	夹具安装紧固，刀具安装角度准确	
装夹工件	机械手装夹工件	机械手装夹工件时的自动定位	
内孔车刀对刀	试切端面内孔，测量并输入刀补	刀补的正确性可通过 MDI 方式检验，检查刀尖位置与坐标显示是否一致	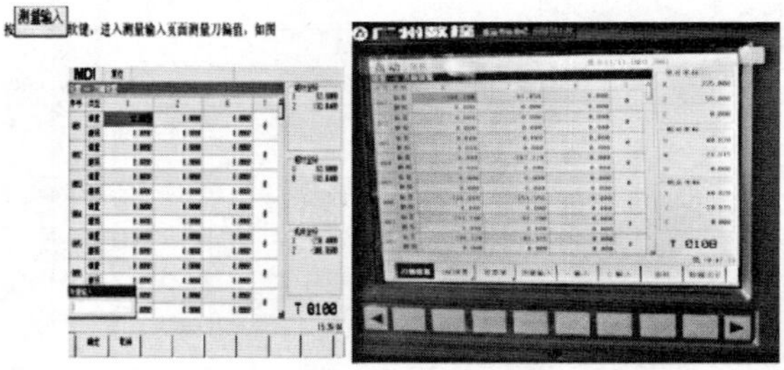
输入内孔加工程序	在编辑方式下完成程序的输入	注意程序的代码，指令格式，输好后对照原程序检查一遍	加工程序参考表 3-3-8

续表

单段试运行	自动加工开始前，先按下“单段循环”按钮，然后按下“循环起动”按钮	单段循环开始时进给及快速倍率由低到高，运行中主要检查刀尖位置，程序轨迹是否正确	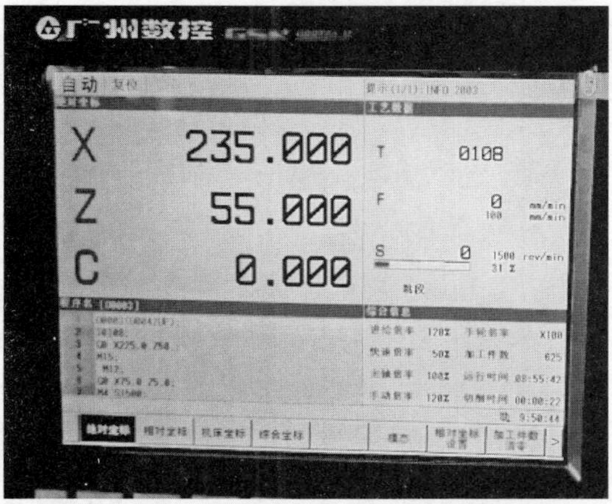 广州数控 自动 复位 X 235.000 Z 55.000 C 0.000 T 0108 F 0 mm/min S 0 1500 rev/min 绝对坐标 相对坐标 机床坐标 综合坐标
自动连续加工	关闭“单段循环”，执行连续加工	注意监控程序的运行。若发现加工异常，按进给保持键。处理好后，恢复加工	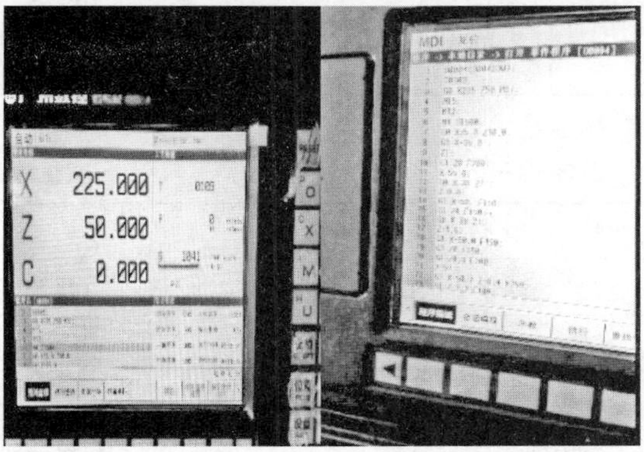 X 225.000 Z 50.000 C 0.000 MDI 复位
刀具补偿调整尺寸	半精车后加工暂停，根据实测工件尺寸进行刀补的修正	实测工件尺寸，根据实际公差要求修正刀偏	按 C输入 软键，进入C输入页面。 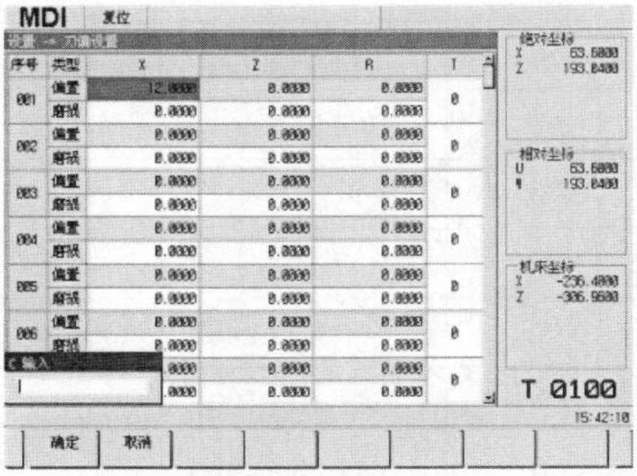 MDI 复位 序号 类型 X Z R T 001 偏置 12.0000 0.0000 0.0000 0 磨损 0.0000 0.0000 0.0000 002 偏置 0.0000 0.0000 0.0000 0 磨损 0.0000 0.0000 0.0000 003 偏置 0.0000 0.0000 0.0000 0 磨损 0.0000 0.0000 0.0000 004 偏置 0.0000 0.0000 0.0000 0 磨损 0.0000 0.0000 0.0000 005 偏置 0.0000 0.0000 0.0000 0 磨损 0.0000 0.0000 0.0000 006 偏置 0.0000 0.0000 0.0000 0 磨损 0.0000 0.0000 0.0000 绝对坐标 X 63.6000 Z 193.8400 相对坐标 U 63.6000 W 193.8400 机床坐标 X -236.4000 Z -306.9600 C输入 T 0100 15:42:18 确定 取消
精车加工	执行精车加工	注意监控程序的运行	

续表

打开车门	机械手自动取出工件	机械手是否准确取出工件	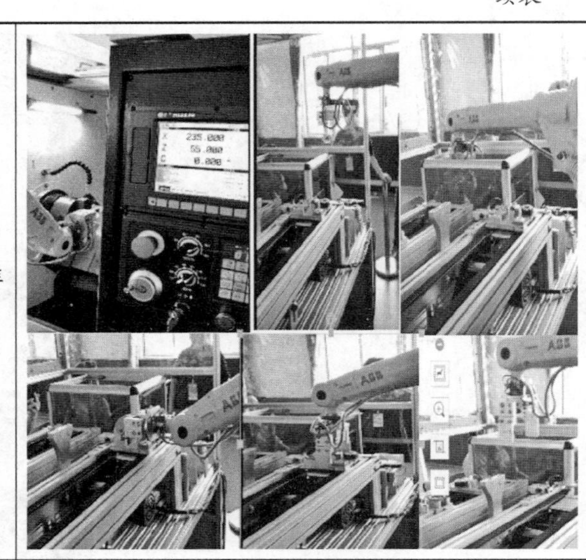

表 3-3-8　　加工程序

序号	程序	说明
	00005；	程序名
N10	T0101；	选 1 号刀，选 1 号刀补
N20	G00 X225.0 Z50；	快速移动至换刀点
N30	M15；	取消主轴定向
N40	M12；	主轴夹紧
N50	G00 X75.0 Z5.0；	快速定位至安全点
N60	M04 S1500	启动主轴反转，转速 1 500 r/min
N70	X44；	*X* 轴定位至加工起点
N80	M37；	主轴吹气
N90	G00 X42.84 Z2；	定位至加工超点
N100	G01 Z0 F100；	直线插补，定位到工件端面
N110	X41.99 Z–0.8；	倒角
N120	Z–2 F100；	加工 ϕ42 mm 内圆
N130	X40.95 Z–1.7；	加工 ϕ42 mm 内圆底部台阶槽
N140	X–17.74；	加工 ϕ42 mm–ϕ16 mm 台阶面
N150	X16 Z–3.5；	倒角
N160	Z–8.4；	加工 ϕ16 mm 内圆
N170	X12；	加工 ϕ16 mm–ϕ12 mm 台阶面
N180	Z–8.9；	加工 ϕ12 mm 台阶孔

续表

序号	程序	说明
N190	X7;	加工 ϕ12 mm–ϕ7 mm 台阶面
N200	G00 Z5;	快速退刀，Z 轴退至安全位置
N210	G00 X225.0 Z50;	快速移动到换刀点
N220	M38;	取消主轴吹气
N230	G00 X235.0 Z55.0 M5;	快速退刀至换刀点，停止主轴
N240	M14;	主轴定向
N250	M80;	自动门关闭
N260	M30;	程序结束

任务测评

零件加工后，进行测量，填写结果在表 3–3–9 中。

表 3–3–9　工件加工评分表

班级			姓名			学号	
工件名称				零件编号			
	序号	检测内容	配分	评分标准	检测结果	学生自评	教师评分
编程	1	加工工艺制定正确	10	不正确不得分			
	2	切削用量选择合理	20	不正确不得分			
	3	程序正确、规范	10	不正确不得分			
操作	4	夹具安装正确	10	不正确不得分			
	5	刀具选择对刀正确	10	不正确不得分			
	6	安全文明生产	10	不正确不得分			
内孔	7		10	超差不得分			
倒角	8		10	不合格不得分			
表面粗糙度	9		10	降级不得分			
综合得分			100				

项目四
智能加工车间的 PLC 编程与调试

任务 1　西门子 PLC 与机器人通信

学习目标

1. 熟悉西门子 PLC S7-300 的硬件组成。

2. 了解机器人通信参数的设置。

3. 通过学习西门子 PLC S7-300 的通信知识及机器人的通信要领，掌握西门子 PLC S7-300 与机器人之间的通信。

4. 掌握接线、调试的技能。

任务描述

本任务的目标是令学员通过熟悉西门子 PLC S7-300 的通信结构组成、通信类别及机器人的通信参数的设置，完成接线、调试并实现西门子 PLC S7-300 与机器人之间的通信。

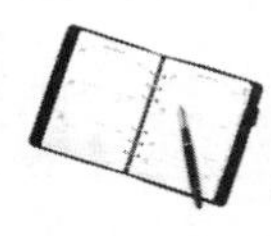

知识准备

一、西门子 PLC S7-300 通信系统简介

1. 通信系统结构的组成

西门子 S7-300 的网络结构主要包括执行器层（传感器）、现场设备层、车间监控层和工厂管理层，如图 4-1-1 所示。

（1）执行器层

执行器层包括具体的传感器、执行器，其作用是具体实行指令以实现生产过程的自动控制。

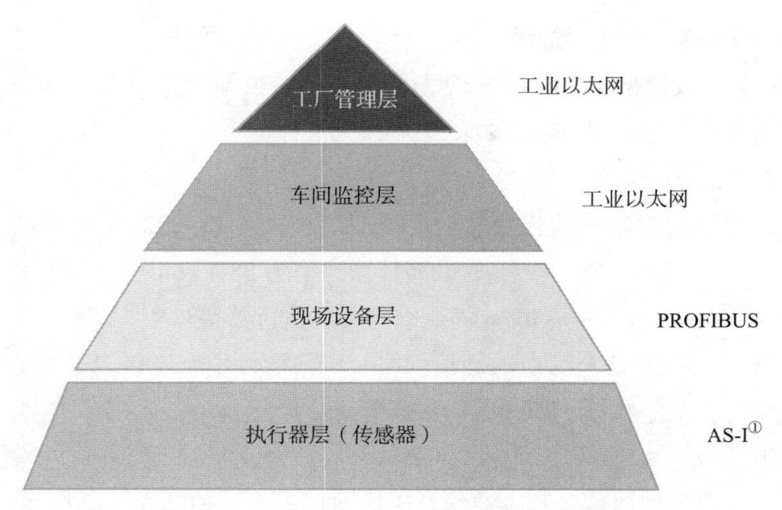

图 4-1-1　西门子 S7-300 的网络结构示意图

（2）现场设备层

现场设备层的作用是连接现场设备（分布式 I/O、传感器、执行机构、开关设备等），完成现场设备控制及现场设备相互间的联锁控制。

（3）车间监控层

车间监控层的作用是完成车间生产设备的连接，实现对车间设备（在线监控、设备故障报警、维护等）的监控。

（4）工厂管理层

工厂管理层的作用是通过交换机、路由器等装置将车间数据送到公司管理层。

2. 通信方式

（1）MPI（信息传递接口）

MPI 是适用于小范围、小点数的现场级通信。S7-300/400CPU 都集成了 MPI 通信协议，MPI 的物理层是 RS-485，最大传输速率为 12 Mbit/s。

（2）PROFIBUS（过程现场总线）

PROFIBUS 是目前国际上通用的现场总线标准之一，是网络连接节点最多的现场总线。PROFIBUS 的物理层是 RS-485，最大传输速率为 12 Mbit/s，最多可以与 127 个网络节点进行数据交换。

（3）工业以太网

工业以太网是功能强大的区域和单元网络，主要用于对时间要求不太严格且需要传送大量数据的通信场合，可以通过网关来连接远程网络。它支持广域的开放型网络模型，可以采用多种传输媒体。西门子的工业以太网的传输速率为 10 Mbit/s 或者 100 Mbit/s，最多 1 024 个网络节点，网络的最大范围为 150 km。

---

① Actuator Sensor Interface，传感器 / 执行器接口。

（4）PROFINET（自动化总线标准）

PROFINET 将成熟的 PROFIBUS 现场总线技术的数据交换技术和基于工业以太网的通信技术整合到一起，是一种开放的工业以太网标准。

（5）点对点连接

点对点连接通过串口连接模块实现。全双工模式（RS-232C）的最高传输速率为 19.2 kbit/s，半双工模式（RS-485）的最高传输速率为 38.4 kbit/s。

（6）AS-I（Actuator Sensor Interface，传感器 / 执行器接口）

AS-I 用于自动化系统最底层的通信网络，专门设计用来连接二进制的传感器和执行器，只能传送少量的数据，如开关的状态等。

3. 通信的分类

通信分为全局数据通信、基本通信及扩展通信 3 类。如图 4-1-2 所示。

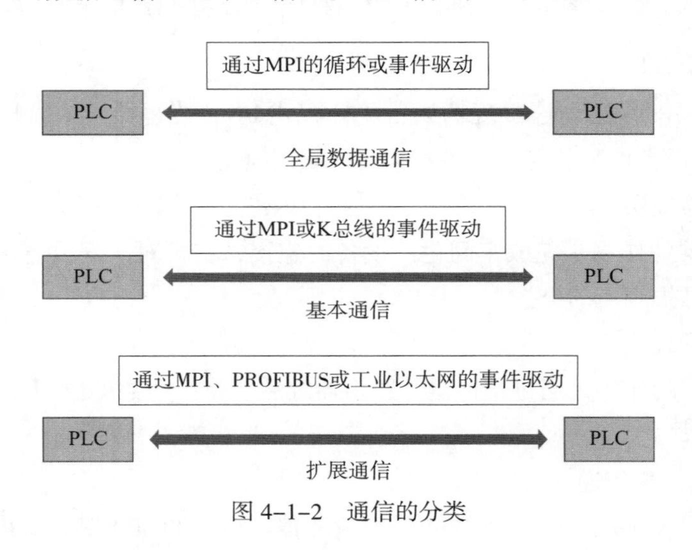

图 4-1-2　通信的分类

（1）全局数据通信

全局数据通信通过 MPI 接口在 CPU 间循环交换数据，用全局数据表来设置各 CPU 之间需要交换的数据存放的地址区和通信的频率，通信是自动实现的，不需要用户编程。

全程数据可以是输入、输出、位存储区、定时器、计数器和数据块。MPI 默认的传输速率为 187.5 kbit/s。

（2）基本通信（非配置的连接）

基本通信可以用于所有的 S7-300/400CPU，通过 MPI 或站内的 K 总线（通信总线）来传送最多 76 B 的数据。在用户程序中用系统功能（SFC，Shop Floor Control）来传送数据。在调用 SFC 时，通信连接被动态地建立，CPU 需要一个自由的连接。

（3）扩展通信（配置的通信）

扩展通信可以用于所有的 S7-300/400CPU，通过 MPI、PROFIBUS 和工业以太网最多可以传送 64kb 的数据。通信是通过系统功能块（SFB，System Function Blocks）来实现的，支持有应答的通信。在 PLC S7-300 中可以用 SFB15“PUT”和 SFB14“GET”来写出或读入远端 CPU 的数据。

扩展的通信功能还能执行控制功能，如控制通信对象的启动和停机。这种通信方式需要用连接表配置连接，被配置的连接在站启动时建立并一直保持。

二、机器人通信简介

ABB 机器人 I/O 通信的种类见表 4-1-1。

表 4-1-1　ABB 机器人 I/O 通信的种类

ABB 机器人		
PC	现场总线	ABB 标准
RS232 通信	Device Net	标准 IO 板
OPC server	Profibus	PLC
Socket Message	Profibus-DP	…
	Profinet	…
	EtherNet IP	…

通信接口说明：

1. ABB 的标准 I/O 板提供的常用信号处理有数字输入 DI、数字输出 DO、模拟输入 AI、模拟输出 AO 以及输送链跟踪。

2. ABB 机器人可以选配标准 ABB 的 PLC，省去了原来与外部 PLC 进行通信设置的麻烦，并且在机器人的示教器上就能实现与 PLC 相关的操作。

任务实施

一、工作准备

在工作准备阶段，应填写实训设备及工具材料领用表，表格格式可参考表 4-1-2。

表 4-1-2　实训设备及工具材料领用表

序号	分类	名称	型号规格	数量	单位	备注
1	工具					
2						
3						
4	设备器材					
5						
6						

二、任务流程

PLC 和 ABB 机器人之间采用 PN 通信，通过网线连接起来。按表 4–1–3 至表 4–1–6 中对应要求完成 PLC 与 ABB 机器人的通信设置。

表 4–1–3　　机器人输出变量配置（PN 通信）

机器人变量名称（输出）	机器人变量占用中间地址	对应 PLC 地址	备注
回安全点	M55.0	读数据块 DB2.DBB0	
托盘搬运请求	M55.1	读数据块 DB2.DBB0	
托盘放下完成	M55.2	读数据块 DB2.DBB0	
35_ 加工类型　前 _ 后	M55.4	读数据块 DB2.DBB0	
机器人急停（2）	M55.7	读数据块 DB2.DBB0	
42_ 加工类型　前 _ 后	M56.0	读数据块 DB2.DBB1	
到达吹气点输出	M56.3	读数据块 DB2.DBB1	
车床报警	M56.6	读数据块 DB2.DBB1	
42_up_jiagong	M56.7	读数据块 DB2.DBB1	
35_dw_jiagong	M57.1	读数据块 DB2.DBB2	
35_up_jiagong	M57.2	读数据块 DB2.DBB2	
42_dw_jiagong	M57.3	读数据块 DB2.DBB2	
电动机加工类型	MB58	读数据块 DB2.DBB3	

表 4–1–4　　机器人输入变量配置（PN 通信）

机器人变量名称（输入）	机器人变量占用中间地址	对应 PLC 地址	备注
取料位待加工	M50.0	写数据块 DB1.DBB0	
放托盘位空	M50.1	写数据块 DB1.DBB0	
motor on	M50.2	写数据块 DB1.DBB0	
motor on and start	M50.3	写数据块 DB1.DBB0	
start 机器人程序 RUN	M50.4	写数据块 DB1.DBB0	
机器人异常复位	M50.5	写数据块 DB1.DBB0	
motor off	M50.6	写数据块 DB1.DBB0	
stop	M50.7	写数据块 DB1.DBB0	
主程序启动（Start at main）	M51.0	写数据块 DB1.DBB1	
车床报警输入	M51.4	写数据块 DB1.DBB1	
托盘可以放下	M51.6	写数据块 DB1.DBB1	
托盘松开	M51.7	写数据块 DB1.DBB1	
电动机类型输入	MB53	写数据块 DB1.DBB3	

表 4-1-5　　机器人输入输出变量配置（I/O 通信）

机器人变量名称（输入输出）	对应 PLC 地址	备注
通知机器人车床报警	INP_0	
工件夹具座检测	INP_1	
托盘夹具座检测	INP_2	
气爪夹紧到位检测	INP_4	
气爪放松到位检测	INP_5	
通知机器人气爪已夹紧	INP_7	
通知机器人自动门已开	INP_10	
通知机器人自动门已关	INP_12	
触发机器人送料	INP_13	
通知机器人气爪已松开	INP_14	
快换夹具电磁阀	OUT_0	
夹紧放松电磁阀	OUT_9	
机器人报警	OUT_11	
机器人触发启动程序	OUT_12	
机器人控制气爪松开	OUT_13	
机械人控制气爪夹紧	OUT_14	
通知系统自动门闭	OUT_15	

表 4-1-6　　数控车床改造输入输出变量配置（I/O 通信）

数控车床变量名称（输入输出）	对应 PLC 地址	备注
防护门开到位检测信号	X104.5	
防护门关到位检测信号	X104.6	
气爪紧到位信号（外卡）	X103.3	
气爪松到位信号（外卡）	X103.4	
I/O 选择程序	X104.0	
I/O 选择程序	X104.1	
I/O 选择程序	X104.2	
I/O 选择程序	X104.3	
I/O 选择程序	X104.4	
机器人报警	X105.4	
机械手控制车床循环启动	X105.7	

续表

数控车床变量名称（输入输出）	对应 PLC 地址	备注
机械手控制气爪松	X105.2	
机械手控制气爪紧	X105.1	
机械手控制自动门关	X105.0	
自动门打开（M52）	Y101.2	
自动门关闭（M51）	Y101.3	
外卡夹紧（M12）	Y101.4	
外卡放松（M13）	Y101.5	
黄灯（常态）	Y102.2	
绿灯（运行）	Y102.3	
红灯（报警）	Y102.4	
车床准备好	Y103.7	
自动门关闭到位	Y103.0	
自动门打开到位	Y103.1	
气爪夹紧到位	Y103.3	
气爪松开到位	Y103.4	
车床报警	Y103.6	
吹气	Y102.7	

ABB 输入和输出航空插头外观分别如图 4-1-3 和图 4-1-4 所示。

将 ABB 输入信号航空插头（10 母头）按图 4-1-3 所示插入（10 针座）航空插头接口，顺时针旋紧。

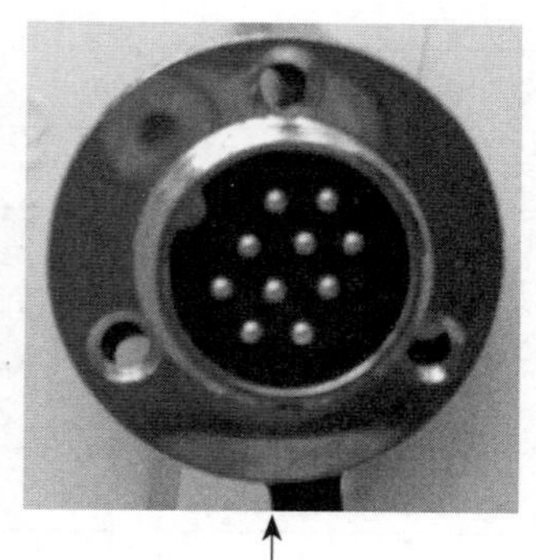

图 4-1-3 ABB 输入信号航空插头操作示意图

将 ABB 输出信号航空插头（8 母头）按图 4-1-4 所示插入（8 针座）航空插头接

口，顺时针旋紧。

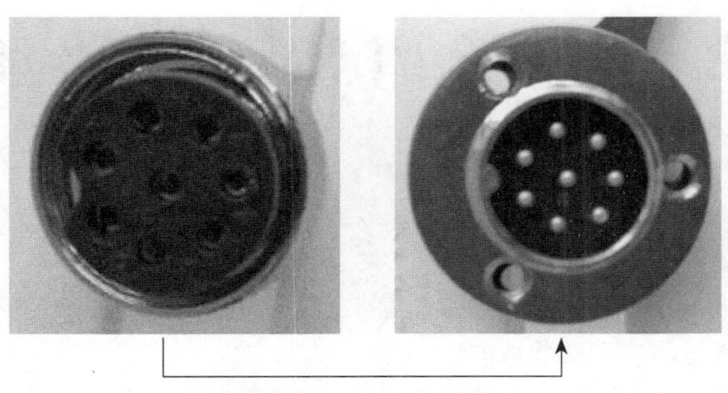

图 4-1-4　ABB 输出信号航空插头操作示意图

在教师的指导下，学员分组进行操作练习。

任务测评

对任务实施的完成情况进行检查，并将结果填入表 4-1-7。

表 4-1-7　　**任务测评表**

序号	主要内容	考核要求	评分标准	配分	扣分	得分
1	PLC 串口参数设置	正确掌握 PLC 串口的设置要求及操作方法	1. 口述 PLC 的串口设置操作，每错一处扣 3 分 2. 正确进行 PLC 串口的设置，每错一处扣 5 分	15		
2	机器人通信参数设置	正确掌握机器人通信参数的设置	1. 口述机器人通信参数的设置要求，每错一处扣 3 分 2. 正确进行机器人通信参数的设置，每错一处扣 5 分	15		
3	接线	正确连接 PLC 与机器人	正确接线，每错一处扣 5 分	20		
4	运行、调试	正确进行运行、调试，实现 PLC 对机器人的控制要求	能正确进行运行调试，实现 PLC 对机器人的控制，不能实现者不得分；若经过几次尝试后可实现，酌情给分	40		
5	安全文明生产	遵循安全文明生产的具体要求，实施 6S 管理	穿戴工作服、工作帽，实操完成后保持工位的整洁度，机器人准确返回原点。违反一项扣 5 分	10		
合计				100		
开始时间：			结束时间：			

任务 2　西门子 PLC 与数控车床通信

学习目标

1. 熟悉数控车床的通信系统。
2. 掌握数控系统通信参数的设置。
3. 掌握接线、调试的技能。

任务描述

本任务的目标是令学员通过设置西门子 S7-300PLC 和数控车床的通信参数，完成接线、调试、运行等操作，实现西门子 PLC 对数控车床的智能控制。

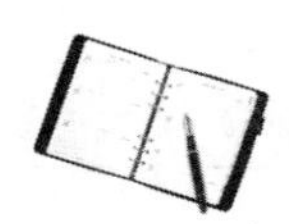

知识准备

一、数控车床 DNC（Direct Numerical Control，直接数字控制）加工

DNC 加工即利用 Pro/Engineer，Unigraphics，Cimatron 等编程软件进行编程，并将程序保存在计算机硬盘中，当需要加工时，利用电缆连接计算机和数控系统的 RS232C 串行接口，通过 DNC 软件把加工程序一部分、一部分地传送给数控系统。车床运行完成一部分程序后，会请求计算机再发送一部分，直到加工完成。

二、数控车床通信

数控车床的通信技术是以计算机网络技术为基础的，是计算机网络物理层的具体体现。数控通信可实现 PROGRAM（零件程序）、PARAMTER（车床参数）、PITCH（螺距误差补偿表）、MACRO（宏程序）、OFFSET（刀具偏置表）、PMC（可编程机床控制器，Programmable Machine Controller）参数及梯形图的传送，但需要分别设定 PC 端通信软件和 CNC 端相应的通信协议。车床参数、螺距误差补偿表、宏参数等数据的传送协议与零件程序的传送协议相同；PMC 参数的传送除了数据位为 8 之外，其余与零件程序传送数据时的协议相同；而梯形图的传送需要专门的软件来实现。

任务实施

一、工作准备

在工作准备阶段，应填写实训设备及工具材料领用表，表单格式可参考表 4-2-1。

表 4-2-1　　实训设备及工具材料领用表

序号	分类	名称	型号规格	数量	单位	备注
1	工具					
2						
3						
4						
5						
6						
7						
8						
1	设备器材					
2						
3						
4						
5						

二、任务流程

按以下数控车床 I/O 电路图完成数控车床与 ABB 机器人和 PLC 的通信。PLC 的 Q3.0–Q3.4 对应车床（X104.0–X104.4）接线，用来控制选择车床的加工程序、车床卡盘、开门等信号和机器人 I/O 点通信。

数控车床 I/O 接线图如图 4-2-1 至图 4-2-6 所示。

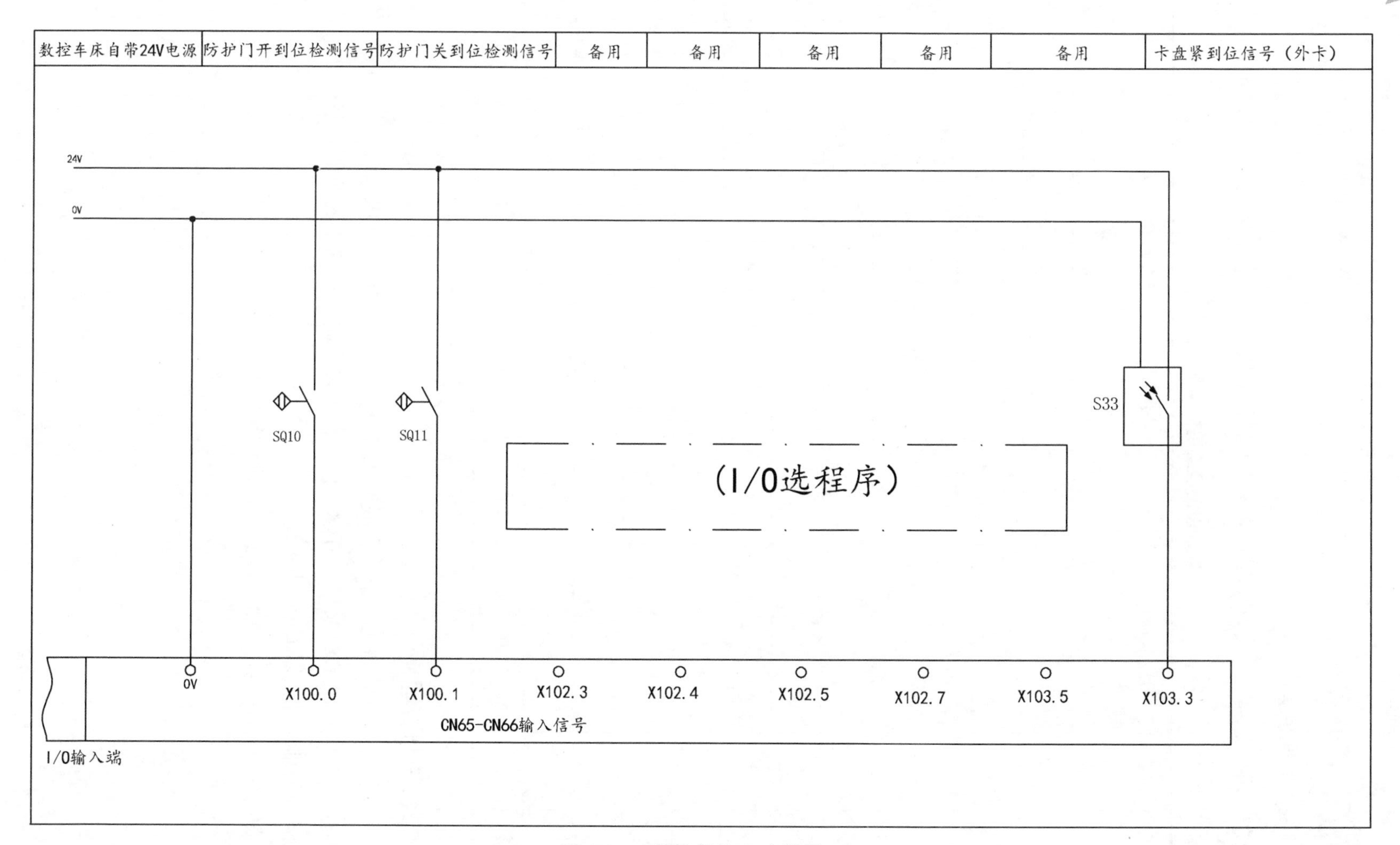

图 4-2-1　数控车床 I/O 电路图一

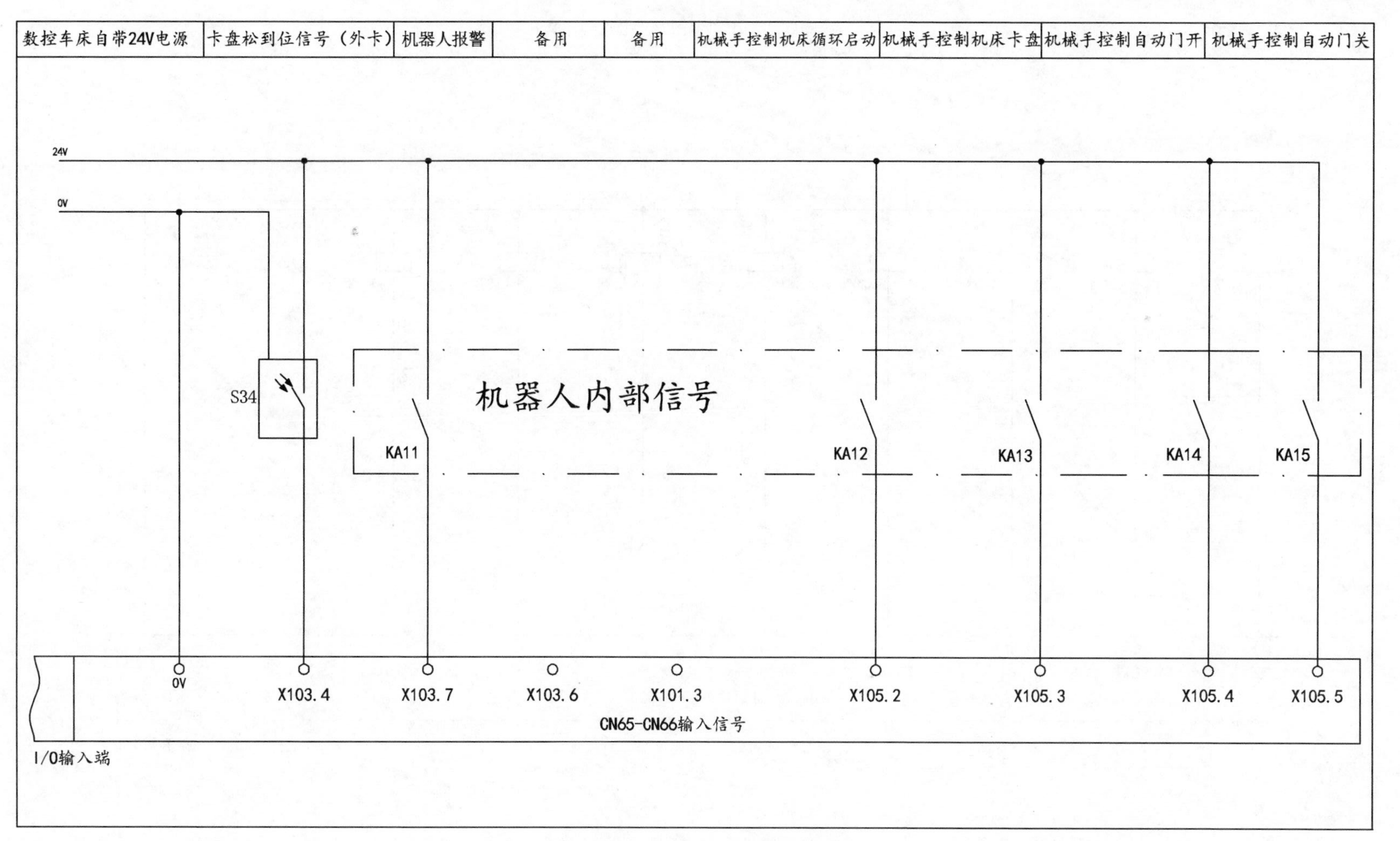

图 4-2-2　数控车床 I/O 电路图二

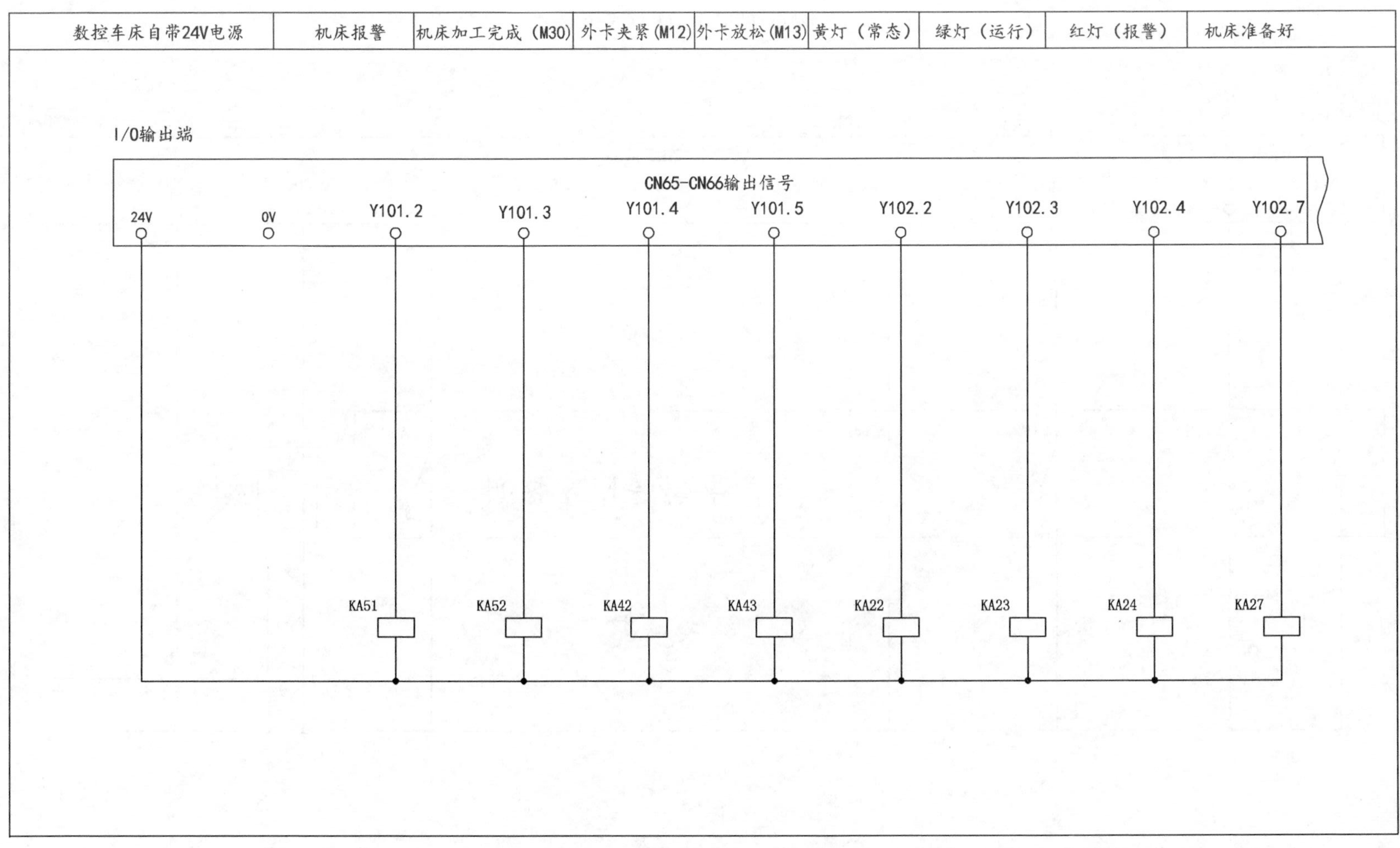

图 4-2-3　数控车床 I/O 电路图三

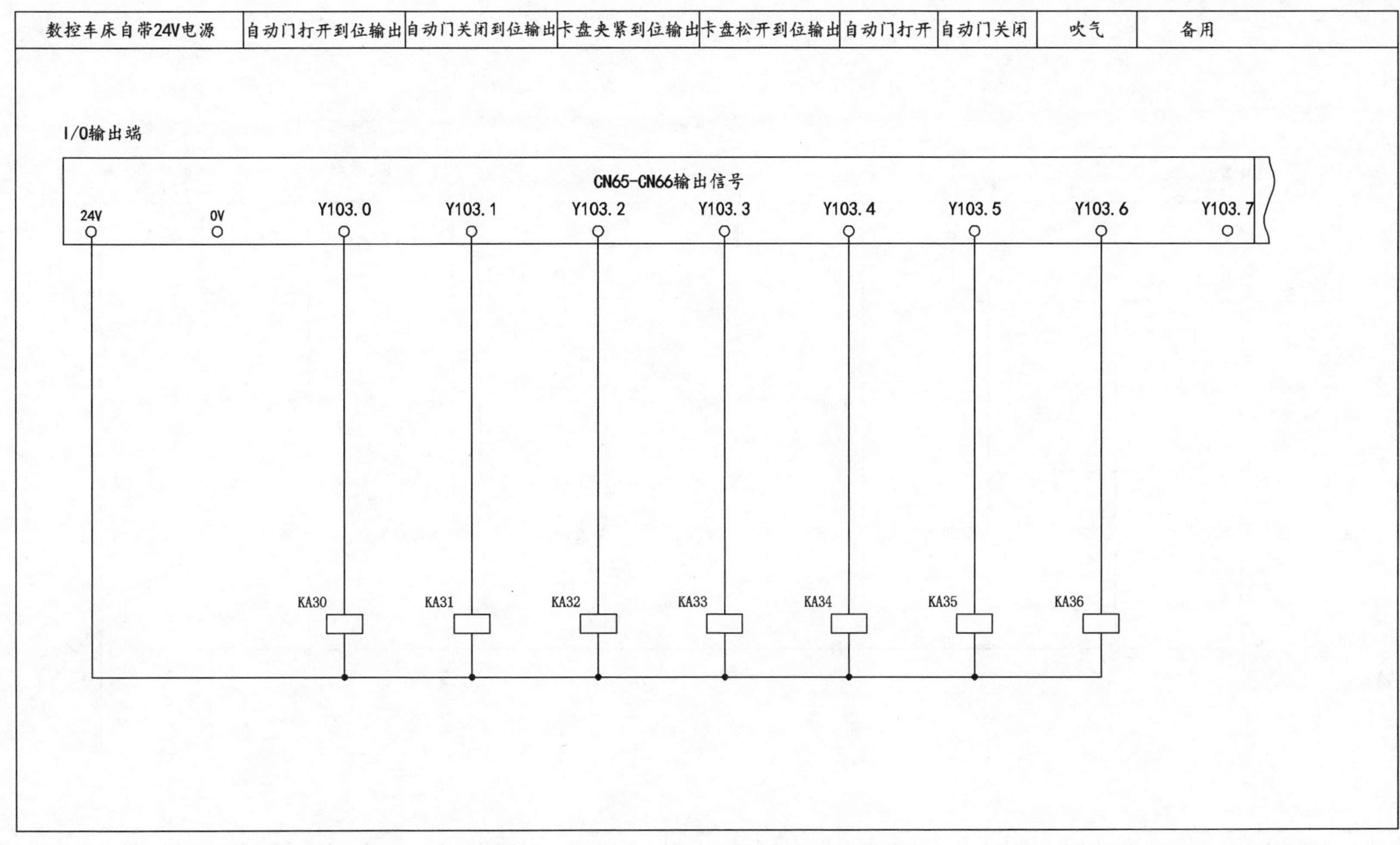

图 4-2-4　数控车床 I/O 电路图四

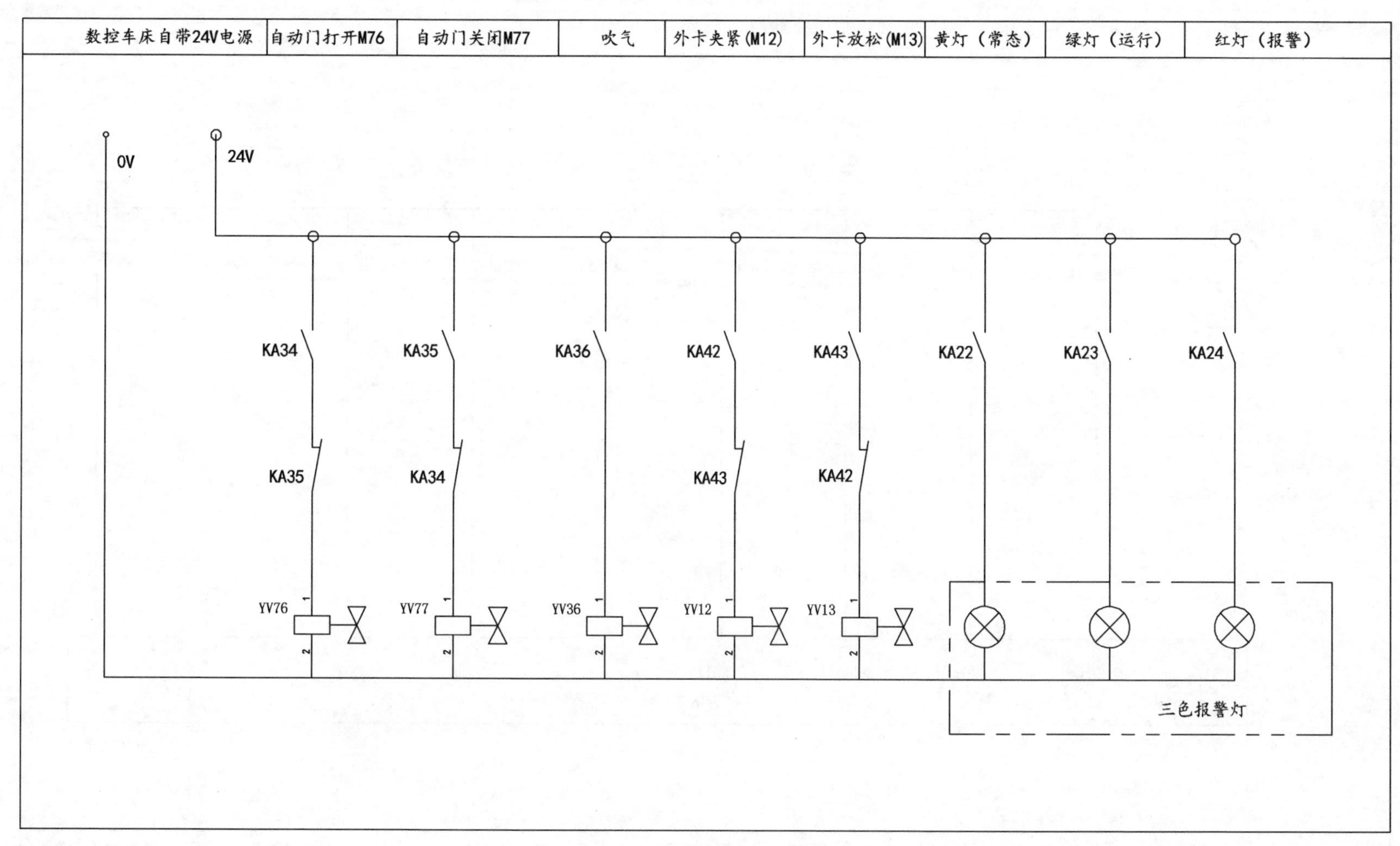

图 4-2-5　数控车床 I/O 电路图五

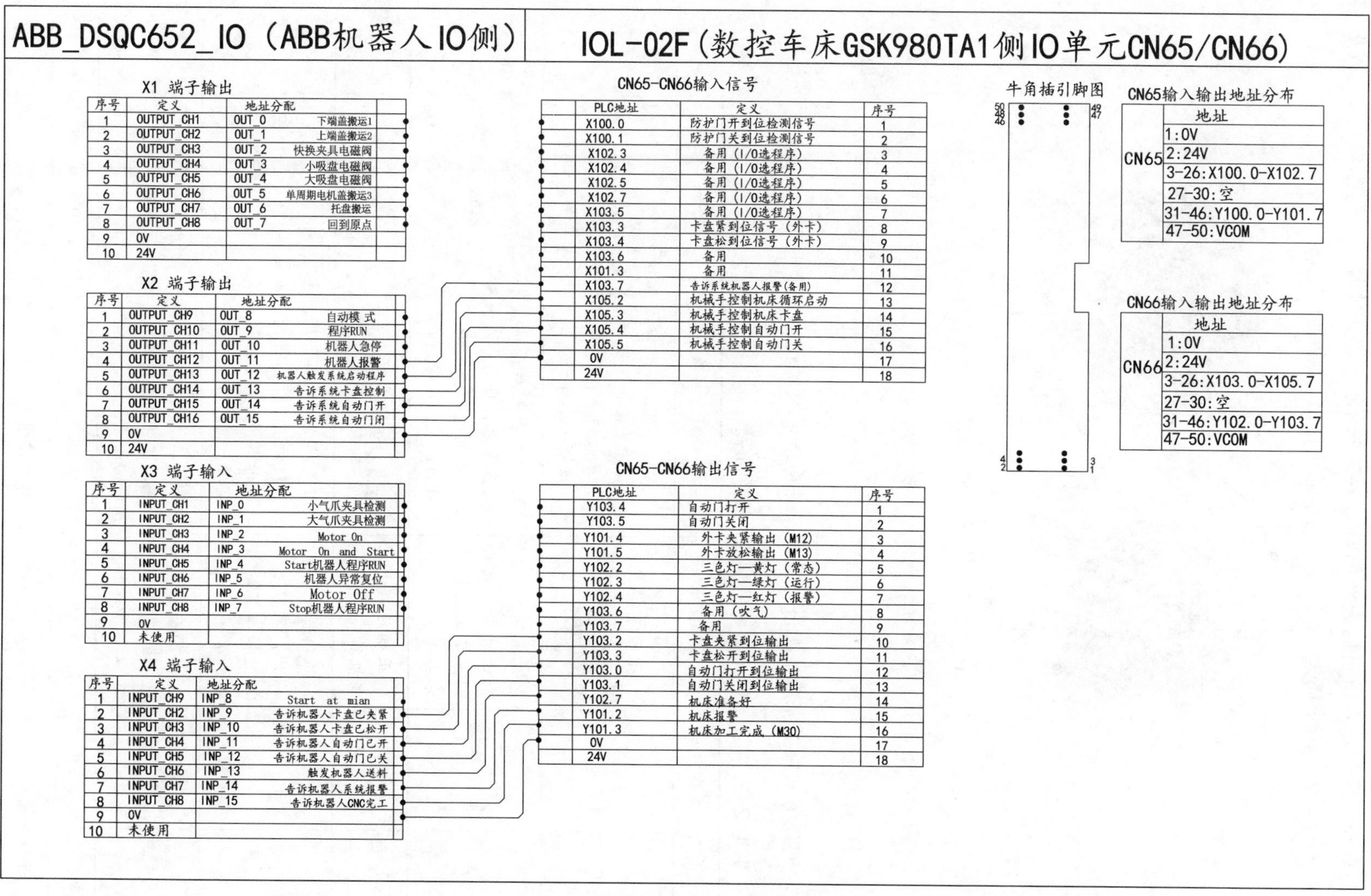

图 4-2-6　数控车床与 ABB I/O 电路图

数控车床的输入航空插头外观如图 4–2–7 所示。将车床输入信号航空插头（6 母头）按图 4–2–7 所示插入（6 针座）航空插头接口，顺时针旋紧。

图 4–2–7 数控车床输入航空插头操作示意图

在教师的指导下，学员分组进行操作练习。

任务测评

对任务实施的完成情况进行检查，并将结果填入表 4–2–2 中。

表 4–2–2　　任务测评表

序号	主要内容	考核要求	评分标准	配分	扣分	得分
1	PLC 串口参数设置	正确掌握 PLC 串口的设置要求及操作方法	1. 口述 PLC 的串口设置操作，每错一处扣 3 分 2. 正确进行 PLC 串口的设置，每错一处扣 5 分	15		
2	数控车床通信参数设置	正确掌握数控车床通信参数的设置要求及操作方法	1. 口述数控车床通信参数的设置要求，每错一处扣 3 分 2. 正确进行数控车床通信参数的设置，每错一处扣 5 分	15		
3	接线	正确连接 PLC 与机器人	正确接线，每错一处扣 5 分	20		
4	运行、调试	正确进行运行、调试，实现 PLC 对数控车床的控制要求	能正确进行运行调试，实现 PLC 对数控车床的控制，不能实现者不得分；若经过几次后可实现，酌情给分	40		
5	安全文明生产	遵循安全文明生产的具体要求，实施 6S 管理	穿戴工作服、帽，实操完成后保持工位的整洁度，车床准确返回原点，违反一项扣 5 分	10		
合计				100		
开始时间：			结束时间：			

任务 3　西门子 PLC 与触摸屏通信

学习目标

1. 能根据实际需要对触摸屏进行编程。
2. 掌握触摸屏的相关操作及其与 PLC 的通信知识。
3. 掌握编程、接线、运行调试的技能。

任务描述

本任务要求学员能熟练进行触摸屏的编程，并将触摸屏与 PLC 进行通信，实现以触摸屏控制的方式完成对整个工作流程的运行及监测功能。

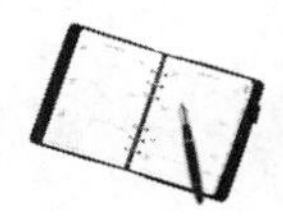

知识准备

一、Kinco MT4424TE 触摸屏的相关参数

Kinco 触摸屏是系统和用户之间进行交互和信息交换的媒介，实现了信息的内部形式与人类可以接受的形式之间的转换。Kinco MT4424TE 型号触摸屏的性能指标和电气规格如下。

1. 性能指标

显示模块：7 寸　16∶9 宽屏薄膜晶体管（152.4 mm × 91.4 mm）。

显示色彩：65536 彩色。

分辨率：800 × 480 像素。

背光类型：LED。

亮度：300 cd/m^2。

显示寿命：50 000 h。

触控面板：4 线　精密电阻网络（表面硬度 4 H）。

CPU：624 MHz　RISC。

存储器：128 M FLASH+64M Mobile DDR。

RTC& 配方存器：128 kb+ 实时时钟。

打印接口：1 USB Host，支持主流 USB 接口打印机。

程序下载：1 USB 2.0。

SD 卡：1 个 SD 卡插槽。

以太网：支持。

通信接口：

COM0：RS232/RS 485–2/RS 485–4。

COM1：RS232/RS 485–2/RS 485–4。

COM2：RS232。

2. 电气规格

额定功率：8 W。

额定电压：DC 24 V。

输入范围：DC 21 V ~ DC 28 V。

允许失电：<3ms。

绝缘电阻：超过 50 MΩ/500 VDC。

耐压性能：500 V AC 1 min。

二、触摸屏软件的安装

1. 从安装文件夹“Kinco HMIware”中运行可执行安装程序文件“SETUP.EXE”，将弹出对话窗口，如图 4–3–1 所示。点击“下一步”，弹出“选择目的地位置”对话窗口。

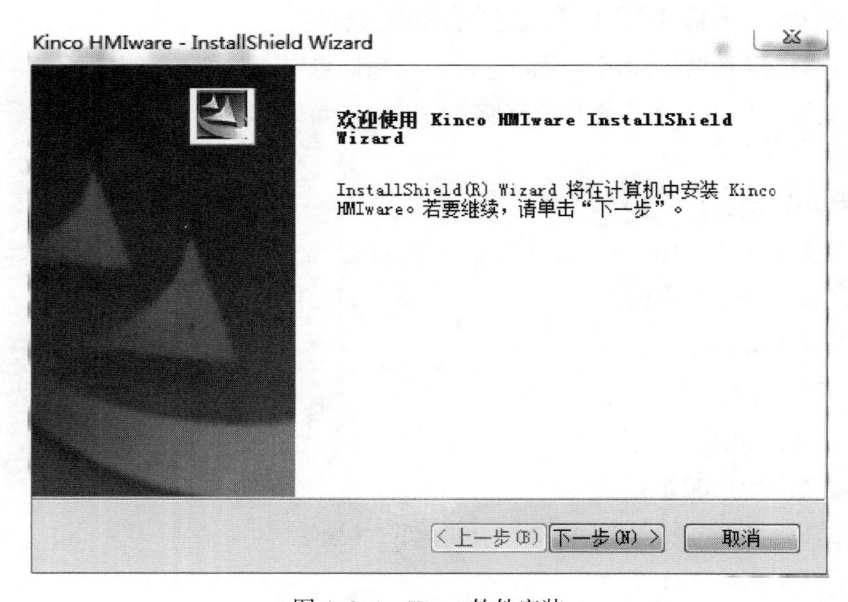

图 4–3–1　Kinco 软件安装

2. 如有必要，在“选择目的地位置”对话窗口中改变程序的安装目录，否则就采用默认目录，如图 4–3–2 所示。完成后点击“下一步”按钮，弹出“安装确认”窗口，再点击“安装”按钮，即开始安装软件。

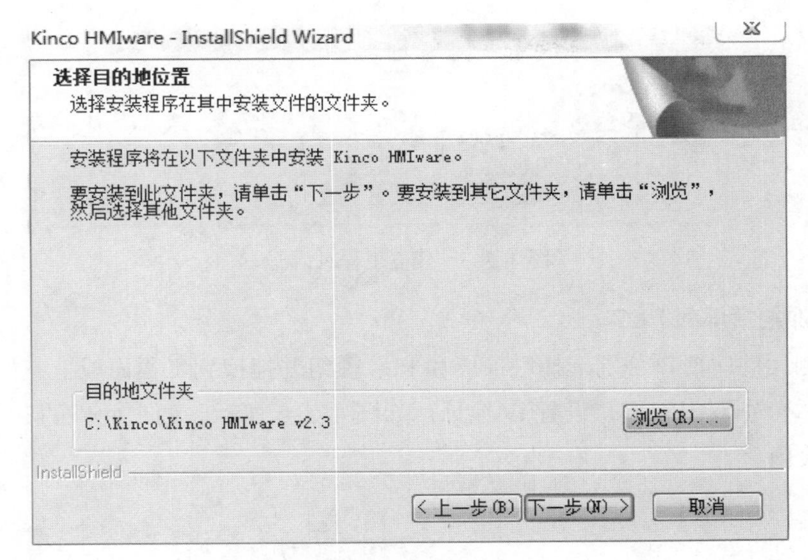

图 4-3-2　设置安装路径对话框

安装完毕后出现“完成”窗口，单击“完成”按钮关闭即可。

任务实施

一、工作准备

在工作准备阶段，应填写实训设备及工具材料领用表，表格格式可参考表 4-3-1。

表 4-3-1　实训设备及工具材料领用表

序号	分类	名称	型号规格	数量	单位	备注
1	工具					
2						
3						
4						
5						
6						
7	设备器材					
8						
9						
10						
11						

二、任务流程

1. 新建工程

在“文件”菜单中点击新建工程，弹出如图 4-3-3 所示建立工程对话框。

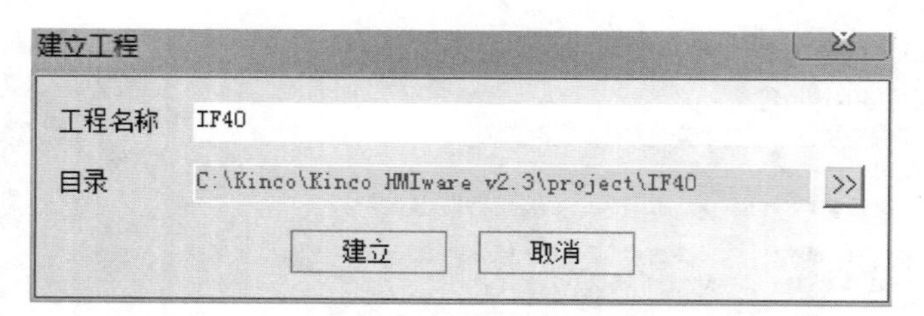

图 4-3-3 建立工程对话框

2. 添加触摸屏和 PLC

从右侧元件库窗口分别选择触摸屏和 PLC 模组并拖拽到工程面板上，如图 4-3-4 所示。然后分别双击它们，设置 IP 地址，如图 4-3-5 所示。两个元件的 IP 地址必须在同一网段内。

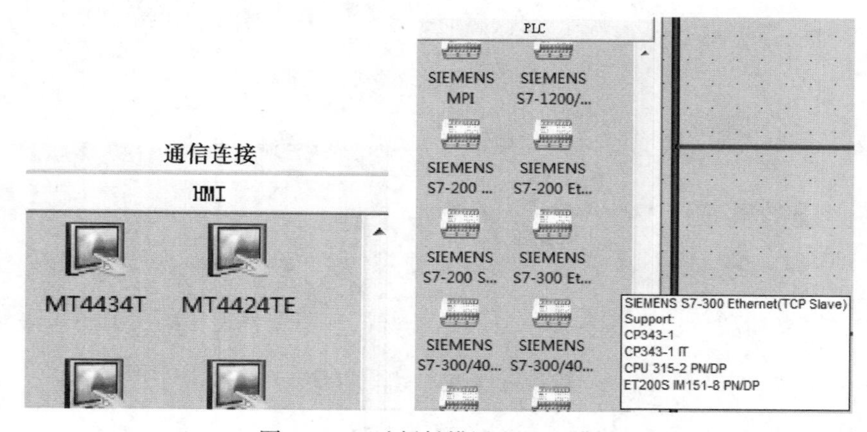

图 4-3-4 选择触摸屏和 PLC 模组

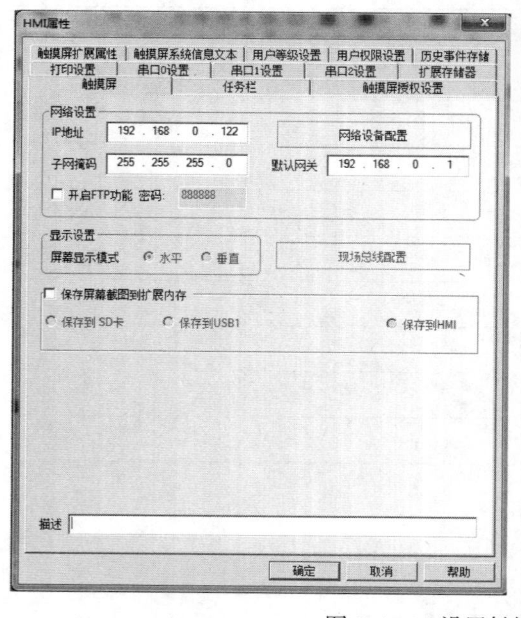

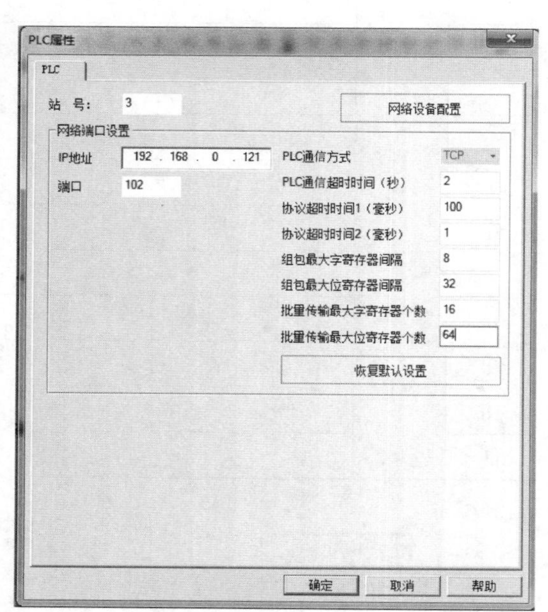

图 4-3-5 设置触摸屏和 PLC 的 IP 地址

3. 添加通信连接

在元件库窗口将“以太网”图标拖拽到面板窗口，双击图标，弹出“网络设备配置”窗口，即完成添加通信连接，如图 4–3–6 所示。

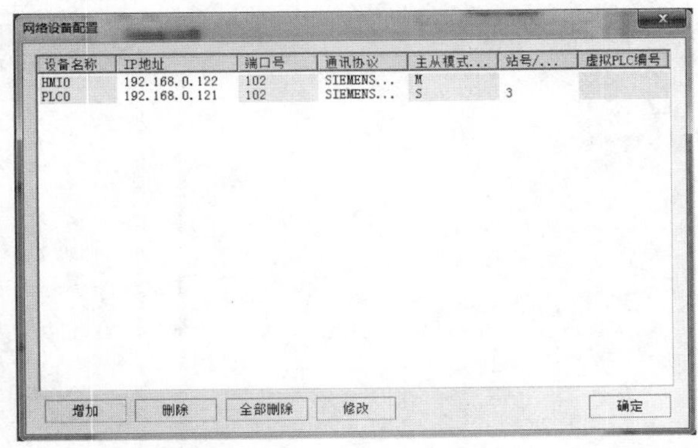

图 4–3–6　添加通信连接

4. 组态触摸屏程序

组态触摸屏程序可通过软件帮助菜单“用户手册”内的组态教程进行查阅。

5. 设置 PLC 与触摸屏的通信连接

PLC 与触摸屏通信连接如图 4–3–7 所示。

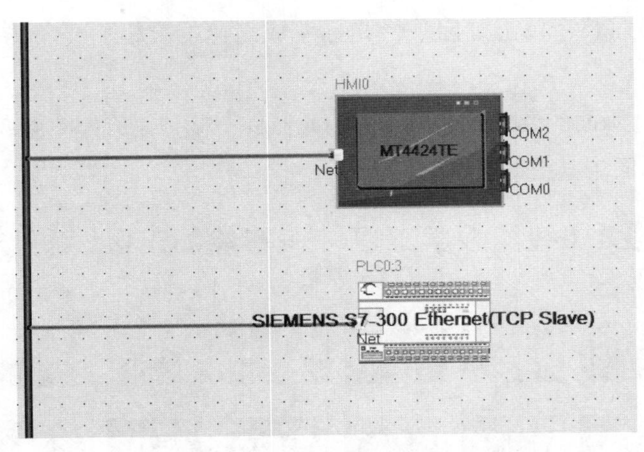

图 4–3–7　PLC 与触摸屏通信连接

6. 制作触摸屏操作画面

通过单击软件 Kinco HMIware 右侧的触摸屏图片，选择“编辑组态”，进入操作画面的制作界面。

（1）文本

点击 **A** 按钮，弹出“文本”设置对话框，如图 4–3–8 所示。

在“内容”下面文本框内输入“工业 4.0 智能教学工厂——智能加工区”，并根据画布格局，在“大小”后面下拉菜单中选择合适的字号即可。

用同样的方法输入“触摸屏 IP：192.168.0.122”。

（2）时间

在“元件”下拉菜单中选择“时间”，弹出“时间”设置对话框，如图 4–3–9 所示。

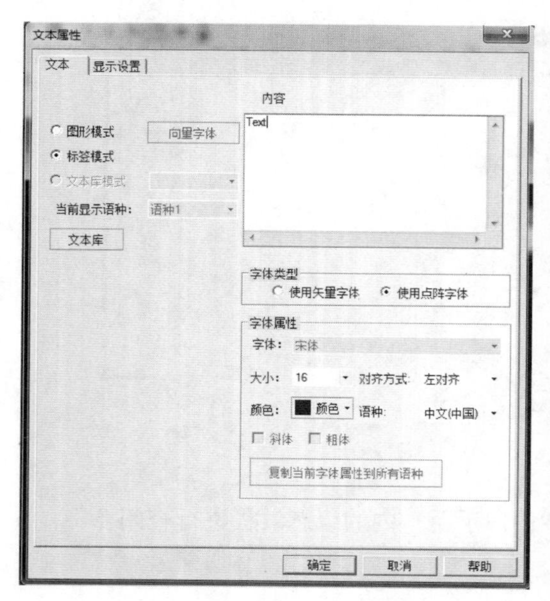

图 4–3–8　触摸屏“文本”设置对话框

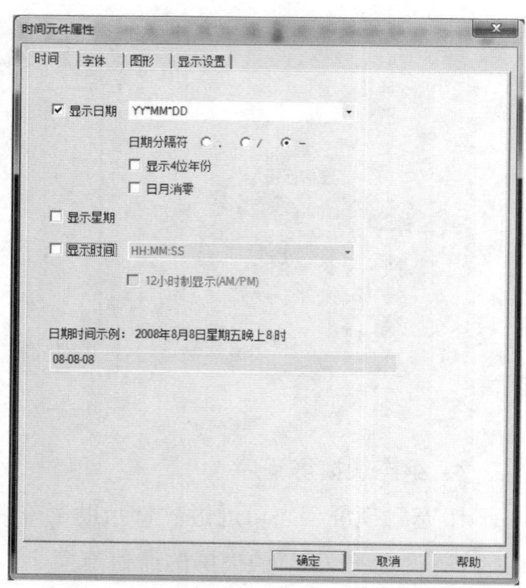

图 4–3–9　触摸屏“时间”设置对话框

选取“显示时间”，单击确定，待光标变成红色的方框后，单击右键将其放置在合适位置。

（3）按照设计画面的要求，选择相关的元器件图标，完成如图 4–3–10、图 4–3–11、图 4–3–12 所示画面中其他部分的绘制。

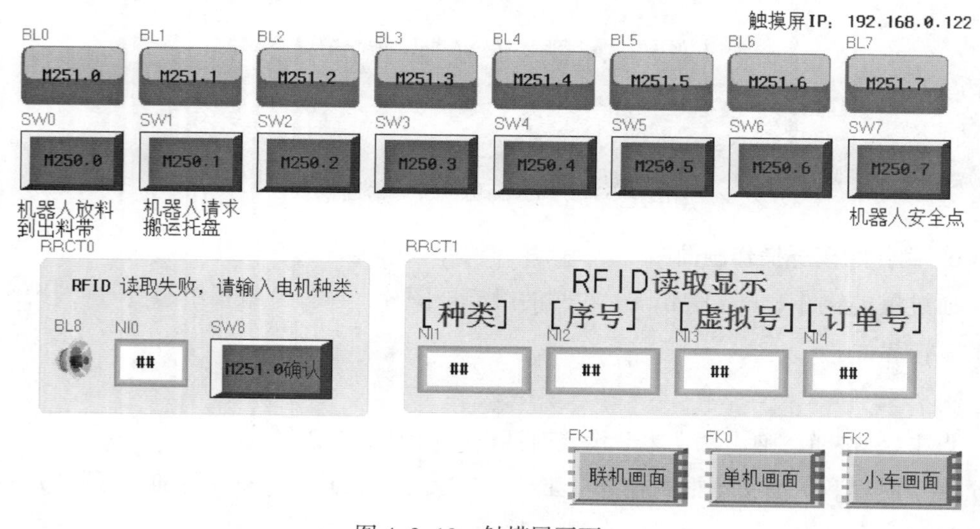

图 4–3–10　触摸屏画面一

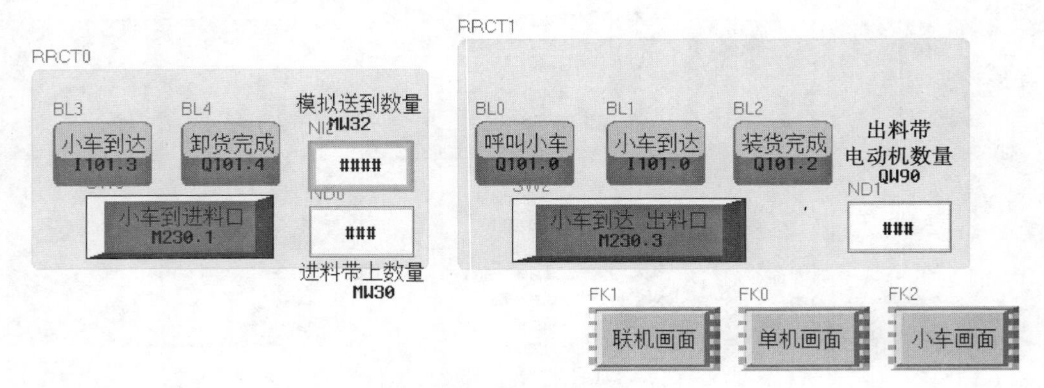

图 4-3-11　触摸屏画面二

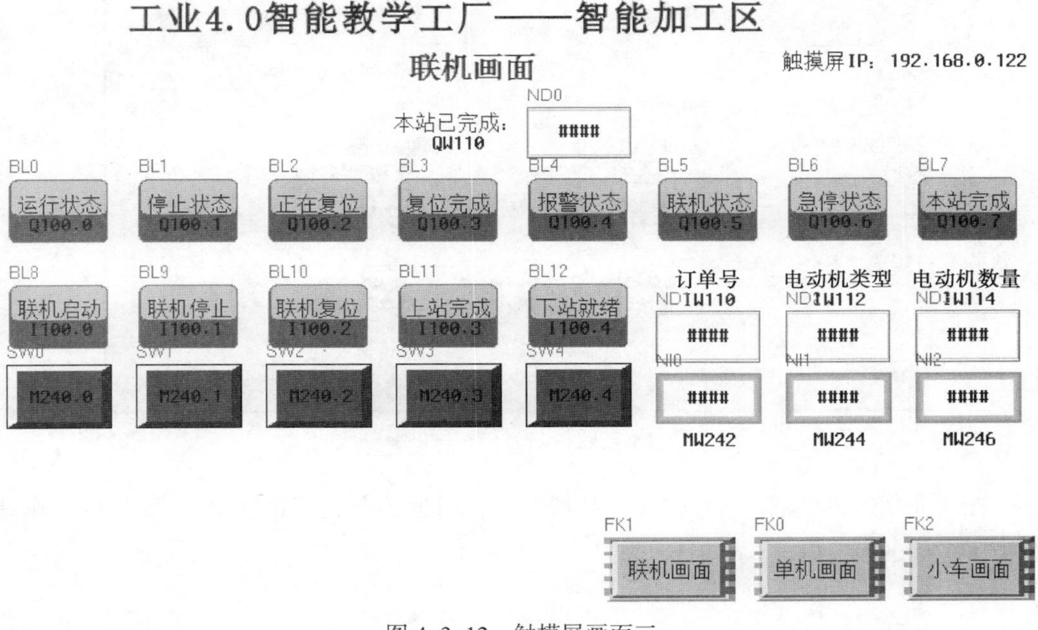

图 4-3-12　触摸屏画面三

7. 完成触摸屏与 PLC 之间的连线

8. 调试与运行

启动 Kinco HMIware 程序，然后下载将被调试的工程文件。具体操作流程是在菜单栏中选择“工具”→“系统处理”，弹出 EV 管理窗口，如图 4-3-13 所示。

在管理窗口中设置导航栏中选择“下载处理”，在“通信参数设置”栏中选择“设置”按钮，设置通信方式，如图 4-3-14 所示。

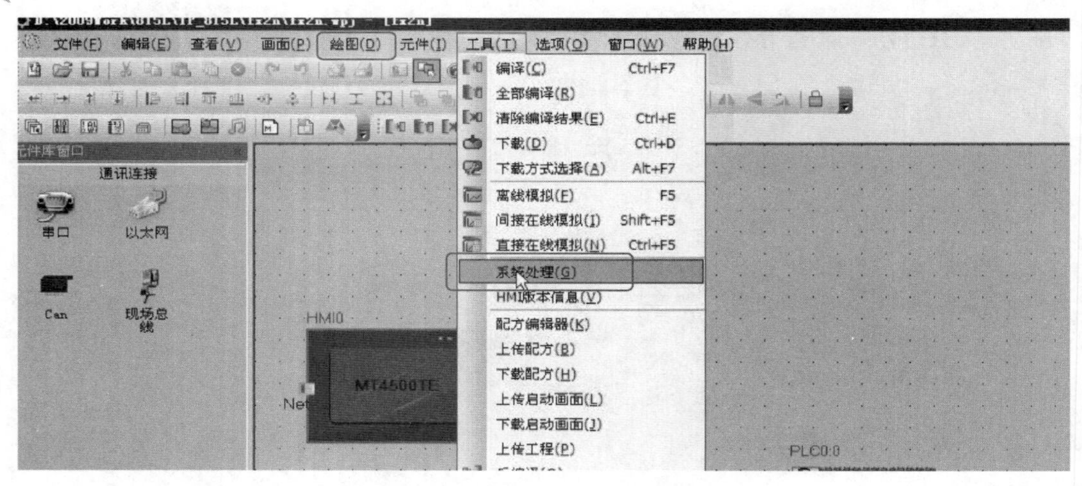

图 4–3–13 下载工程文件操作

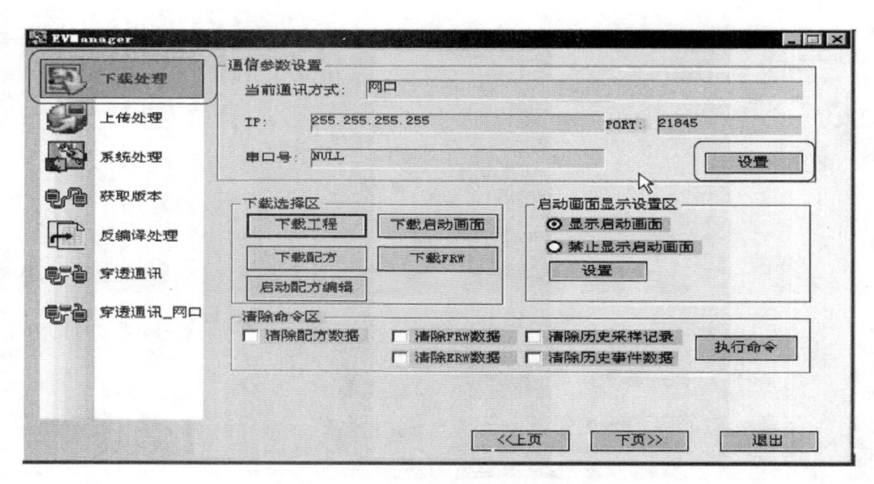

图 4–3–14 通信方式设置

在“通信方式选择”中选择“网口”，设置通信参数，即设置 IP 地址为各工作站触摸屏对应的 IP，单击“确定”按钮，如图 4–3–15 所示。

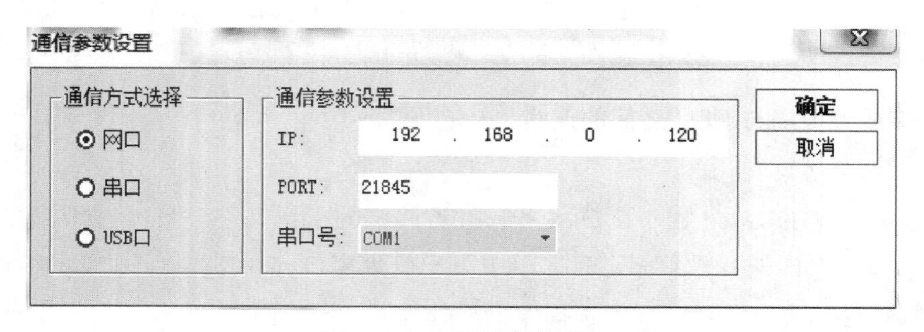

图 4–3–15 通信参数设置

选择“工具”下拉菜单“上传工程”，弹出触摸屏画面上传设置对话框，如图 4–3–16 所示。

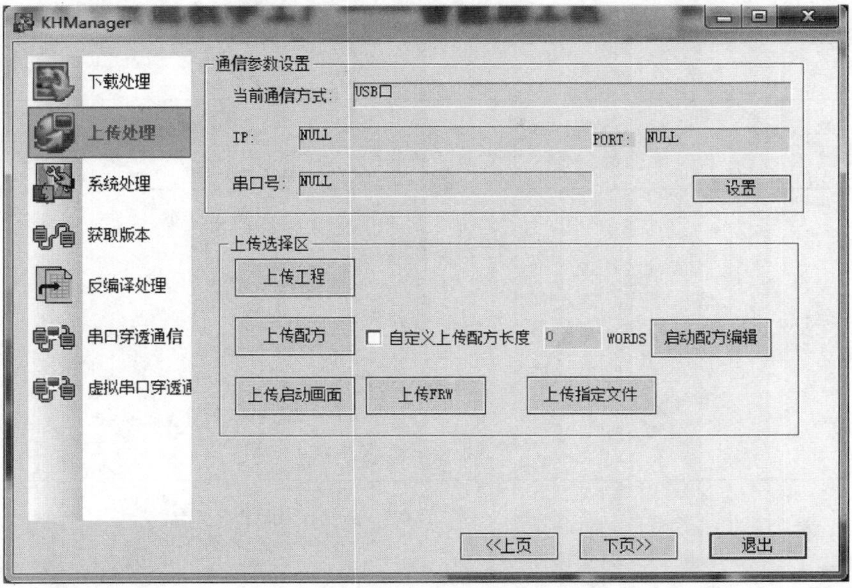

图 4-3-16　触摸屏画面上传设置

单击“设置”按钮，弹出通信参数设置对话框，如图 4-3-17 所示。

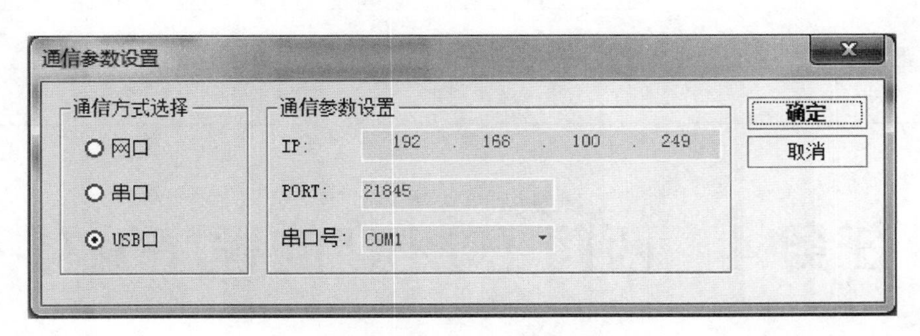

图 4-3-17　通信参数设置

在“通信方式选择”中选择“网口”，将 IP 地址改为“192.168.0.122”，单击“确定”按钮。选择“上传工程”，即可将绘制画面传至触摸屏，联机进行运行、调试。

在教师的指导下，学员分组进行简单操作练习。

任务测评

对任务实施的完成情况进行检查，并将结果填入表 4-3-2。

表 4-3-2　　任务测评表

序号	主要内容	考核要求	评分标准	配分	扣分	得分
1	触摸屏与 PLC 的通信	能够熟练进行触摸屏与 PLC 的通信参数设置	正确进行 PLC 与触摸屏型号的选择和 IP 地址的设置，每错一处扣 3 分	15		

续表

序号	主要内容	考核要求	评分标准	配分	扣分	得分
2	组态触摸屏编程	能够熟练进行触摸屏画面的制作	进行文本、时间、位开关等相关参量的绘制，每错一处扣5分	25		
3	运行、调试	能够熟练进行通信、接线、运行调试操作，利用触摸屏监测整个系统的运行情况	1. 可以正常显示数控加工区的运行监控数据 2. 能利用触摸屏实现对整个系统过程的控制 3. 运行、调试不成功不得分，若经过几次反复检测可以运行，酌情给分 每错一处扣5分	50		
4	安全文明生产	劳动保护用品穿戴整齐；遵守操作规程；讲文明礼貌；操作结束要清理现场	1. 操作中，违反安全文明生产考核要求的任何一项扣5分，扣完为止 2. 若在操作中出现重大事故隐患，应立即停止操作，并每次扣安全文明生产总分5分	10		
合计				100		
开始时间：			结束时间：			

任务4　西门子 PLC 的程序编写

学习目标

1. 能熟练掌握 PLC S7-300 的基本知识。
2. 通过学习西门子 PLC S7-300 的编程语言，掌握编程要领及注意事项。
3. 具备解读程序、设计程序的能力。

任务描述

本任务要求学员通过学习西门子 PLC S7-300 的编程，学会分析智能工厂数控加工模块 PLC 在送料、出品过程中的控制要求，以及能利用 PLC，借助 RFID 采集到的电动机型号进行信号的处理，实现数控车床对电动机零件的柔性加工。

知识准备

一、PLC S7-300 的硬件组成

S7-300 系列 PLC 采用模块化结构设计，各种单独模块之间可以进行组合和扩展。它的主要组成部分有机架（或者导轨）、电源（Power System，PS）模块、中央处理单元（CPU）模块、接口模块（Interface Module，IM）、输入、输出（I/O）模块、功能模块（Function Module，FM）、通信处理（Communication Processor，CP）模块等和信号模块（Signal Module，SM）。PLC S7-300 硬件组成如图 4-4-1 所示。

图 4-4-1 PLC S7-300 硬件组成

说明：

1. 机架

机架也称导轨，有 160 mm、482 mm、530 mm、830 mm、2000 mm 5 种长度，可根据实际需要选择。

2. 电源（PS）模块

电源模块用于将 AC 120/230V 电源或者 DC 24/48/72/96/110V 电源转换为 DC 24V 电源，供 CPU、I/O 模块、传感器和执行器使用。

3. 中央处理单元（CPU）模块

S7-300 系列 PLC 提供了多种不同性能的 CPU 模块，以满足用户不同的需求。

CPU 模块除完成执行用户程序的主要任务外，还为 S7-300 系列 PLC 背板总线提供 DC 5V 电源，并通过 MPI 与其他中央处理器或者编程装置通信。

4. 接口模块（IM）

接口模块用于多机架配置时连接主机架（CR）和扩展机架（ER），必须始终同时使用成对的接口模块。接口模块的说明见表 4-4-1。

表 4-4-1 S7-300 系列 PLC 的接口模块

PLC 类型	接口模块	模块说明
S7-300	IM360	用于 S7-300 系列 PLC 机架 0 的发送 IM
	IM361	用于 S7-300 系列 PLC 机架 1 到机架 3 的接收 IM
	IM365	需成对使用，由安装在机架 0 的发送模块和安装在机架 1 的接收模块组成

5. 输入、输出（I/O）模块

在工业生产过程控制中，PLC 的工作实质就是将各种测量参数按要求输入 PLC，PLC 经过计算、处理，将结果以数字量的形式输出，从而将控制对象变成合适生产过程控制的量。纵观整个过程，输入和输出量的设置主要是模拟量的输入、输出（AI、AO）和数字量的输入、输出（DI、DO）。

S7-300 的模拟量输入、输出模块和数字量输入、输出模块，详见表 4-4-2。

表 4-4-2 S7-300 系列 PLC 的 I/O 模块

PLC 类型	分类	I/O 模块介绍
S7-300	数字量 DI/DO	数字量输入模块 SM321
		数字量输出模块 SM322
		数字量输入 / 输出模块 SM323
		故障安全数字量输入 / 输出模块 SM326
		可编程数字量输入 / 输出模块 SM327
		仿真模块 SM374
	模拟量 AI/AO	模拟量输入模块 SM331
		模拟量输出模块 SM332
		模拟量输入 / 输出模块 SM334
		故障安全 / 冗余模拟量输入 / 输出模块 SM336

6. 功能模块（FM）

功能模块即处理实时性强、存储计数量较大的过程信号任务的智能型信号处理模块。它们不占 CPU 资源，可直接对现场设备信号进行控制和处理，并将信息传送给 CPU。

7. 通信处理（CP）模块

通信处理模块应用于 PLC 与 PLC、PLC 与计算机或其他智能设备之间的通信模块。其作用是使 PLC 能够以 PROFIBUS-DP、AS-I、工业以太网、点对点等通信方式进行与其他系统组件之间的通信。

8. 信号模块（SM）

信号模块是 PLC 控制系统中的一部分。主要负责接收现场设备或控制设备的信息，并进行信号电平转换，然后将转换结果传送到 CPU 进行程序处理。根据所接收的信号类型，将输入信号模块分为：数字量输入（Digital Input，DI）信号模块，简称数字量输入模块；模拟量输入（Analog Input，AI）信号模块，简称模拟量输入模块。

此外，还有其他 3 种特殊功能的信号模块：模拟量模块、占位模块和位置解码器模块。

二、TIA Portal 软件安装

TIA Portal 是一款由西门子打造的全集成自动化编程软件，应用于 PLC 编程和仿真操作。软件包通过安装程序自动安装。将安装介质插入驱动器后，安装程序便会立即启动。

1. 软件安装要求

（1）PG/PC 的硬件需满足以下要求。处理器：四核以上，内存不少于 4 G，建议 8 G。硬盘：300 GB 以上。显示器：不小于 15.6 寸宽屏。图形分辨率：不低于 1 920 × 1 080。

（2）具有计算机的管理员权限。

（3）关闭所有正在运行的程序。

2. 软件安装步骤

要安装软件包，请按以下步骤操作：

（1）将安装介质插入相应的驱动器。

安装程序将自动启动，除非在 PG/PC 上禁用了自动启动功能。

（2）如果安装程序没有自动启动，则可通过双击“Start.exe”文件手动启动。

（3）打开选择安装程序语言的对话框，选择希望用来显示安装程序对话框的语言。

（4）要阅读关于产品和安装的信息，请单击“阅读说明”（Read Notes）或“安装说明”（Installation Notes）按钮。

（5）阅读说明后，关闭帮助文件并单击“下一步”（Next）按钮，打开选择产品语言的对话框。

（6）选择产品用户界面使用的语言，然后单击“下一步”（Next）按钮。说明：始终将“英语”（English）作为基本产品语言安装。

（7）打开选择产品组态的对话框。

（8）选择要安装的产品：

1）如果需要以最小配置安装程序，则单击“最小”（Minimal）按钮。

2）如果需要以典型配置安装程序，则单击“典型”（Typical）按钮。

3）如果需要自主选择要安装的产品，则单击“用户自定义”（User-defined）按钮，然后选择需要安装的产品对应的复选框。

（9）如果要在桌面上创建快捷方式，则选中“创建桌面快捷方式”（Create desktop shortcut）复选框。

（10）如果要更改安装的目标目录，则单击“浏览”（Browse）按钮。注意，安装路径的长度不能超过 89 个字符。

（11）单击“下一步”（Next）按钮，打开许可条款对话框。

（12）如果要继续安装，则阅读并接受所有许可协议，并单击“下一步”。

如果在安装 TIA Portal 时需要更改安全和权限设置，则会打开安全设置对话框。

（13）如果要继续安装，则接受对安全和权限设置的更改，并单击“下一步”（Next）按钮。下一对话框将显示安装设置概览。

（14）检查所选的安装设置。如果要进行任何更改，则单击“上一步”（Back）按钮，直到到达想要在其中进行更改的对话框位置。完成所需更改之后，通过单击“下一步”（Next）按钮返回概览对话框。

（15）单击“安装”（Install）按钮，安装随即启动，如图 4-4-2 所示。

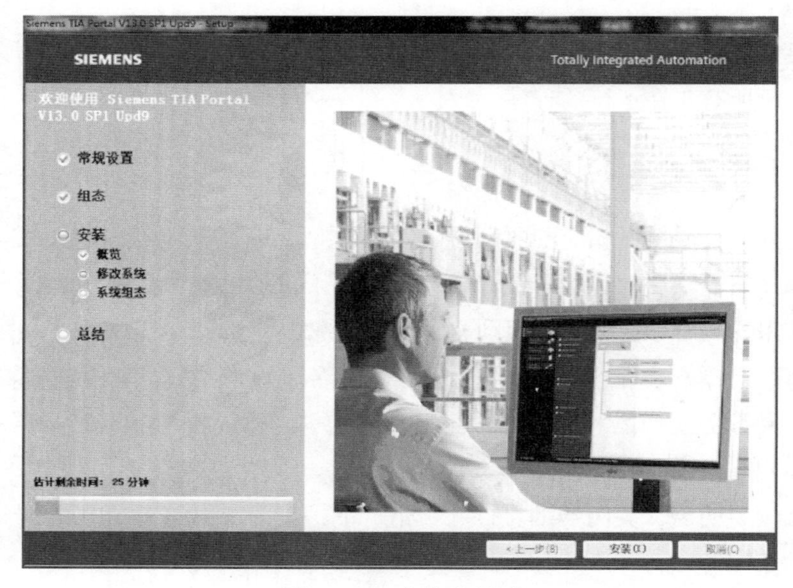

图 4-4-2　安装进程图

3. 安装说明

（1）有时会弹出重新启动计算机的对话框，但是重启后，还是弹出要求重新启动计算机的对话框，循环往复，如图 4-4-3 所示。此时可以通过删除注册表键值的办法来解决，在“开始”菜单中的“搜索程序和文件”框中输入 regedit（见图 4-4-4），按回车键，进入“注册表编辑器”，如图 4-4-5 所示。

图 4-4-3　重复要求重新启动计算机

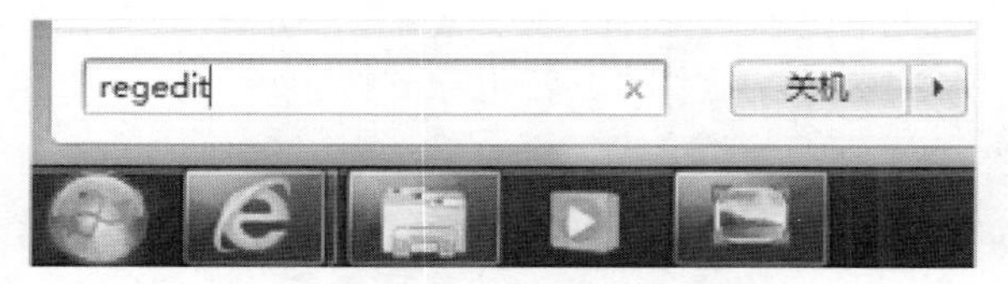

图 4-4-4　开始菜单“搜索程序和文件”框

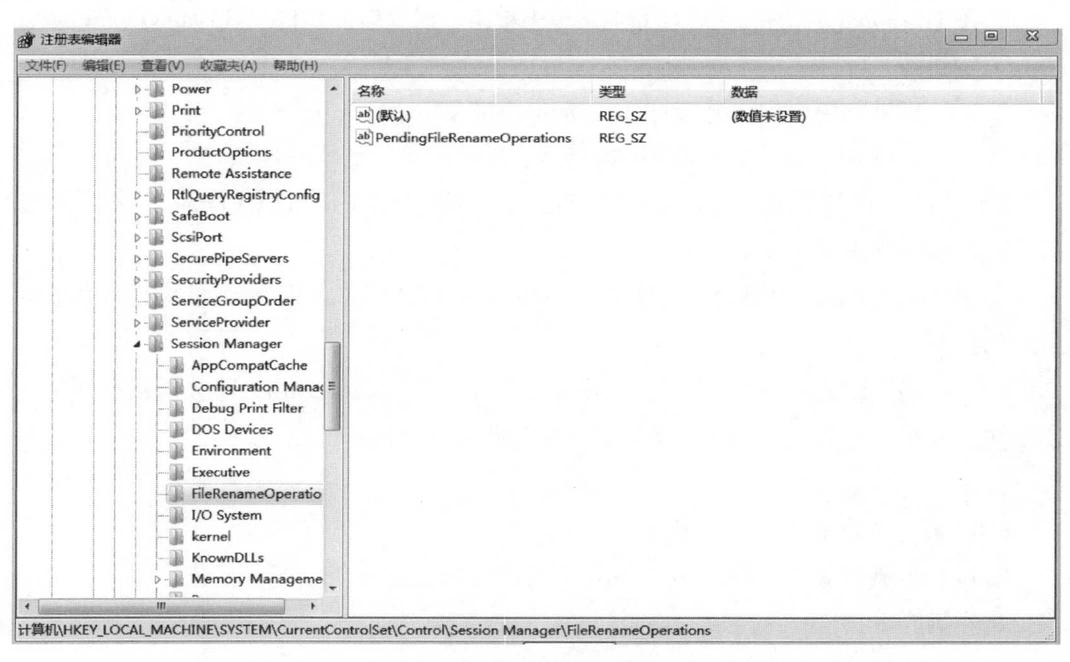

图 4-4-5　注册表编辑器

删除 HKEY_LOCAL_MACHINE\SYSTEM\CurrentControlSet\Control\Session Manager 路径下的键值 PendingFileRenameOperations 就可以继续安装了。

注意：删除后不要再重新启动计算机，直接安装就可以了。安装过程中还要被要求重新启动计算机一次，重启后，再被提示重新启动计算机时，再次删除注册表中以上键值，不要重启，继续安装即可。

（2）如果安装过程中未找到许可密钥，则可以将其传送到 PC 中。如果跳过许可密钥传送，稍后可通过 Automation License Manager 进行注册。

安装后，将收到一条消息，指示安装是否成功。

4. TIA Portal 软件安装更新

在 TIA Portal 中，可选择检查新软件更新包或支持包是否可用。如果可用，则可安装本软件。

（1）软件更新说明

支持 TIA Portal V13 或更高版本的更新包和支持包。

（2）软件更新步骤

如果要检查软件更新包和支持包的可用性并进行安装，则按以下步骤操作。

1）使用以下两种方法之一启动安装过程。

①在 TIA Portal 的“帮助”（Help）菜单中单击“已安装的软件”（Installed software）。“已安装的软件”（Installed software）对话框随即打开。

②在计算机上使用程序链接打开“Siemens TIA Updater”程序。

“Siemens TIA Updater”对话框随即打开，并显示可用的软件包。

2）单击“检查更新”（Check for updates）。如果“Siemens TIA Updater”对话框已打开，该步骤则为可选步骤。

如果在 TIA Portal 中启动了安装过程，“Siemens TIA Updater”对话框将打开并显示可用的更新。

3）在要安装的更新包或支持包行中单击“下载”（Download）。即会下载更新包或支持包。相关“安装”（Install）按钮在下载过程完成后随即激活。

注意：

①可同时启动多个下载过程。

②可在下载过程仍在继续时注销或关闭计算机。这种情况下，下载过程在再次登录后将在后台继续。

如果 TIA Portal 仍保持打开状态，则将其关闭。

在“Siemens TIA Updater”对话框中，单击待安装软件包的相应“安装”（Install）按钮，即显示安装对话框。

注意：

①不能同时安装多个更新。

②不要在安装时注销且不要关闭计算机。这可避免计算机上存在不一致的软件版本。

4）单击“下一步”（Next），安装选定产品，并按以下步骤操作。

①在 TIA Portal 的“选项”（Options）菜单中单击“支持包”（Support packages）。

②打开“详细信息”（Detailed information）对话框。此对话框列出了所有支持包。

③如果要安装表中未列出的支持包，可以选择以下方法：

如果计算机中已包含相应支持包，则可选择“从文件系统添加”（Add from the file system），将其添加到列表中。如果从 Internet 上的“服务与支持”页面添加支持包，首先应选择“从 Internet 下载”（Download from the Internet），下载该支持包。然后从文件系统添加该支持包。

④以上步骤完成后，选择要安装的支持包，单击“安装”（Install），关闭并重启 TIA Portal。

三、TIA Portal 组态及使用

1. 创建新项目。

2. 单击“项目视图”按钮，弹出如图 4-4-6 所示界面，输入项目名称、路径等信息，单击“创建”按钮。

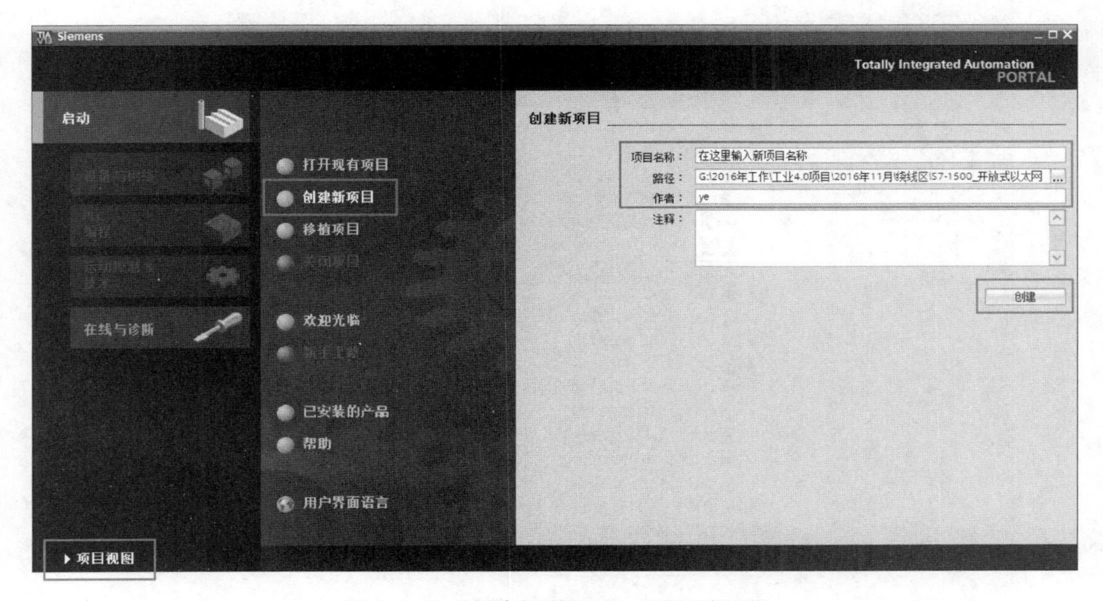

图 4-4-6 “创建新项目”→“项目视图”

3. 添加新设备，如图 4-4-7 所示。

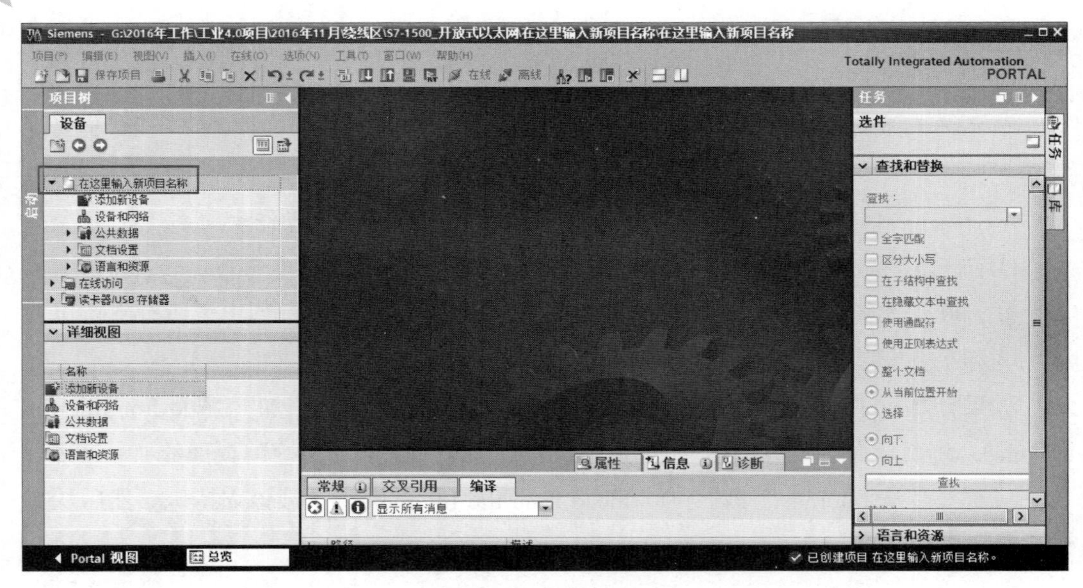

图 4–4–7　添加新设备

4. 选择 CPU 类型 / 产品订货号，如图 4–4–8 所示。

图 4–4–8　选择 CPU 类型

5. 单击“确定”按钮，进入设备组态页面，如图 4–4–9 所示。

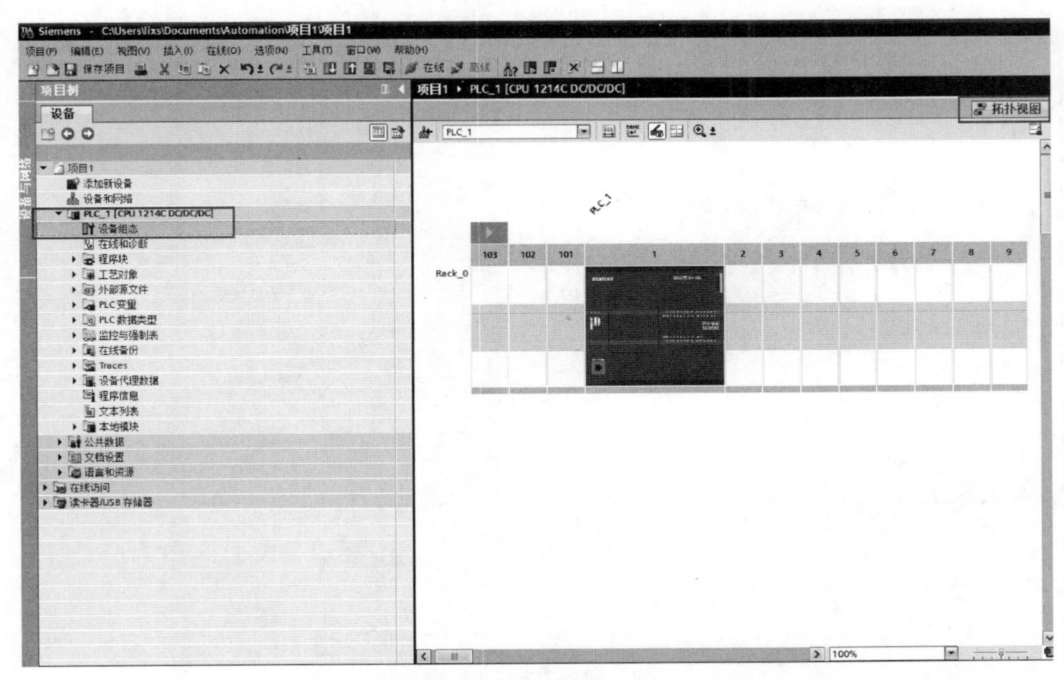

图 4–4–9　设置设备组态

6. 添加硬件组态通信面板 RS 485 模块，如图 4–4–10 所示。

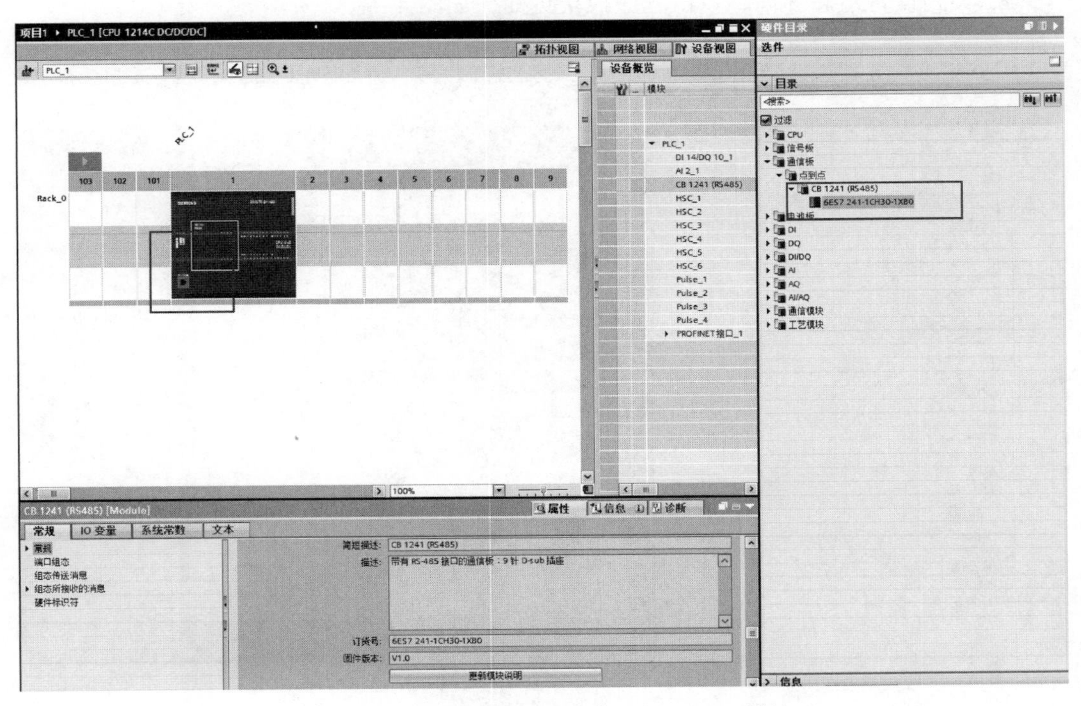

图 4–4–10　添加硬件组态通信面板 RS 485 模块

7. 添加硬件组态 SM1223 数字量输入输出模块，如图 4–4–11 所示。

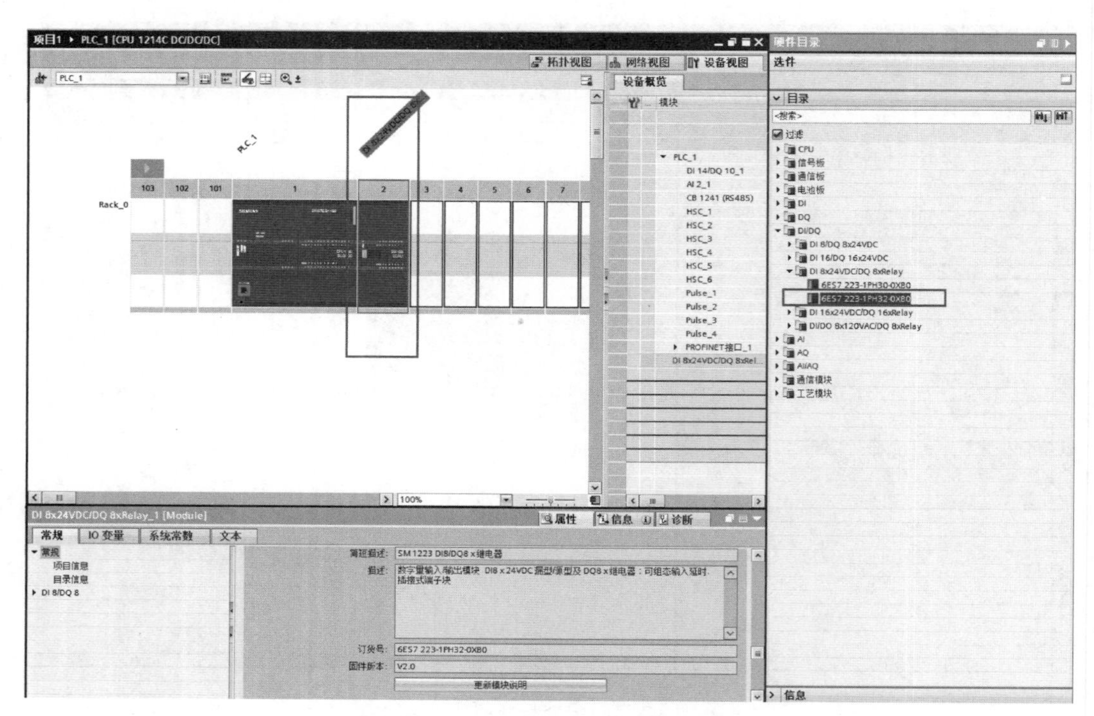

图 4–4–11　添加硬件组态 SM1223 模块

8. 关闭设备组态界面，点击程序模块页面，如图 4–4–12 所示。

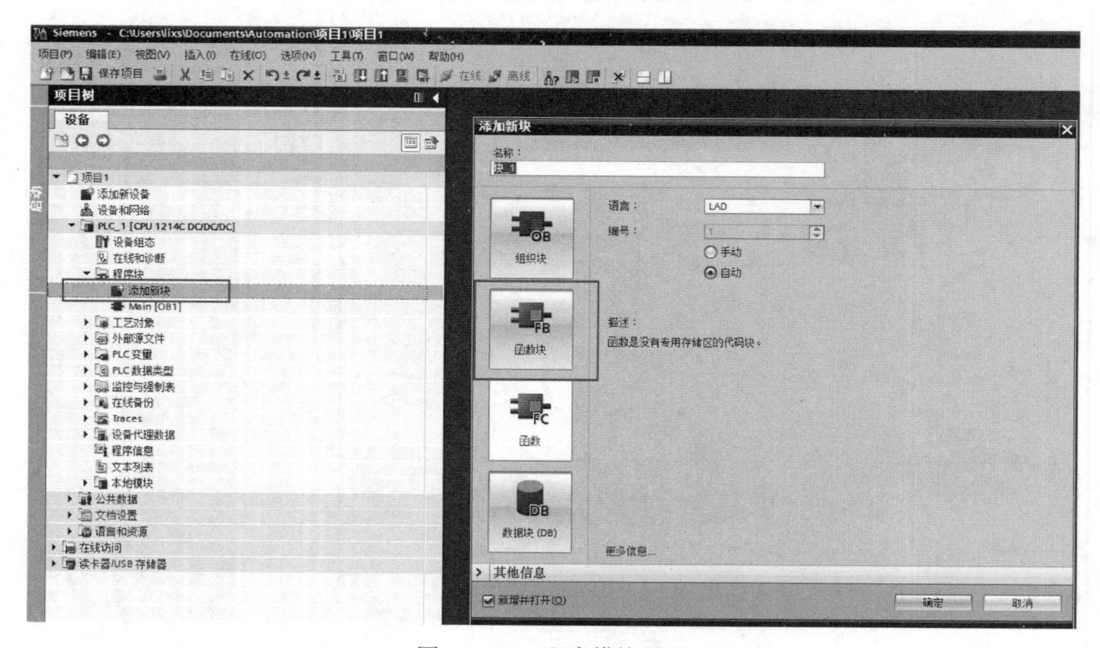

图 4–4–12　程序模块页面

9. 进入程序编辑页面，根据需要添加不同子函数块 FC，如图 4–4–13 所示。

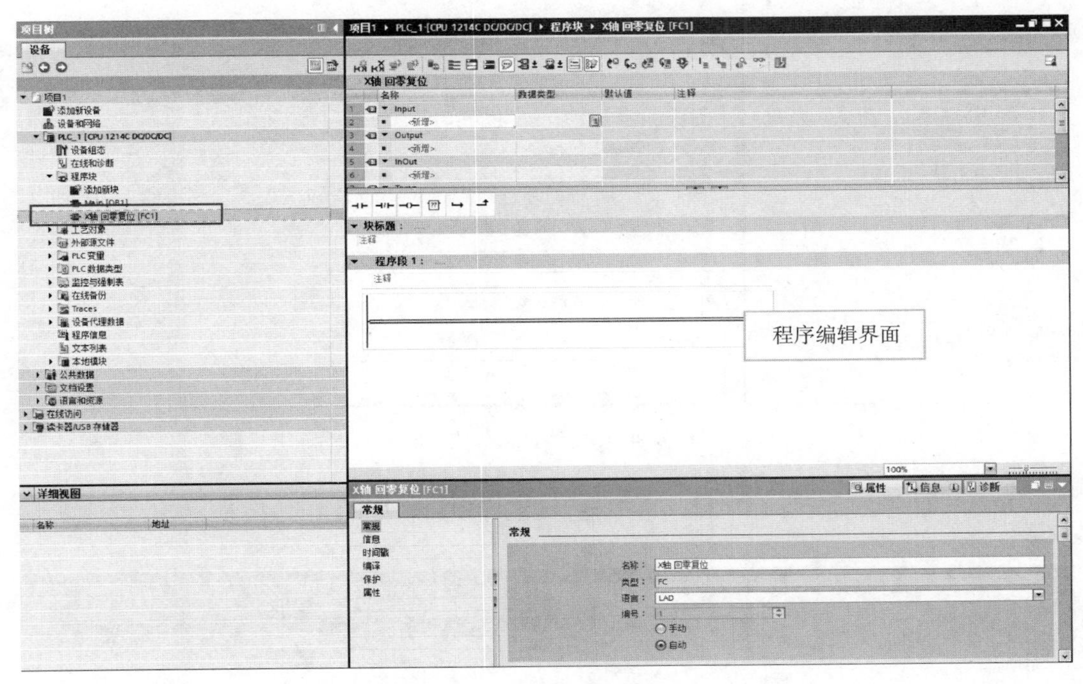

图 4–4–13　添加子函数块 FC

10. 进入数据块编辑界面，根据需要添加不同数据块 DB，如图 4–4–14 所示。

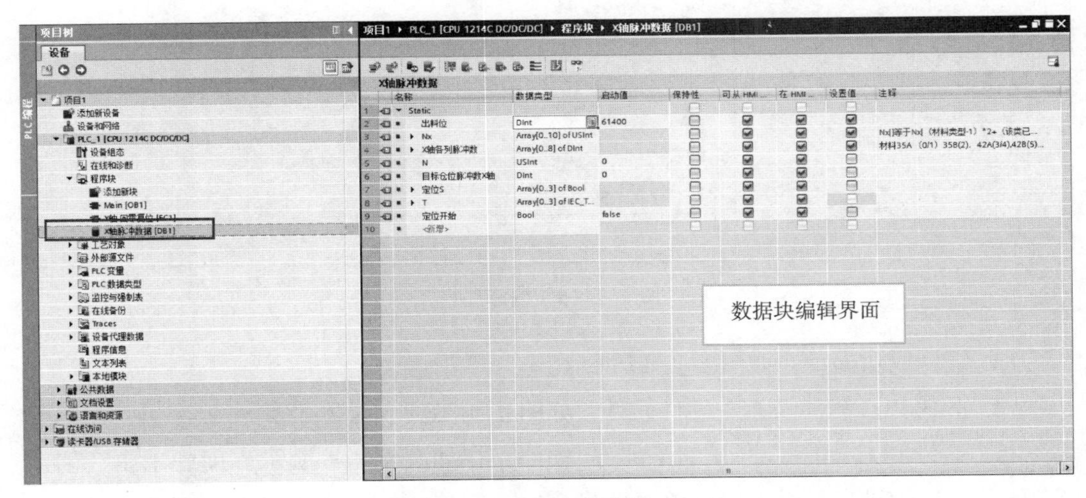

图 4–4–14　添加数据块 DB

11. 单击“新增”，创建多个子函数块 FC，再整合组织块 OB1，如图 4–4–15 所示。

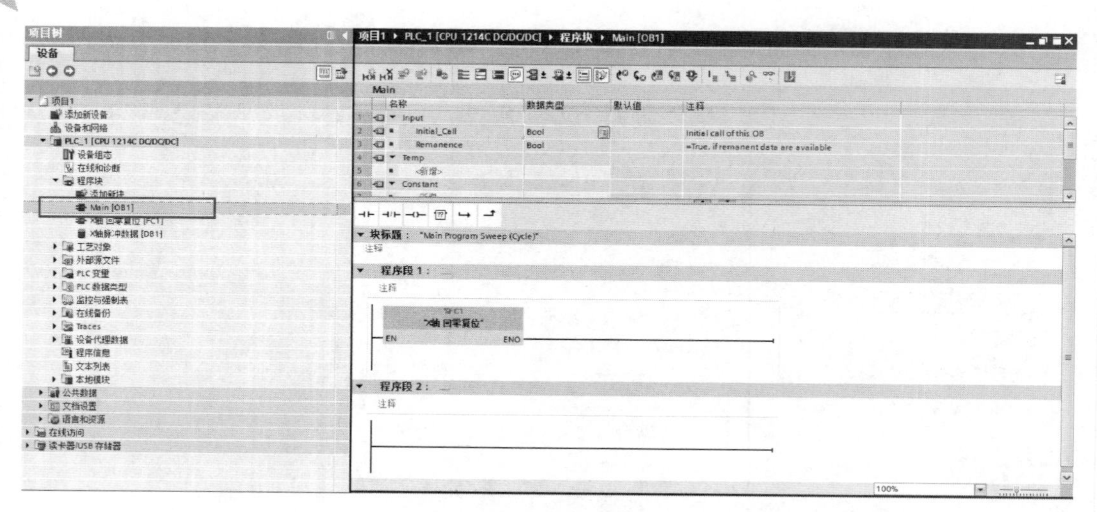

图 4-4-15　整合组织块 OB1

12. 添加完成后先保存项目，再按 ![编译] 键编译项目，如图 4-4-16 所示。

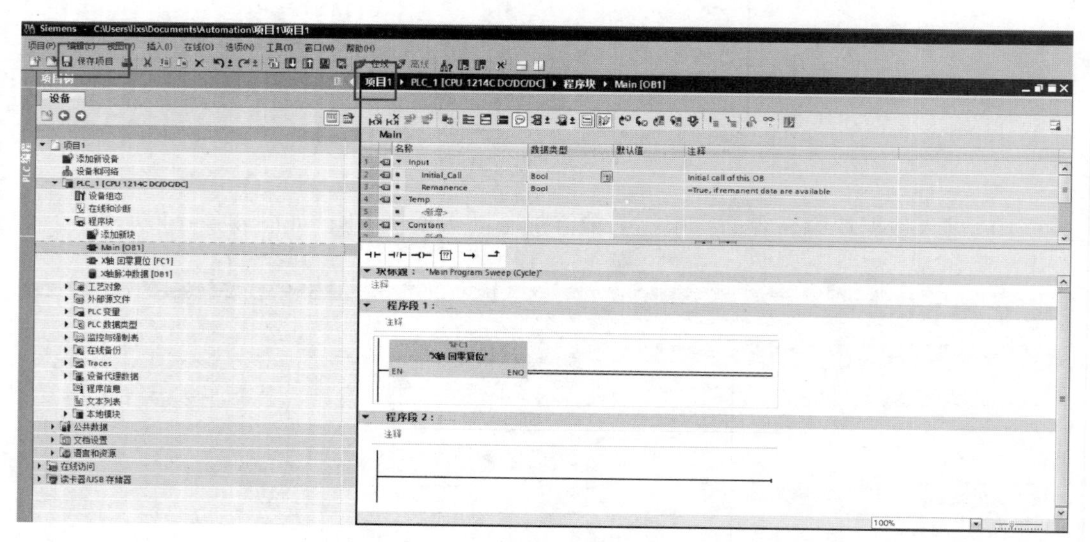

图 4-4-16　编译项目

13. 编译成功提示，如图 4-4-17 所示。

14. 下载 PLC 程序及相关硬件元件，如图 4-4-18 所示。

15. 上传 PLC 程序，打开 TIA Portal 软件，在如图 4-4-6 所示界面中单击“创建新项目”，在顶部菜单栏中先后单击项目（P）、新建（N），选中要上传到的设备，弹出上传界面，如图 4-4-19 所示。

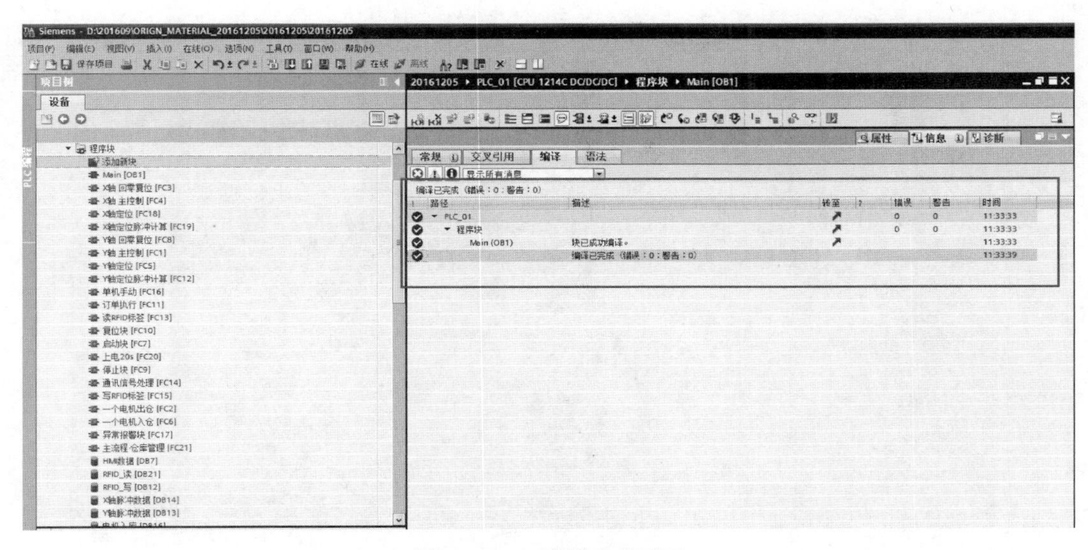

图 4–4–17　编译成功画面

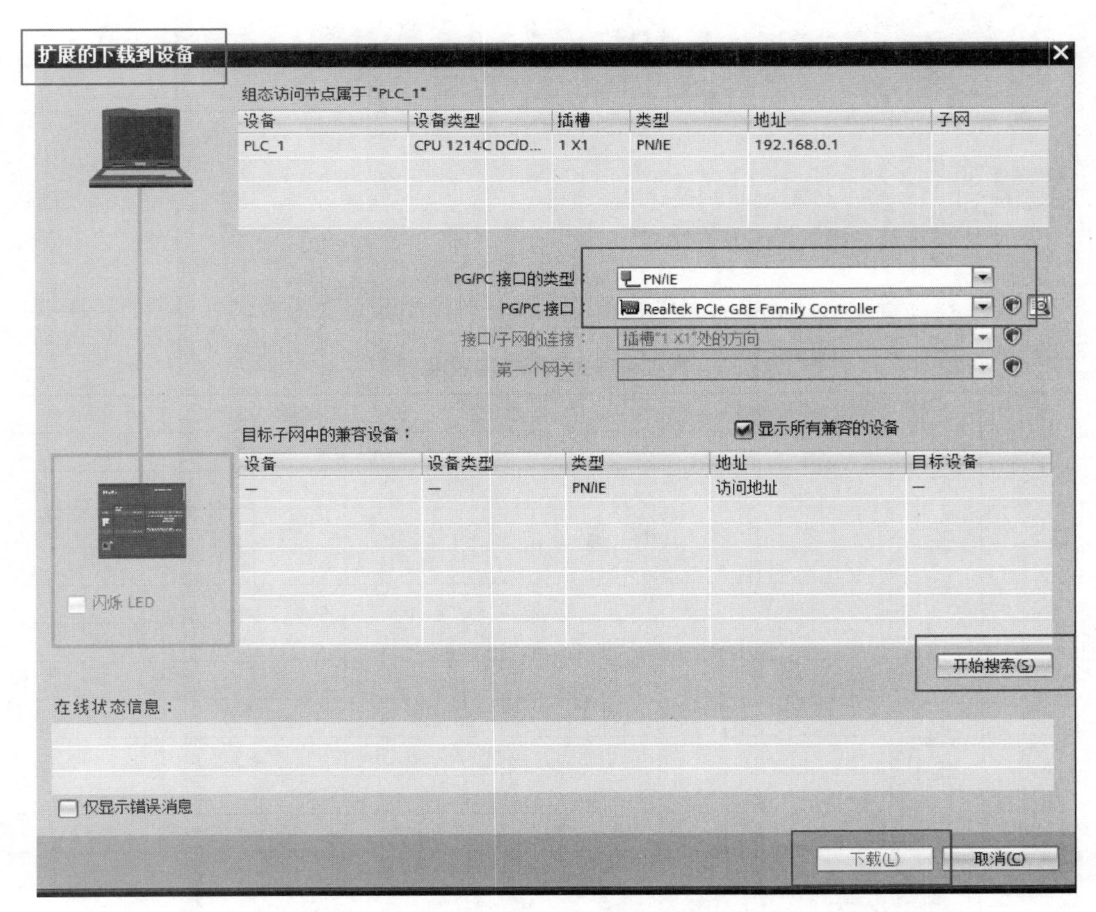

图 4–4–18　下载 PLC 程序设置

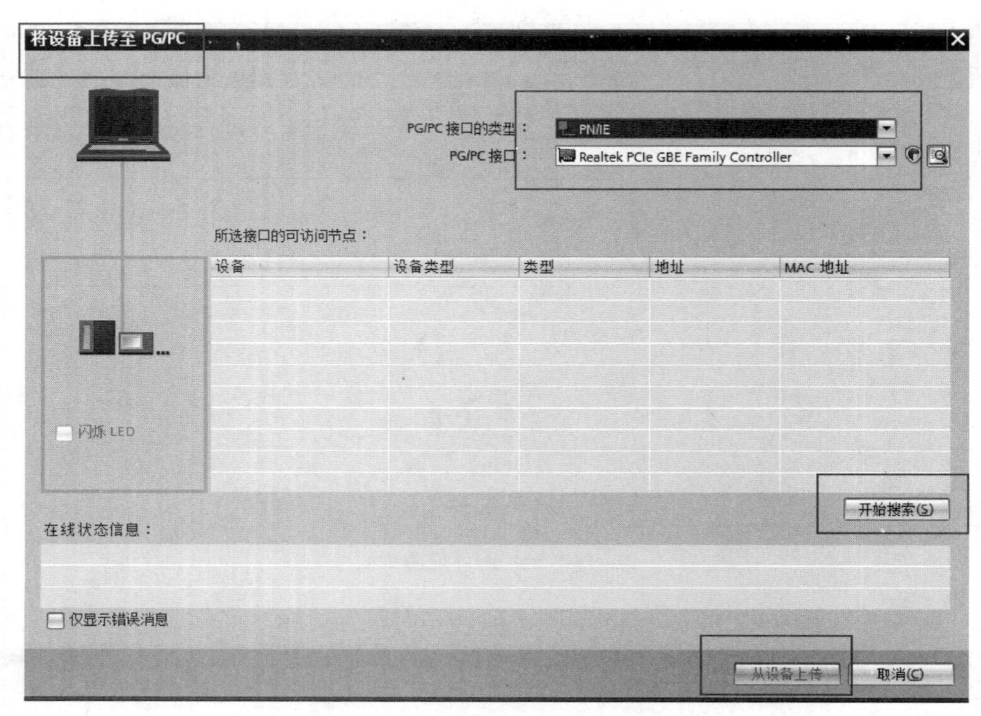

图 4-4-19 上传 PLC 程序

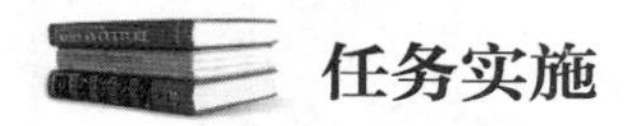

任务实施

一、工作准备

在工作准备阶段，应填写实训设备及工具材料领用表，表格格式可参考表 4-4-3。

表 4-4-3 实训设备及工具材料领用表

序号	分类	名称	型号规格	数量	单位	备注
1	工具					
2						
3						
4						
5						
6						
7	设备器材					
8						
9						
10						
11						

二、任务流程

1. 智能加工区电气接线图

分析和检查智能加工区 PLC 接线图，如图 4-4-20 至图 4-4-25 所示。

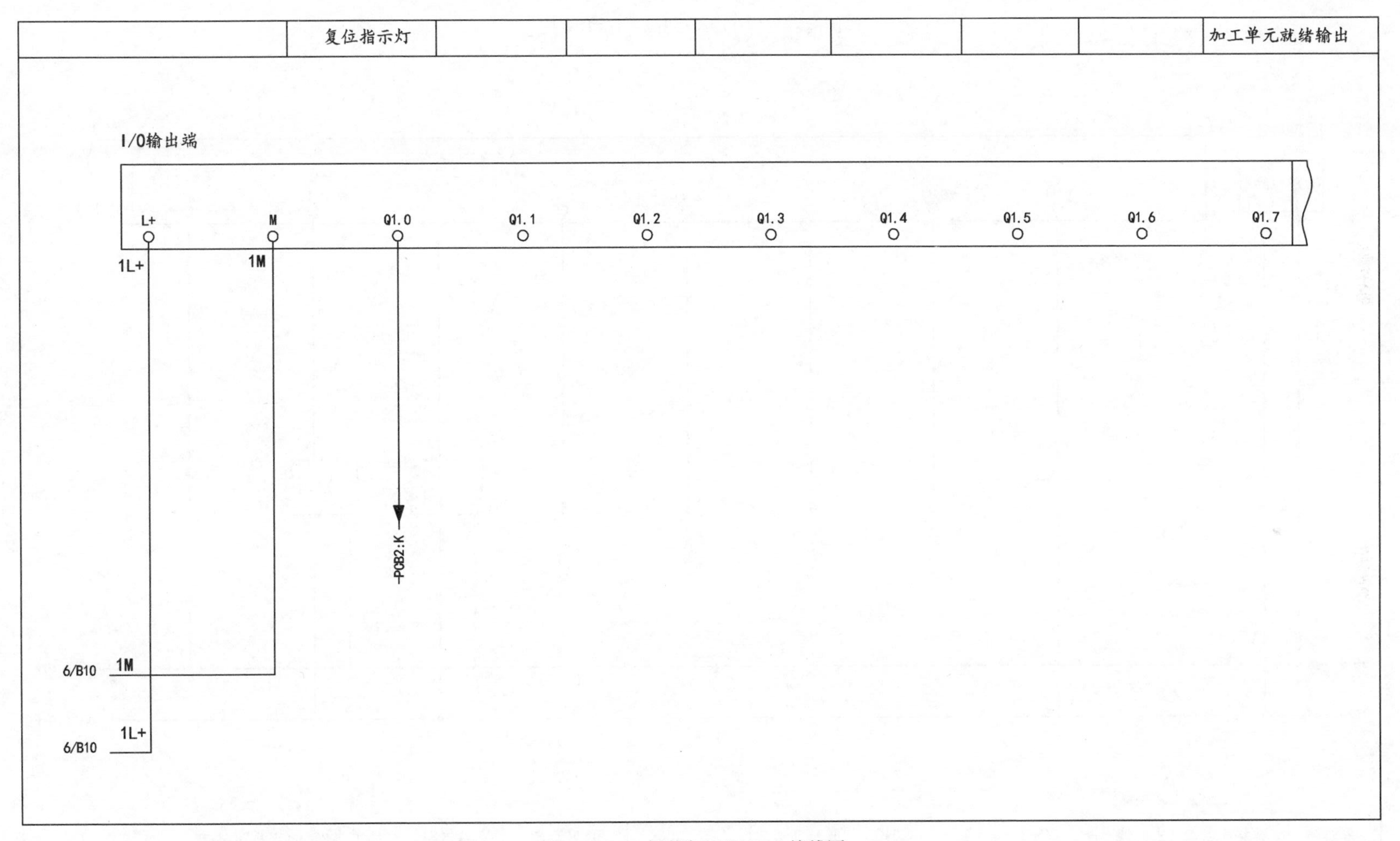

图 4-4-20　智能加工区 PLC 接线图一

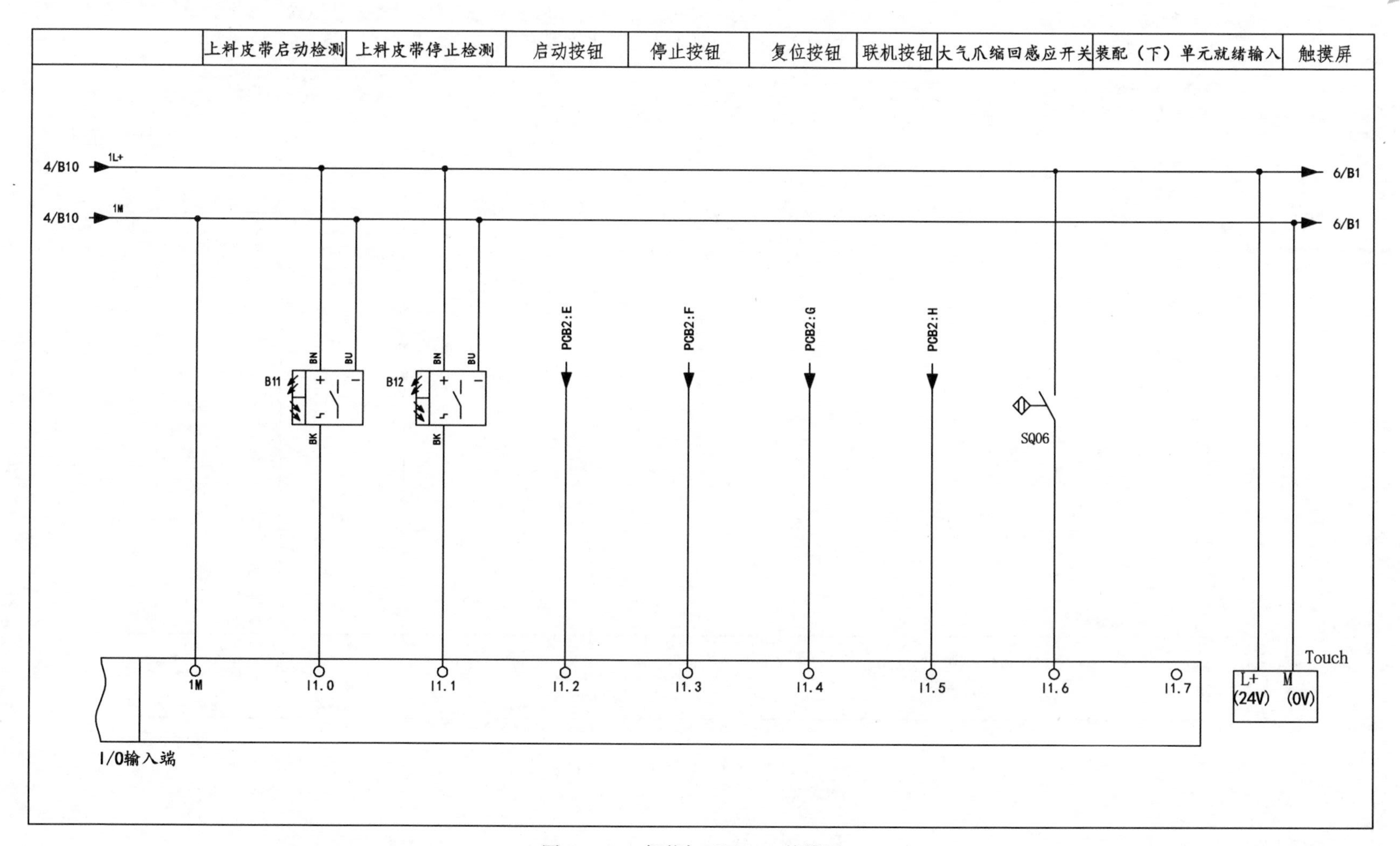

图 4-4-21 智能加工区 PLC 接线图二

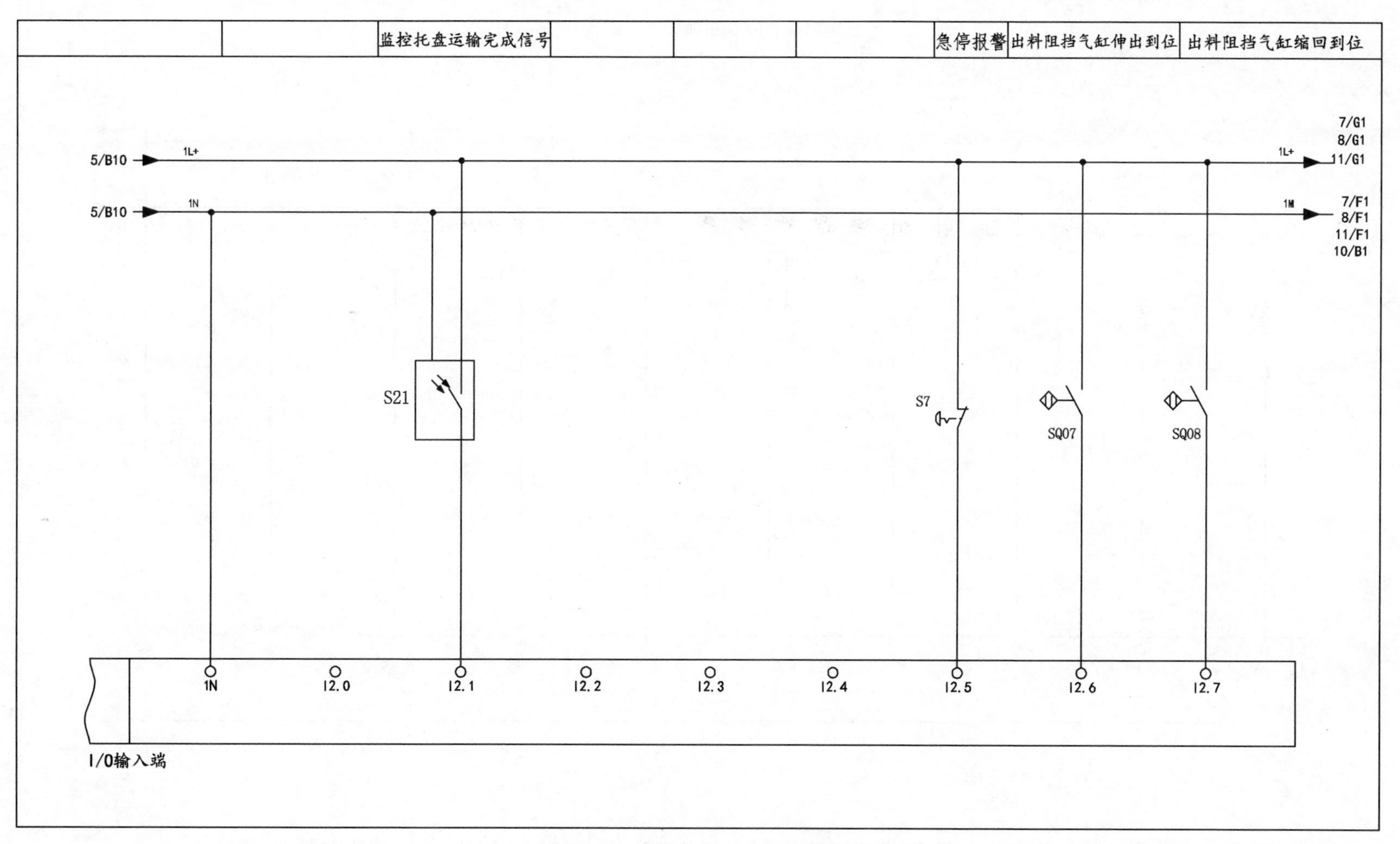

图 4-4-22　智能加工区 PLC 接线图三

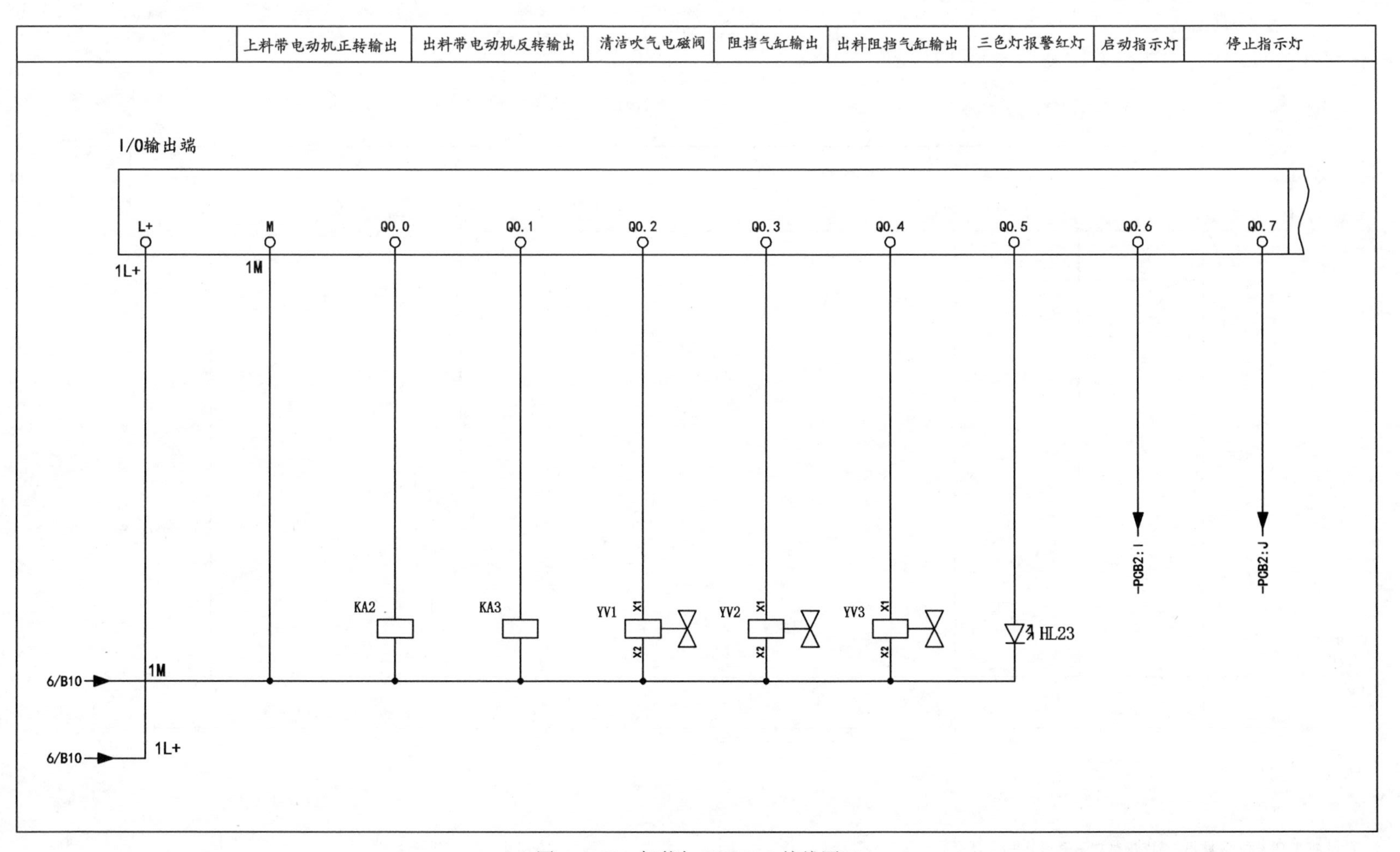

图 4-4-23 智能加工区 PLC 接线图四

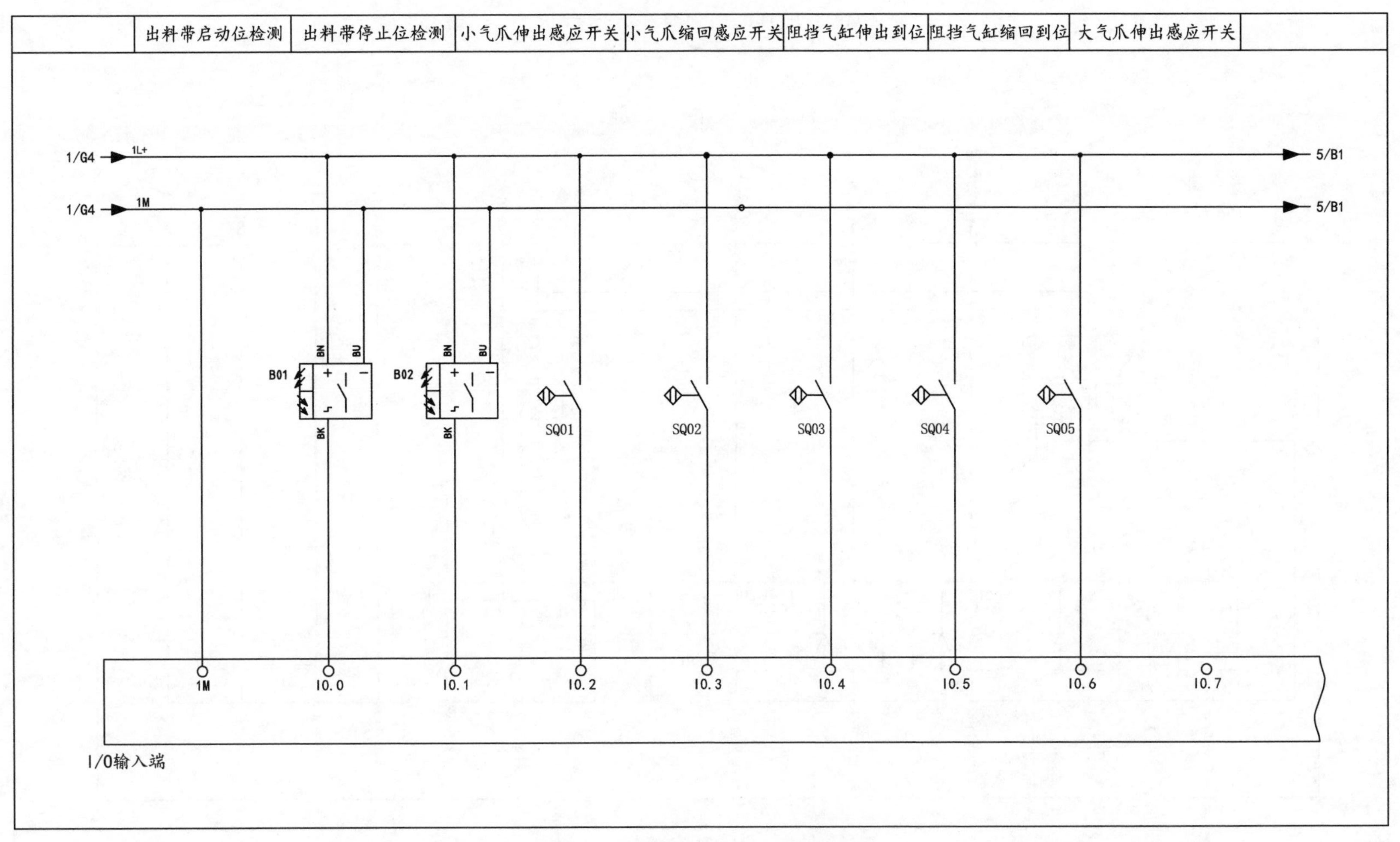

图 4-4-24　智能加工区 PLC 接线图五

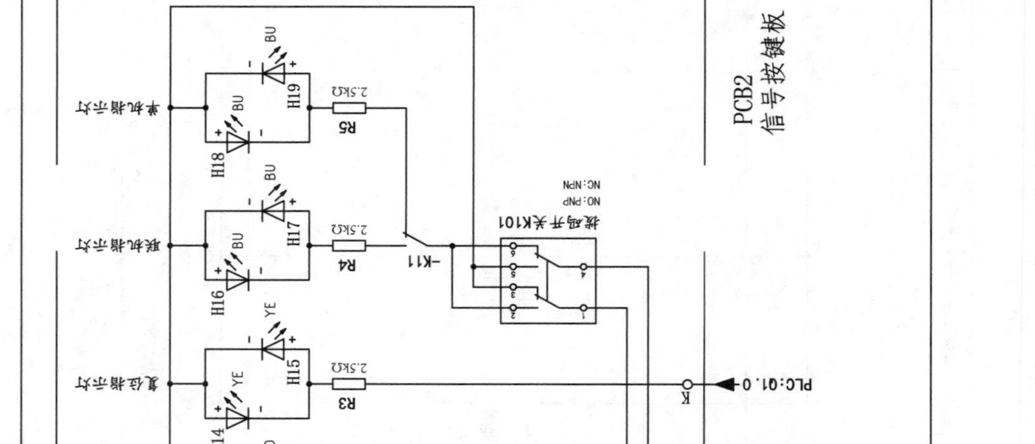

图 4-4-25 智能加工区 PLC 接线图六

2. 控制原理图

分析 PLC 的控制原理图，如图 4-4-26 所示。

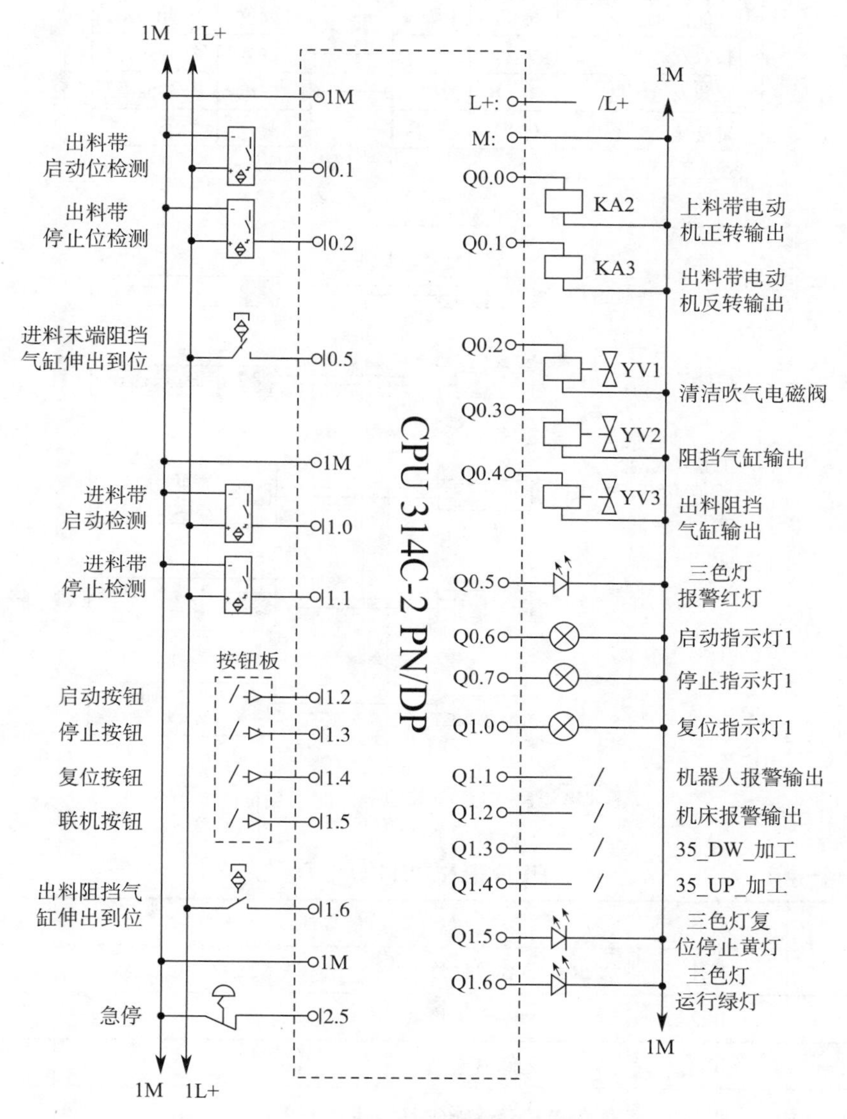

图 4-4-26 PLC 的控制原理图

3. PLC 与其他部件的连接框图

PLC 与其他部件的连接框图，如图 4-4-27 所示。

4. 信号与变量

PLC 输入输出 I/O 信号见表 4-4-4。

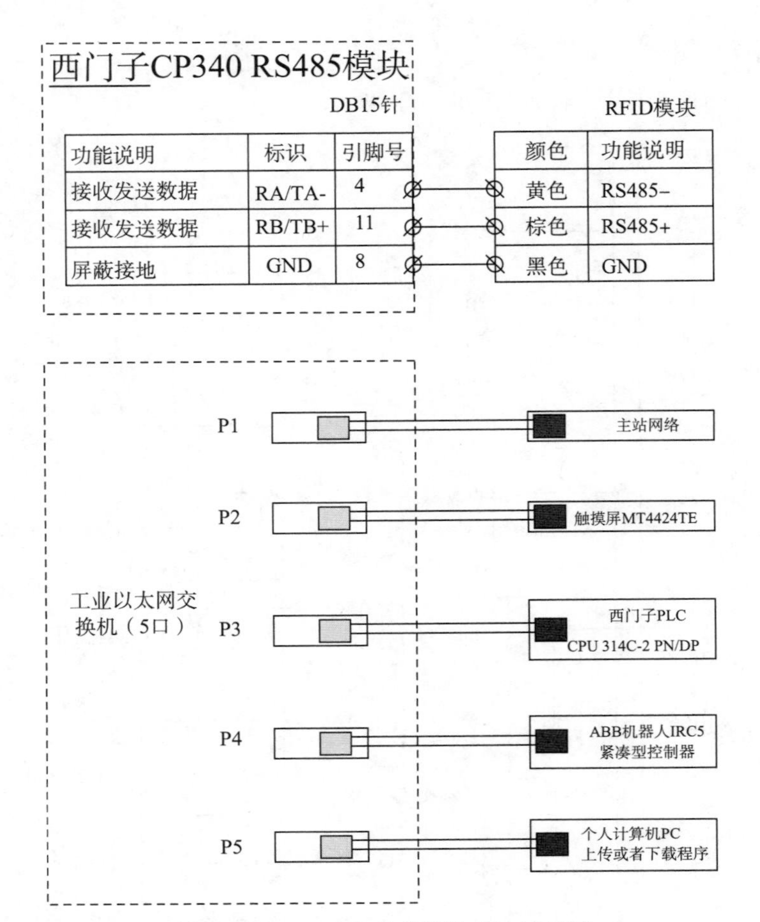

图 4-4-27　PLC 与其他部件的连接框图

表 4-4-4　　PLC 输入输出 I/O 信号

序号	名称	功能描述	备注
1	I0.1	出料带启动位检测	
2	I0.2	出料带停止位检测	
3	I0.3	机器复位信号	
4	I0.4	高速计数器脉冲 HSC_P	
5	I0.5	进料末端阻挡气缸伸出到位	
6	I0.6	高速计数器方向 HSC_D	
7	I0.7	高速计数器复位 HSC_R	
8	I1.0	进料带启动检测	
9	I1.1	进料带停止检测	
10	I1.2	启动按钮	
11	I1.3	停止按钮	
12	I1.4	复位按钮	

续表

序号	名称	功能描述	备注
13	I1.5	联机按钮	
14	Q0.0	进料带电动机正转输出	
15	Q0.1	出料带电动机反转输出	
16	Q0.2	清洁吹气电磁阀	
17	Q0.3	进料阻挡气缸电磁阀	
18	Q0.4	出料阻挡气缸电磁阀	
19	Q0.5	三色灯红灯报警	
20	Q0.6	启动指示灯	
21	Q0.7	停止指示灯	
22	Q1.0	复位指示灯	
23	Q1.1	机器人报警输出	
24	Q1.2	车床报警输出	
25	Q1.3	35_DW_ 加工	
26	Q1.4	35_UP_ 加工	
27	Q1.5	三色灯停止复位黄灯	
28	Q1.6	三色灯运行绿灯	
29	Q3.0	程序选择 0	
30	Q3.1	程序选择 1	
31	Q3.2	程序选择 2	
32	Q3.3	程序选择 3	
33	Q3.5	35_Type_motor	
34	Q3.6	42_UP_ 加工	

机器人输出变量配置（PN 通信）见表 4-4-5。

表 4-4-5　　　　机器人输出变量配置（PN 通信）

机器人变量名称（输出）	机器人变量占用中间地址	对应 PLC 地址	备注
回安全点	M55.0	读数据块 DB2.DBB0	
托盘搬运请求	M55.1	读数据块 DB2.DBB0	
托盘放下完成	M55.2	读数据块 DB2.DBB0	
35_ 加工类型　前 _ 后	M55.4	读数据块 DB2.DBB0	
自动模式（1）	M55.5	读数据块 DB2.DBB0	
程序运行（1）	M55.6	读数据块 DB2.DBB0	
机器人急停（2）	M55.7	读数据块 DB2.DBB0	

续表

机器人变量名称（输出）	机器人变量占用中间地址	对应 PLC 地址	备注
42_加工类型　前_后	M56.0	读数据块 DB2.DBB1	
到达吹气点输出	M56.3	读数据块 DB2.DBB1	
车床报警	M56.6	读数据块 DB2.DBB1	
42_up_jiagong	M56.7	读数据块 DB2.DBB1	
35_dw_jiagong	M57.1	读数据块 DB2.DBB2	
35_up_jiagong	M57.2	读数据块 DB2.DBB2	
42_dw_jiagong	M57.3	读数据块 DB2.DBB2	
电动机加工类型	MB58	读数据块 DB2.DBB3	

机器人输入变量配置（PN 通信）见表 4–4–6。

表 4–4–6　　机器人输入变量配置（PN 通信）

机器人变量名称（输入）	机器人变量占用中间地址	对应 PLC 地址	备注
取料位待加工	M50.0	写数据块 DB1.DBB0	
放托盘位空	M50.1	写数据块 DB1.DBB0	
motor on	M50.2	写数据块 DB1.DBB0	
motor on and start	M50.3	写数据块 DB1.DBB0	
start 机器人程序 RUN	M50.4	写数据块 DB1.DBB0	
机器人异常复位	M50.5	写数据块 DB1.DBB0	
motor off	M50.6	写数据块 DB1.DBB0	
stop	M50.7	写数据块 DB1.DBB0	
主程序启动（Start at main）	M51.0	写数据块 DB1.DBB1	
车床报警输入	M51.4	写数据块 DB1.DBB1	
托盘可以放下	M51.6	写数据块 DB1.DBB1	
托盘松开	M51.7	写数据块 DB1.DBB1	
电动机类型输入	MB53	写数据块 DB1.DBB3	

数控车床改造输入输出变量配置（I/O 通信）见表 4–4–7。

表 4–4–7　　数控车床改造输入输出变量配置（I/O 通信）

数控车床变量名称（输入输出）	对应 PLC 地址	备注
防护门开到位检测信号	X104.5	
防护门关到位检测信号	X104.6	
气爪紧到位信号（外卡）	X103.3	

续表

数控车床变量名称（输入输出）	对应 PLC 地址	备注
气爪松到位信号（外卡）	X103.4	
I/O 选择程序	X104.0	
I/O 选择程序	X104.1	
I/O 选择程序	X104.2	
I/O 选择程序	X104.3	
I/O 选择程序	X104.4	
机器人报警	X105.4	
机械手控制车床循环启动	X105.7	
机械手控制气爪松	X105.2	
机械手控制气爪紧	X105.1	
机械手控制自动门关	X105.0	
自动门打开（M80）	Y101.2	
自动门关闭（M81）	Y101.3	
外卡夹紧（M12）	Y101.4	
外卡放松（M13）	Y101.5	
黄灯（常态）	Y102.2	
绿灯（运行）	Y102.3	
红灯（报警）	Y102.4	
车床准备好	Y103.7	
自动门关闭到位	Y103.0	
自动门打开到位	Y103.1	
气爪夹紧到位	Y103.3	
气爪松开到位	Y103.4	
车床报警	Y103.6	
吹气	Y102.7	

机器人输入输出变量配置（I/O 通信）见表 4–4–8。

表 4–4–8　　机器人输入输出变量配置（I/O 通信）

机器人变量名称（输入输出）	对应 PLC 地址	备注
通知机器人车床报警	INP_0	
工件夹具座检测	INP_1	

续表

机器人变量名称（输入输出）	对应 PLC 地址	备注
托盘夹具座检测	INP_2	
气爪夹紧到位检测	INP_4	
气爪放松到位检测	INP_5	
通知机器人气爪已夹紧	INP_7	
通知机器人自动门已开	INP_10	
通知机器人自动门已关	INP_12	
触发机器人送料	INP_13	
通知机器人气爪已松开	INP_14	
快换夹具电磁阀	OUT_0	
夹紧放松电磁阀	OUT_9	
机器人报警	OUT_11	
机器人触发启动程序	OUT_12	
机器人控制气爪松开	OUT_13	
机械人控制气爪夹紧	OUT_14	
通知系统自动门闭	OUT_15	

5. PLC 程序编写

PLC 参考程序见附录。

教师演示运行调试，并说明操作过程的注意事项。在教师的指导下，学员分组进行操作练习。

任务测评

对任务实施的完成情况进行检查，并将结果填入表 4–4–9。

表 4–4–9　　任务测评表

序号	主要内容	考核要求	评分标准	配分	扣分	得分
1	输入、输出量的设置	能够根据控制要求设置输入、输出量	每错一处扣 3 分	15		
2	接线	根据输入、输出量的分配接线	每错一处扣 2 分	20		
3	编写、调试程序	1. 会独立进行程序的输入与调试 2. 具有较强的信息分析处理能力	方法不唯一，能够根据控制要求达到预定控制效果，即可得分	40		

续表

序号	主要内容	考核要求	评分标准	配分	扣分	得分
4	创新能力	1. 在任务完成过程中能提出自己的有一定见解的方案 2. 在教学或生产管理上提出建议，具有创新性	方案的可行性及意义 建议的可行性	15		
5	安全文明生产	团队协作、安全操作规程的掌握	1. 出勤；2. 工作态度；3. 劳动纪律；4. 团队协作精神；5. 穿戴工作服；6. 遵循操作规程	10		
合计				100		
开始时间：			结束时间：			

任务 5　西门子 PLC 的程序调试与运行

学习目标

1. 能熟练操作 PLC 编程软件。
2. 通过学习 PLC 编程，能进行现场运行调试。
3. 具备自行分析程序和纠错的能力。

任务描述

本任务要求学员利用仿真软件对 PLC 程序进行调试和试运行，实现 PLC 对送料、上料、下料、清洗、出品等过程的控制。

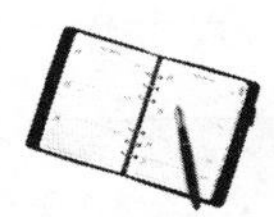

知识准备

一、仿真调试

为了解决用户在教学、生产过程中，受到场地、设备的局限不能如期完成 PLC 程序调试的问题，西门子公司推出了 S7 系列 PLC 的 SIM（Simulating Modules）仿真软件，可以让用户在无须 PLC 硬件的情况下，完成对程序的修改和调试。

二、现场调试

现场调试是指在完成所有硬件装配的基础上，通过运行 PLC 软件并观察硬件的运行情况，从而判别 PLC 控制要求是否达成的一种调试方法。

具体步骤是：

1. 首先检查接线，确保连接完全正确。检查过程中可以不带电操作。
2. 检查输入输出模块是否正确，工作是否正常。
3. 利用检查程序检查 PLC 面板上指示灯工作是否正常。
4. 用手动方式检查每个动作能否正常进行。
5. 在步骤 4 工作的基础上，进一步进行半自动动作的检验。
6. 在步骤 5 工作的基础上，进行自动动作的检验。

在检验和检测系统运行性能的过程中，可能会发现系统中一些硬件设施存在问题，或者 PLC 在程序设计阶段遗留的设计问题，一旦发现这些问题应立即对出现问题的软硬件进行调整或替换。全部动作过程经调试可以达到预定设计功能后，还需进行反复的测试，方可投入实际运行中。

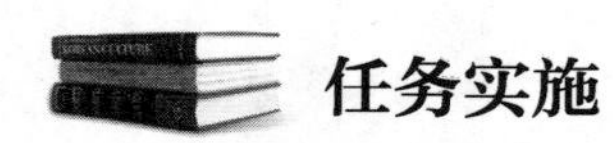

任务实施

一、工作准备

在工作准备阶段，应填写实训设备及工具材料领用表，表格格式可参考表 4–5–1。

表 4–5–1　　实训设备及工具材料领用表

序号	分类	名称	型号规格	数量	单位	备注
1	工具					
2						
3						
4						
5						
6						
7						
8						
9	设备器材					
10						
11						
12						
13						

二、任务流程

1. 检查 PLC I/O 航空插头

PLC I/O 航空插头如图 4-5-1 所示，左侧为 7 母头右侧为 7 针座航空插头接口，连接时应按顺时针旋紧，不应松动。

图 4-5-1　PLC I/O 航空插头

2. S7-300 系列 PLC 程序的下载

S7-300 系列 PLC 的程序可以用多种通信协议下载，如 MPI、PROFIBUS TCP/IP 通信协议。

（1）用 MPI 协议下载程序

采用 MPI 通信协议下载程序是较多采用的下载方法，常用的有两种，一是用 PC/MPI 适配器，另一种方法是用板卡（对于台式计算机用 CP5611、CP5613 卡，对于笔记本电脑用 CP5511 卡）。

（2）用 PROFIBUS 协议下载程序

采用 PROFIBUS 协议下载程序，S7-300 CPU 要么自带 DP 接口（如 CPU315-2DP），要么另配置 DP 接口模块（如 CP342-5），另外计算机上必须安装板卡（对于台式计算机用 CP5611、CP5613 卡，对于笔记本电脑用 CP5511 卡）。

（3）用 TCP/IP 通信协议下载程序

在智能数控加工区采用 PROFINET 协议中的 TCP/IP 通信协议方式进行程序的下载。

3. 程序的运行、调试

（1）硬件调试与诊断

S7-300 系列 PLC 具有非常强大的故障诊断功能，通过 STEP 7 编程软件可以获得大量的硬件故障与编程错误的信息，使用户能迅速地查找到故障。

这里的故障是指 S7-300 系列 PLC 内部集成时的识别和记录错误，错误信息将记录在 CPU 的诊断缓冲区内。有错误或事件发生时，标有日期和时间的信息被保存到诊断缓冲区，在系统状态表中按时间顺序排列。如果用户已对有关的错误处理组织块编程，CPU 将调用该组织块。

（2）用变量监控表进行调试

变量表和 PLC 建立在线联系后，可以将硬件组态和程序下载到 PLC 中。用户可以通过 STEP 7 进行在线调试程序，寻找并发现程序设计中的问题。

（3）使用 PLCSIM 软件进行调试（对于 S7-300/400）

在智能数控加工区采用的是边调试边运行的调试方法，即硬件调试与诊断法。

教师演示动作过程，并说明操作过程的注意事项。在教师的指导下，学员分组进行简单操作练习。

任务测评

对任务实施的完成情况进行检查，并将结果填入表 4-5-2。

表 4-5-2　任务测评表

序号	主要内容	考核要求	评分标准	配分	扣分	得分
1	接线检查	能够进行接线检查	依照指定的要求进行，每错一处扣 5 分	20		
2	程序下载	正确选择合适的程序下载方式，并能进行相关操作步骤	选择相应的下载方式进行相关步骤的操作，每错一处扣 5 分	20		
3	调试	能按既定的控制要求实现动作，以检查设备的运行情况	程序能够实现既定控制动作，若出现错误，能够自行更改，满足要求者满分；动作不能实现每处扣 5 分	50		
4	安全文明生产	劳动保护用品穿戴整齐；遵守操作规程；讲文明礼貌；操作结束要清理现场	1. 操作中，违犯安全文明生产考核要求的任何一项扣 5 分，扣完为止 2. 若在操作中出现重大事故隐患，应立即停止操作，并每次扣安全文明生产总分 5 分	10		
合计				100		
开始时间：			结束时间：			

项目五
智能加工车间的智能控制

任务1　数控加工单元的PROFINET通信

学习目标

1. 能熟练进行智能数控加工单元相关站点的设置。
2. 通过学习PROFINET通信协议，掌握PROFINET通信操作要领。
3. 掌握设置站点，根据站点进行系统调试的技能。

任务描述

本任务令学员利用PROFINET通信技术将PLC、触摸屏、机器人、数控车床等智能数控加工单元的各组成部分进行连接和控制，完成对不同型号电动机前、后端盖的加工任务。

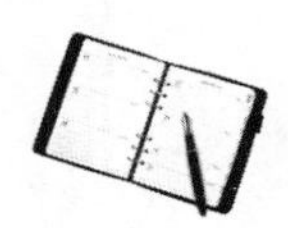

知识准备

PROFINET（Process Field Net）是由PROFIBUS现场总线国际组织（PI，Profibus International）推出的新一代基于工业以太网技术的自动化总线标准，它包括了实时通信、分布式现场设备、运动控制、分布式自动化、网络安装、安全、过程控制、IT标准等部分。

PROFINET技术将成熟的PROFIBUS现场总线技术的数据交换技术和基于工业以太网的通信技术进行整合，定义了一个满足IT标准的统一通信模型，使得跨厂商、跨平台的系统通信问题得到了彻底的解决。

一、PROFINET的通信机制

PROFINET的操作建立在组件基础上，在PROFINET系统中，每个设备被看成是

具有组件对象模型（Component Object Model，简称 COM）接口的自动化设备。同类设备具有相同的 COM 接口，系统通过调用相关组件的 COM 接口从而实现对相关设备的调用。

生产组件模型的不同厂家遵照一定的生产原则，使得生产的 COM 接口在系统中可以混合使用。COM 接口内部通过 DCOM（Distributed Component Object Model，分布式组件对象模型）连接协议进行互联和通信。

PROFINET 用标准以太网作为连接介质，使用标准的 TCP/UDP/IP 和应用层的 RPC/DCOM 来完成节点之间的通信和网络寻址。PROFIBUS 网段可以通过代理设备连接到 PROFINET，PROFIBUS 设备和协议可以原封不动地在 PROFINET 中使用。

二、PROFINET 的技术特点

在 PROFINET 中使用了 IT 技术，支持从办公室到工业现场的信息集成，PROFINET 为企业的制造执行系统 MES 提供了一个开放式的平台。

由图 5-1-1 可以看出，PROFINET 系统的核心是代理服务器（Proxy），它负责将所有的 PROFIBUS 网段、以太网设备和 PLC、变频器、现场设备等集成到 PROFINET 中，代理服务器完成的是 COM 对象中的交互，它将挂接的设备抽象为 COM 服务器，设备之间的交互变为 COM 服务器之间的相互调用。只要设备能够提供符合 PROFINET 标准的 COM 服务器，该设备就可在 PROFINET 网络中正常进行。

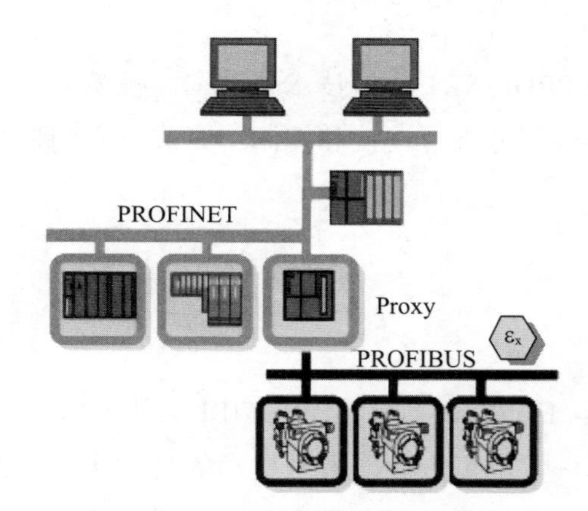

图 5-1-1　PROFINET 系统结构图

三、PROFINET 支持的通信方式

根据响应时间的不同，PROFINET 支持三种通信方式。

1. TCP/IP 标准通信

PROFINET 基于工业以太网技术，使用 TCP/IP 和 IT 标准。TCP/IP 的响应时间大概为 100 ms。

2. 实时（Real Time，简称 RT）通信

对于传感器和执行器设备之间的数据交换，需要 5 ~ 10 ms 的响应时间。为了满足系统的实时通信，PROFINET 提供了一个优化的、基于以太网第二层的实时通信通道，通过该实时通道，极大地减少了数据的处理时间。

3. 等时同步实时（Isosynchronous Real Time，简称 IRT）通信

伺服运行控制对通信网络提出了极高的要求，在 100 个节点下，其响应时间要小于 1 ms，抖动误差要小于 1 μs，等时同步实时通信能够及时、确定地响应，实现运动控制的实时性。

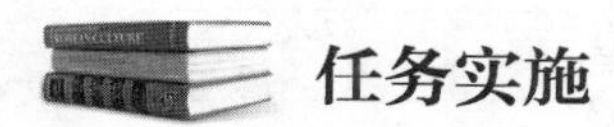

任务实施

一、工作准备

在工作准备阶段，应填写实训设备及工具材料领用表，表格格式可参考表 5-1-1。

表 5-1-1　实训设备及工具材料领用表

序号	分类	名称	型号规格	数量	单位	备注
1	工具					
2						
3						
4						
5						
6						
7						
8						
9	设备器材					
10						
11						
12						
13						

二、各从站点的设置

主站信号与从站信号对接表见表 5-1-2。

表 5-1-2　　主站信号与从站信号对接表

主站信号			从站信号			力控信号
从站输入	主站输出	功能	从站PLC输出	主站PLC输入	功能	力控输入
I100.0	Q150.0	联机启动	Q100.0	I150.0	运行状态	I1500
I100.1	Q150.1	联机停止	Q100.1	I150.1	停止状态	I1501
I100.2	Q150.2	联机复位	Q100.2	I150.2	正在复位	I1502
I100.3	Q150.3	上一站完成	Q100.3	I150.3	复位完成	I1503
I100.4	Q150.4	下一站就绪	Q100.4	I150.4	报警状态	I1504
			Q100.5	I150.5	联机状态	I1505
I101.0	Q151.0	小车到达准备取端盖	Q100.6	I150.6	急停状态	I1506
I101.1	Q151.1	小车偏移	Q100.7	I150.7	本站完成（单个完成）	I1507
I101.2	Q151.2	小车离开	Q100.8	I150.8	本站完成	I1508
I101.3	Q151.3	小车到达准备卸原材料	Q101.0	I151.0	呼叫小车取端盖	I1510
			Q101.1	I151.1	可进原材料	I1511
ID120	QD170	QB170 电动机种类	Q101.2	I151.2	端盖装货完成	I1512
		QB171 电动机序列号	Q101.3	I151.3	暂停	I1513
		QB172 虚拟订单号	Q101.4	I151.4	原材料卸货完成	I1514
		QB173 客户订单号	Q101.5	I151.5	本站就绪	I1515
IB124	IB174	订单电动机数量				
			QW120	IW170	IW170 电动机种类	MB681
			QW122	IW172	IW172 电动机序列号	MB683
			QW124	IW174	IW174 虚拟订单号	MB685
			QW126	IW176	IW176 客户订单号	MB687
			QW128	IW178	输送带上数量	MB691
			QW130	IW180	本站已加工端盖数	MB689
			Q105.0	I155.0	机器人取下端盖	M6600
			Q105.1	I155.1	数控加工下端盖	M6601
			Q105.2	I155.2	清洁下端盖	M6602
			Q105.3	I155.3	机器人取上端盖	M6603
			Q105.4	I155.4	数控加工上端盖	M6604
			Q105.5	I155.5	清洁上端盖	M6605
			Q105.6	I155.6	暂停	M6606
			Q110.0	I160.0	加工单元车床报警	M6500
			Q110.1	I160.1	加工单元机器人报警	M6501

续表

主站信号			从站信号			力控信号
从站输入	主站输出	功能	从站PLC输出	主站PLC输入	功能	力控输入
			Q110.2	I160.2	加工单元到位气缸报警	M6502
			Q110.3	I160.3	加工单元进料带报警	M6503
			Q110.4	I160.4	加工单元出料带报警	M6504
			Q110.5	I160.5	加工单元挡料气缸报警	M6505

三、接线

PROFINET 系统接线如图 5-1-2 所示。

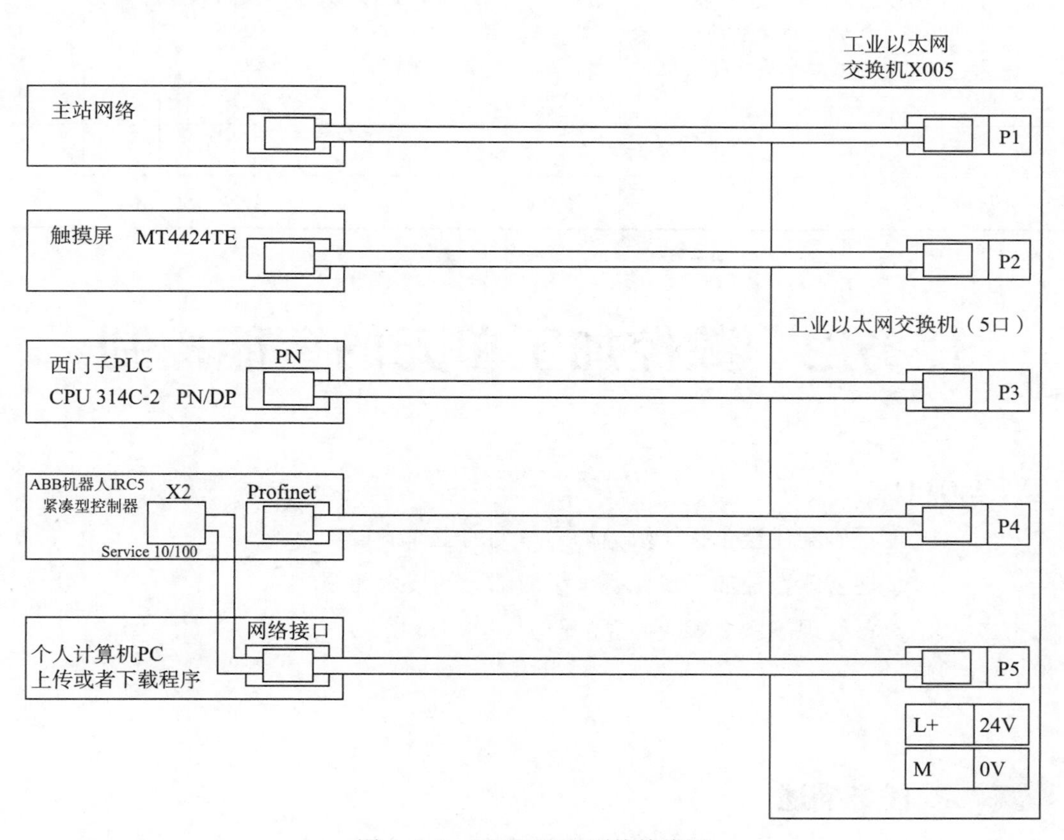

图 5-1-2 PROFINET 系统接线图

四、进行 PROFINET 通信的调试、运行

任务测评

对任务实施的完成情况进行检查，并将结果填入表 5-1-3。

表 5-1-3　　任务测评表

序号	主要内容	考核要求	评分标准	配分	扣分	得分
1	理论	正确了解并掌握PROFINET通信协议相关知识	了解并掌握PROFINET通信协议相关知识，及其与其他通信方式的不同点，每错一处扣2分	10		
2	系统站点的设置	各主、从站站点的设置	每错一处扣5分	40		
3	接线、调试	1. 能够正确接线 2. 能够根据设定的站点逐个进行调试	1. 接线，每错一处扣5分 2. 逐个站点进行调试，每错一处扣5分	40		
4	安全文明生产	劳动保护用品穿戴整齐；遵守操作规程；讲文明礼貌；操作结束要清理现场	1. 操作中，违反安全文明生产考核要求的任何一项扣5分，扣完为止 2. 若在操作中出现重大事故隐患，应立即停止操作，并每次扣安全文明生产总分5分	10		
合计				100		
开始时间：			结束时间：			

任务 2　数控加工单元的智能控制

学习目标

1. 能正确阐述整个智能数控加工单元的工作流程。
2. 掌握智能数控加工单元各个组成部分的技术要领。
3. 具备发现问题、解决问题的能力。

任务描述

学员通过将智能数控加工单元的各组成部分：电气装调、ABB 机器人、数控车床、PLC、变频器、液压气动、RFID 等进行联系，实现数控加工单元的智能控制，掌握数控加工单元智能控制方法。

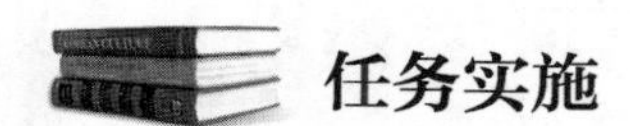

任务实施

一、工作准备

在工作准备阶段，应填写实训设备及工具材料领用表，表格格式可参考表 5-2-1。

表 5-2-1　　实训设备及工具材料领用表

序号	分类	名称	型号规格	数量	单位	备注
1	工具					
2						
3						
4	设备器材					
5						
6						
7						

二、RFID 设备的接线图

RFID 设备的接线图如图 5-2-1 所示。

三、控制流程图

智能数控加工控制流程图如图 5-2-2 所示。

四、调试与运行

1. 开机前注意事项

（1）需确保输送带上物料已清走，各加工位没有电动机及异物。并确保气压正常。

（2）确保加工机器人“自动 / 手动”钥匙开关已在“自动”状态。

（3）确保机器人夹具已经卸载，并确保各夹具正确放置在对应的夹具座上。

（4）留意托盘物料摆放位置的方向是否正确，检查放置托盘的物料是否有错漏。

2. 打开总电源，打开气压阀

3. 单机 / 联机自动运行操作方法

数控加工操作单元控制面板上的按钮面板如图 5-2-3 所示。

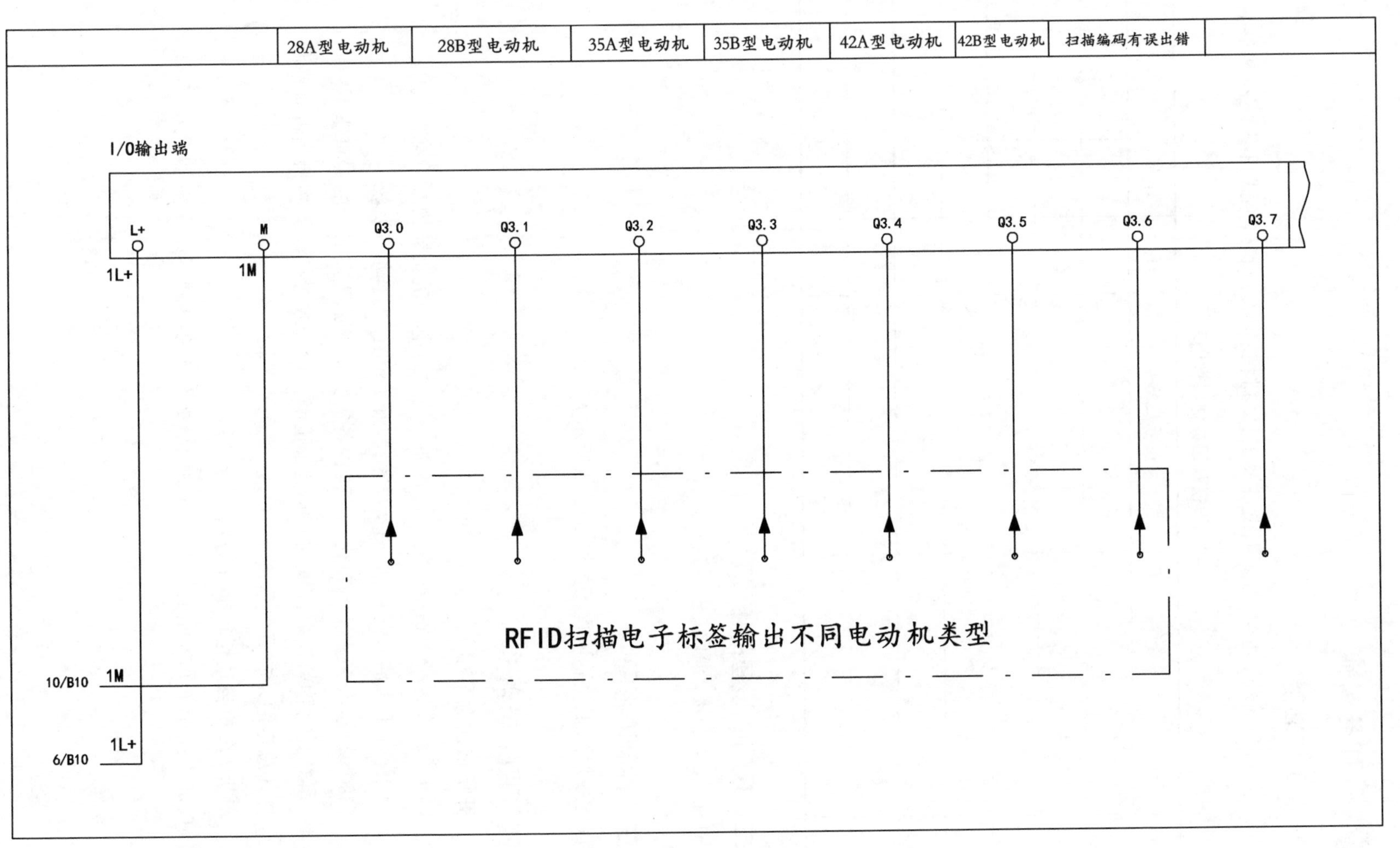

图 5-2-1 RFID 设备的接线图

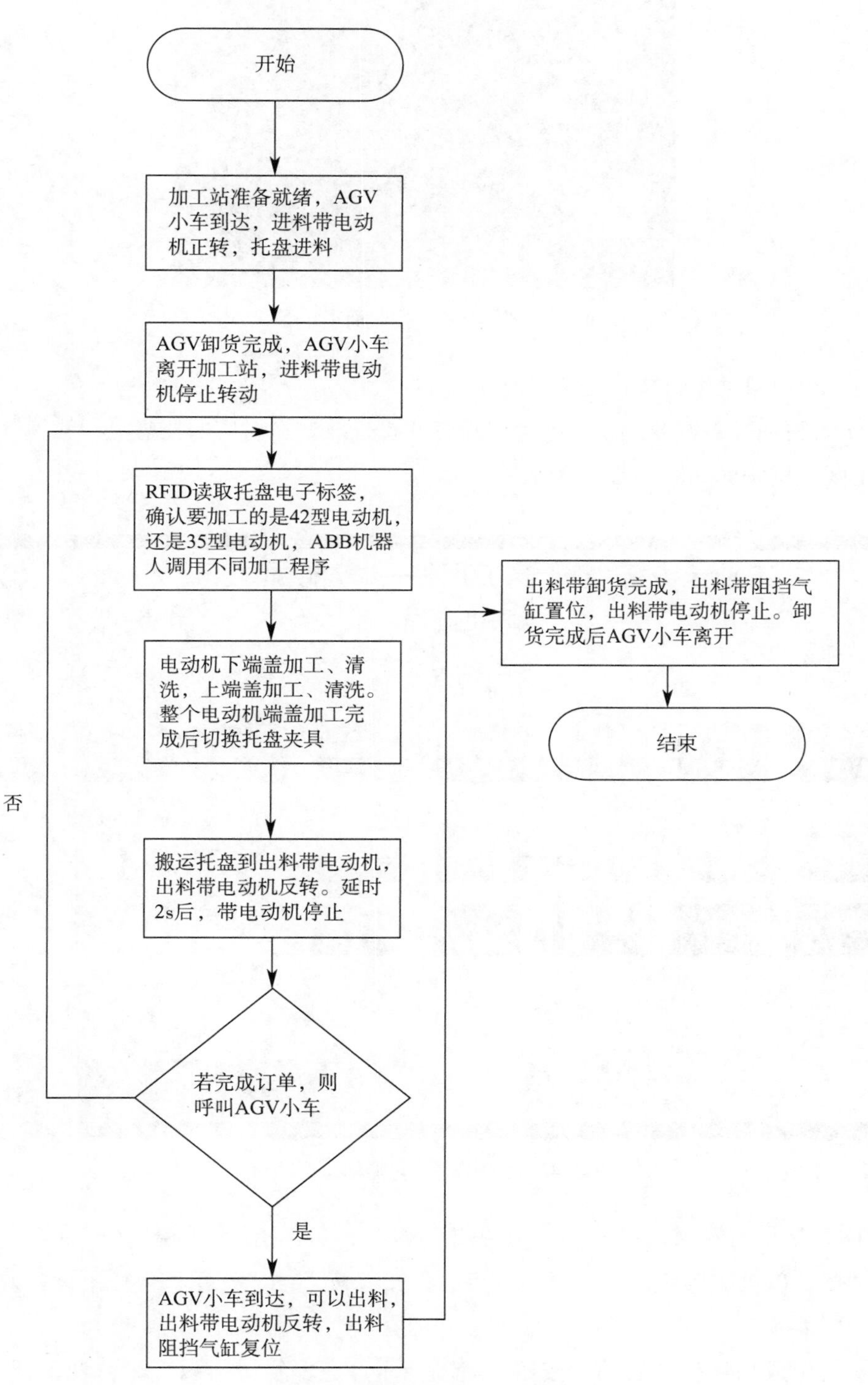

图 5–2–2 智能数控加工控制流程图

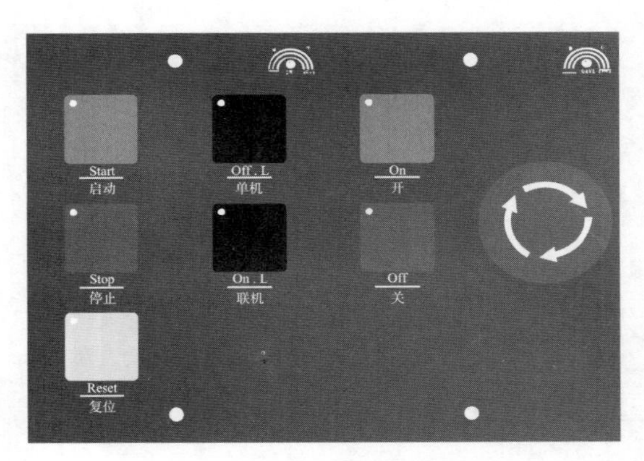

图 5-2-3 按钮面板

（1）单机自动运行操作方法

1）开机前准备好要加工的电动机端盖并正确放置在对应的托盘上。触摸屏上的智能加工区联机画面如图 5-2-4 所示。

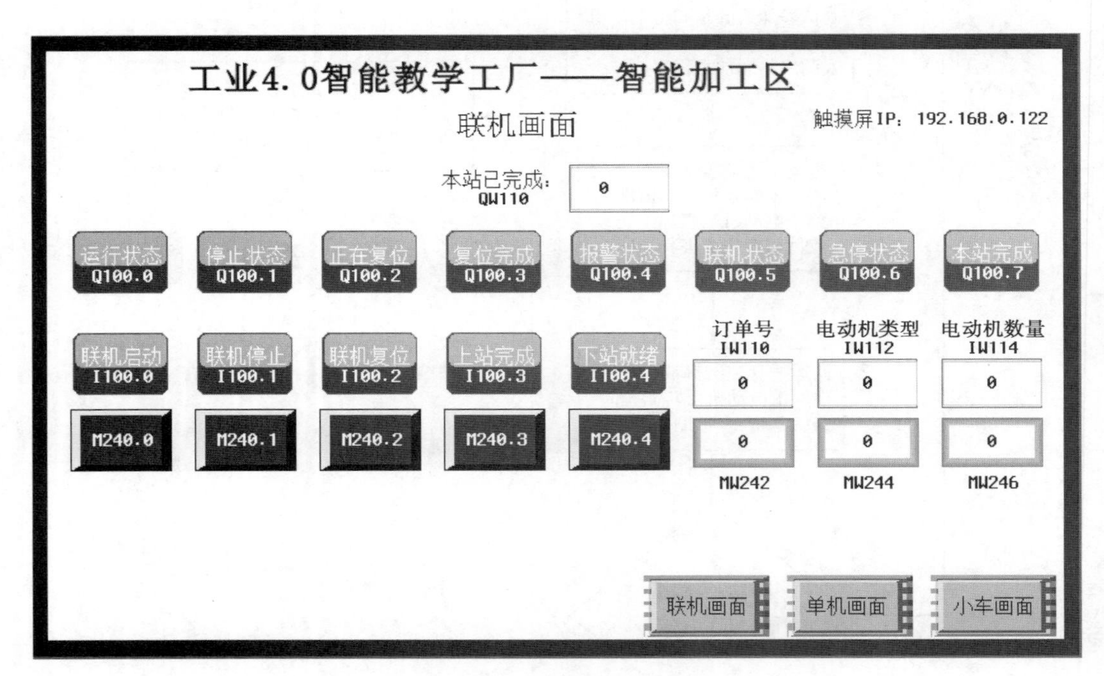

图 5-2-4 触摸屏上的智能加工区联机画面

①按“开”按钮，设备上电，绿色指示灯亮，黄色指示灯闪烁。

②按“单机”按钮，单机指示灯点亮，接着按下停止按钮，再按下设备复位，复位指示灯常亮。

③复位成功后按“启动”按钮，启动指示灯亮，复位指示灯灭，设备开始运行。点击智能加工区主画面，选择小车画面，如图 5-2-5 所示。

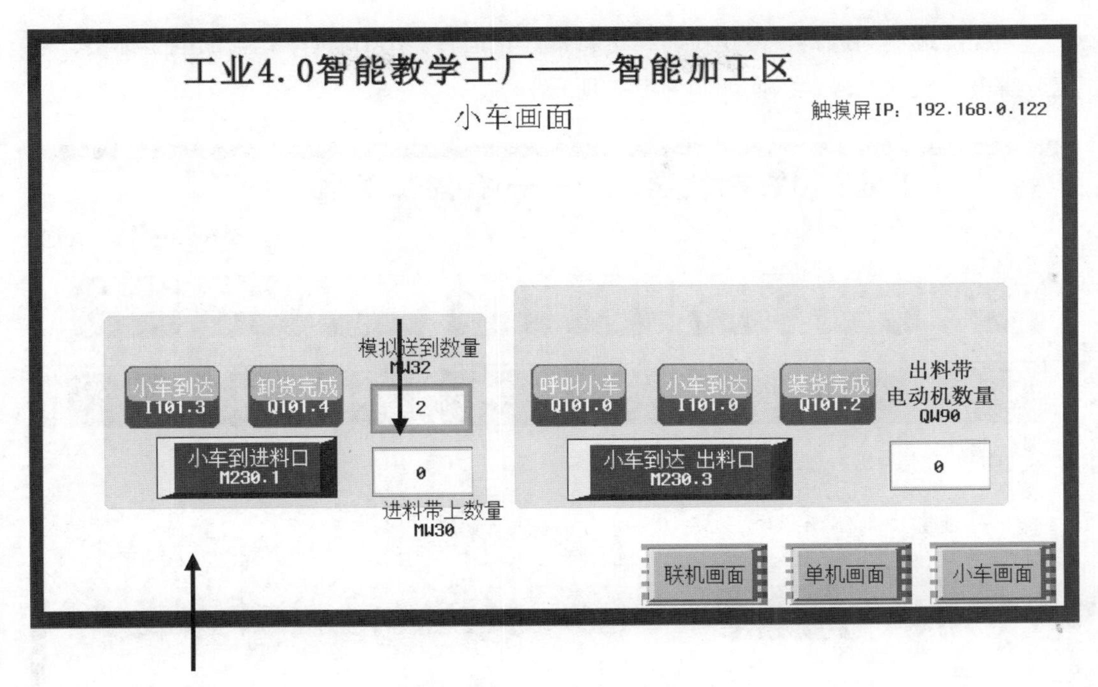

图 5-2-5　小车画面

④把已放置电动机端盖的托盘放于输送带入口处，按下 小车到达 出料口 M230.3 按钮，进料带电动机正转。接着按下 模拟送到数量 MW32 按键，在软键盘中输入“2”确认。画面变化如图 5-2-6 所示。

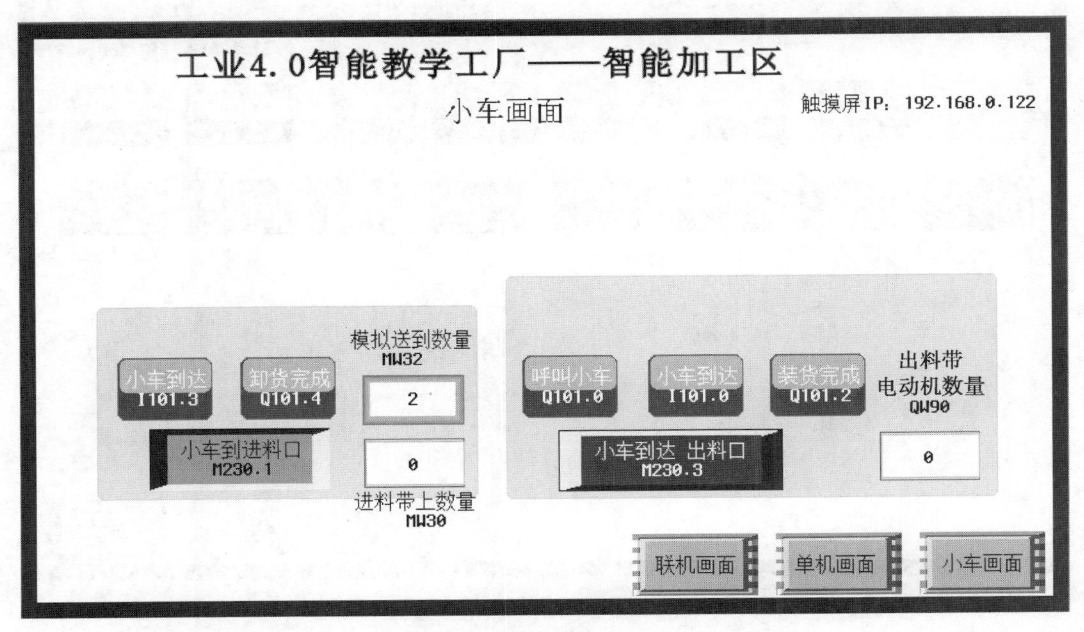

图 5-2-6　模拟送到数量设为“2”，确认后的画面

当托盘运输到进料带停止位时，进料带停止运转。RFID 读取托盘的电子标签，判定分辨电动机的型号，画面如图 5-2-7 所示。

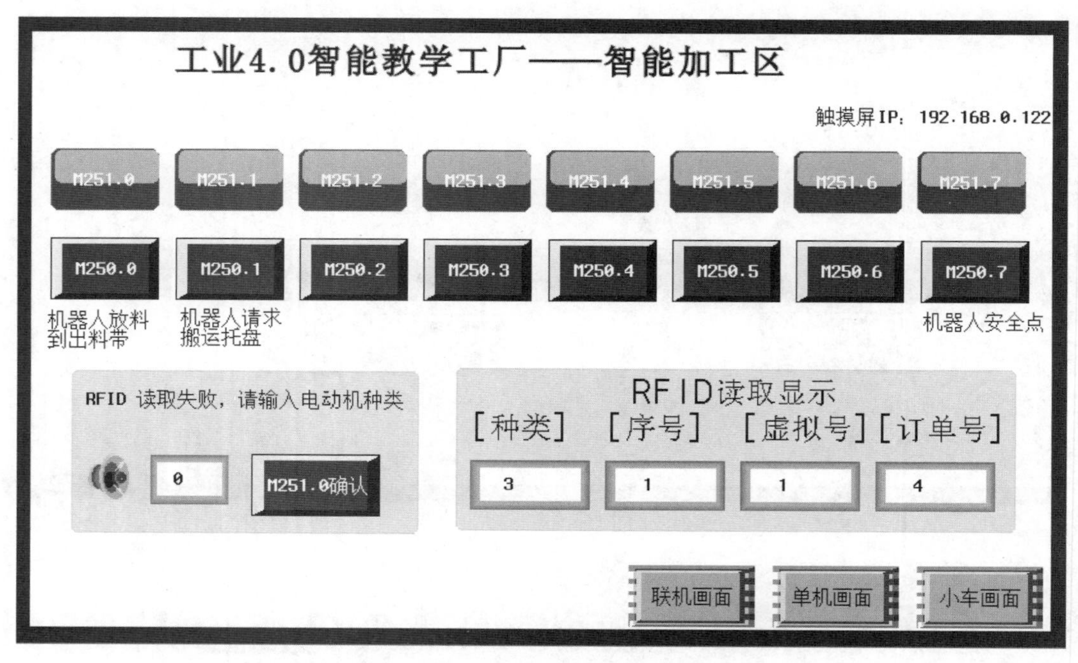

图 5-2-7 RFID 读取电子标签判定电动机型号

如果 RFID 标签读取失败，界面闪烁报警，画面如图 5-2-8 所示。

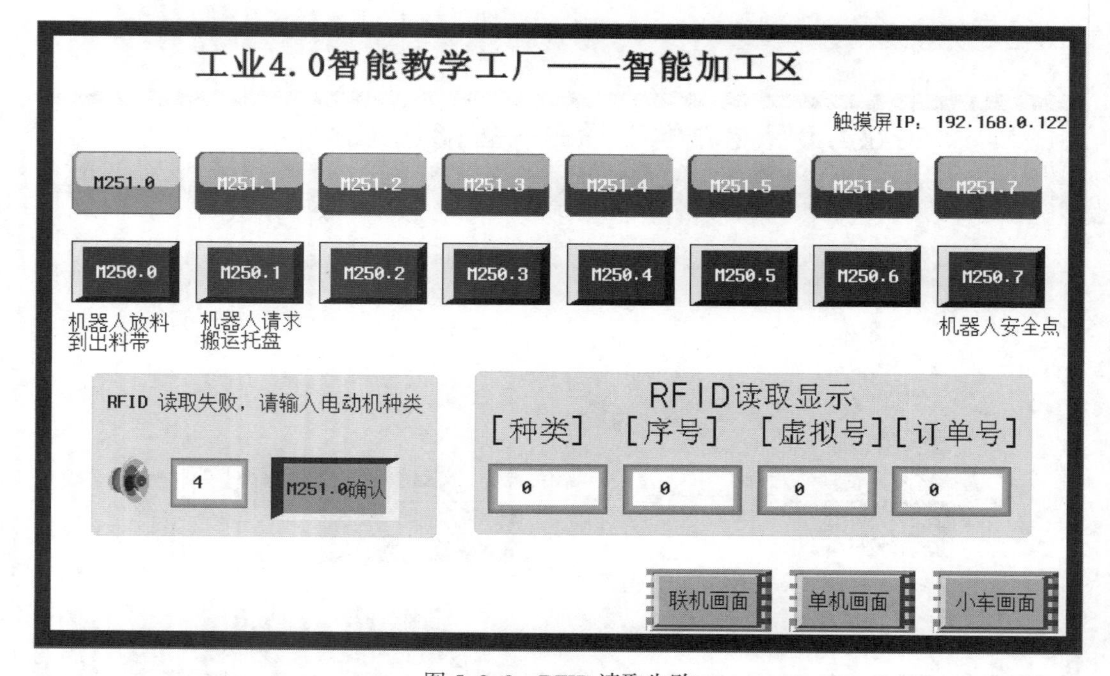

图 5-2-8 RFID 读取失败

如果标签读取失败，就需要人工干预输入电动机型号，如图 5-2-8 所示，输入“4”接着按“确认”按钮，系统正常工作。

⑤当加工机器人完成搬运下 / 上端盖、翻面、清洗、还回工件夹具、抓取托盘夹具等一系列动作后，阻挡气缸复位。托盘夹具将物料夹起并搬运到出料带，触发出料带电动机反转启动，运行 3 s 后出料带停止转动，ABB 加工机器人还回托盘夹具，加工机器人回到初始化原点状态。

⑥如果完成一个订单的加工需要 3 个以内的托盘，则需重复每个托盘操作步骤直到完成该订单。完成订单后，按下“小车到达出料口”按键，出料阻挡气缸缩回复位，出料带电动机反转出料。完成出料数量后，出料阻挡气缸伸出，出料带电动机运转停止。此时小车画面如图 5-2-9 所示。

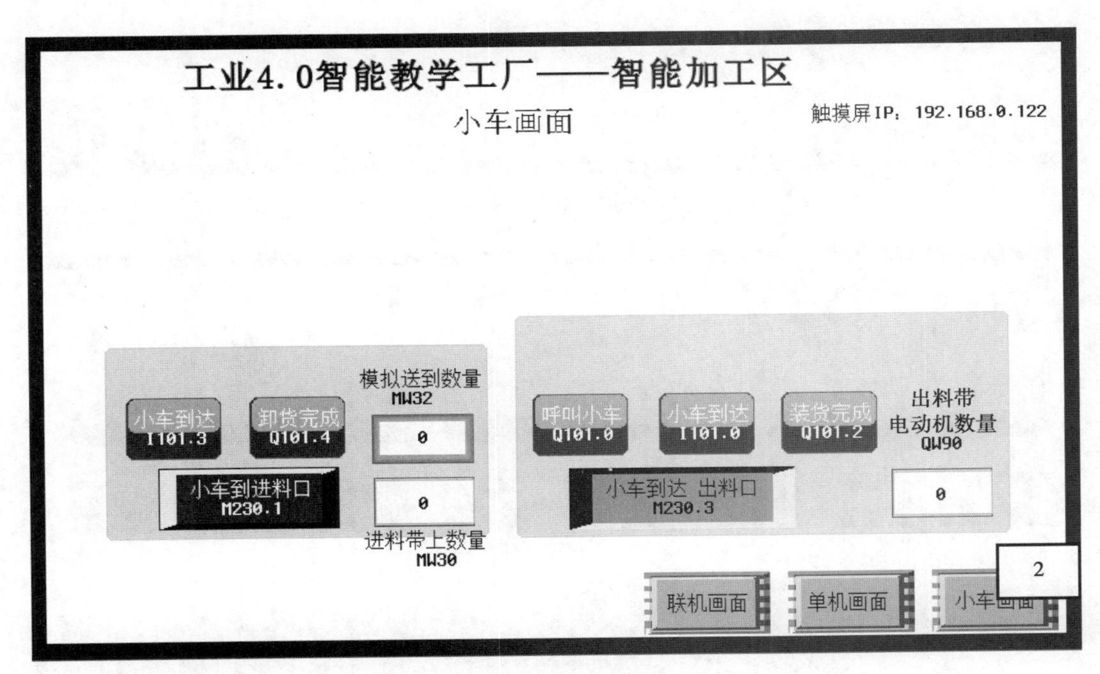

图 5-2-9　完成出料数量后小车画面

（2）联机自动运行操作方法

1）确认通信线连接完好，在上电且复位完成状态下，按下“联机”按钮，联机指示灯亮，单机指示灯灭，进入联机状态。此时联机画面如图 5-2-10 所示。

2）在联机状态下设备的启动权受控于总控制中心，在设备运行过程中遇到紧急状况时，可迅速按下“停止”按钮，设备即停止运行。

3）在联机状态下设备的运行监控切换同单机模式相类似，其可监控当前加工电动机类型，如图 5-2-11 所示；可监控进料带电动机数量及出料带电动机的数量，如图 5-2-12 所示。

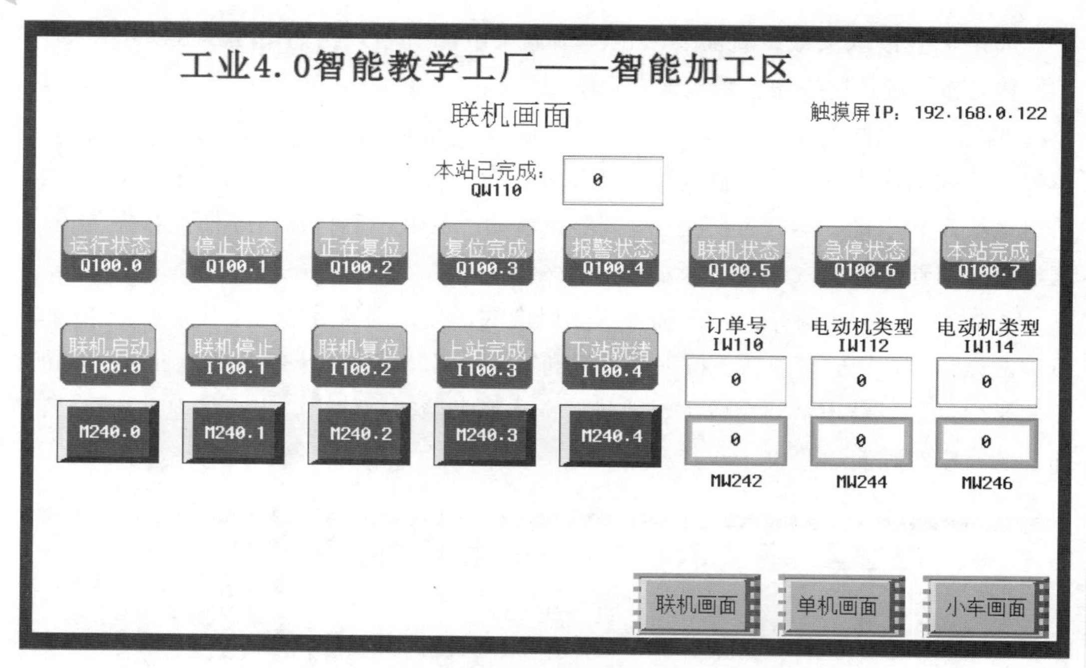

图 5-2-10　进入联机状态的联机画面

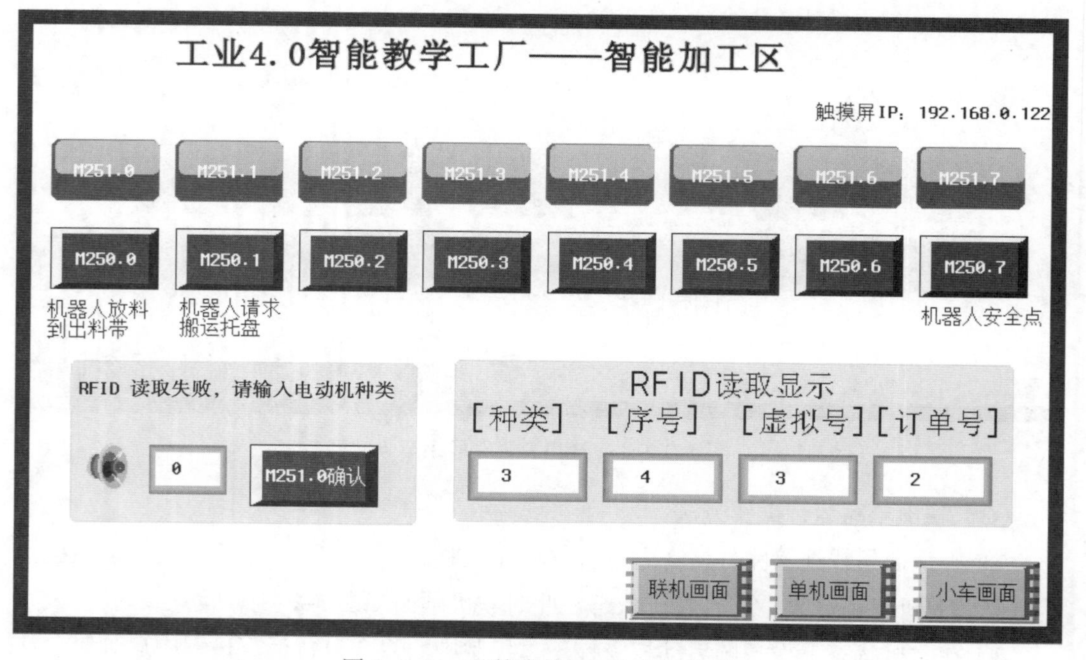

图 5-2-11　监控当前加工电动机类型

五、指导、分组练习

教师演示工业机器人的操作过程，并说明操作过程的注意事项。在教师的指导下，学员分组进行简单的机器人操作练习。

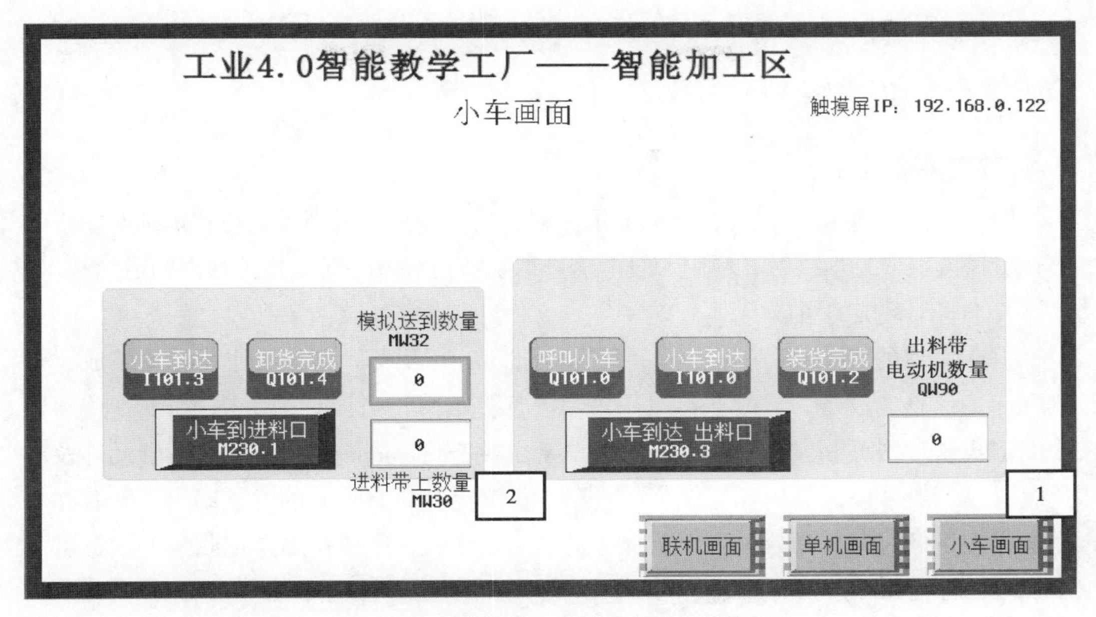

图 5-2-12　监控进、出料带电动机的数量

任务测评

对任务实施的完成情况进行检查，并将结果填入表 5-2-2 中。

表 5-2-2　　任务测评表

序号	主要内容	考核要求	评分标准	配分	扣分	得分
1	RFID 技术	熟练掌握 RFID 技术原理、构成、操作要领	1. 掌握 RFID 技术的组成，每错一处扣 5 分 2. 掌握 RFID 技术的接口协议，每错一处扣 5 分	20		
2	RFID 接线	正确进行 RFID 技术的接线操作	每错一处扣 5 分	20		
3	各组成部分的单机和联机运行	1. 观察各组成部分的运行情况 2. 掌握相关的操作要领及注意事项	1. 违反安全注意事项，扣 20 分 2. 不能指出各组成部分的安全操作注意事项，扣 20 分 3. 不能根据控制要求，完成相关操作，扣 50 分	50		
4	安全文明生产	劳动保护用品穿戴整齐；遵守操作规程；讲文明礼貌；操作结束要清理现场	1. 操作中，违反安全文明生产考核要求的任何一项扣 5 分，扣完为止 2. 若在操作中出现重大事故隐患，应立即停止操作，并每次扣安全文明生产总分 5 分	10		
合计				100		
开始时间：			结束时间：			

知识准备

RFID 技术

RFID 技术，即射频识别，俗称电子标签，是一种无须识别系统与被识别对象之间进行机械接触或光学接触，利用无线电信号识别特定对象并获取相关数据的通信技术。

1. RFID 系统的组成

一套完整的 RFID 系统，由读写器（Reader，由天线、耦合元件及芯片组成，是读取标签信息的设备，有时还可以用来写入标签信息，可设计为手持式 RFID 读写器或固定式读写器）、电子标签（Tag，也称应答器 Transponder，由天线、耦合元件及芯片组成，一般来说都是用标签作为应答器，每个标签具有唯一的电子编码，附着在物体上标志目标对象）和数据管理系统（是应用层软件，主要作用是把收集的数据进一步处理，转化为可被人有效利用的信息）三个部分组成，如图 5-2-13 所示。

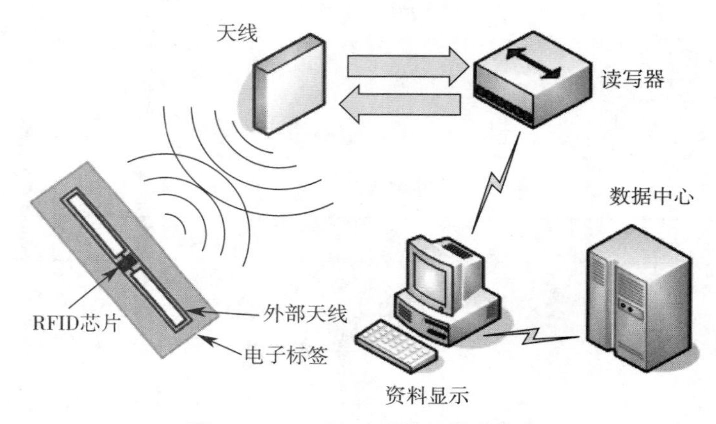

图 5-2-13　RFID 系统的组成部分

2. RFID 技术的工作原理

由读写器发射特定频率的无线电波给电子标签，用以驱动电子标签电路将内部的数据送出，读写器依序接收解读数据，并传送给应用程序做相应的处理。

3. 接口协议

（1）空中接口协议

空中接口协议可以达成读写器与电子标签之间的信息交互，增强了不同厂家生产设备之间的互联互通性。ISO/IEC（国际标准化组织 / 国际电工委员会）制定了六种频段的空中接口协议：

1）ISO/IEC 18000-1 信息技术 - 基于单品管理的射频识别 - 参考结构和标准化的参数定义。它规范空中接口通信协议中共同遵守的读写器与标签的通信参数表、知识产权基本规则等内容。

2）ISO/IEC 18000–2 信息技术 – 基于单品管理的射频识别 – 适用于中频段 125 ~ 134 kHz，规定在标签和读写器之间通信的物理接口，读写器应具有与 Type A（FDX）和 Type B（HDX）标签通信的能力。

3）ISO/IEC 18000–3 信息技术 – 基于单品管理的射频识别 – 适用于高频段 13.56 MHz，规定读写器与标签之间的物理接口、协议和命令与防碰撞方法。

4）ISO/IEC 18000–4 信息技术 – 基于单品管理的射频识别 – 适用于微波段 2.45 GHz，规定读写器与标签之间的物理接口、协议和命令与防碰撞方法。

5）ISO/IEC 18000–6 信息技术 – 基于单品管理的射频识别 – 适用于超高频段 860 ~ 960 MHz，规定读写器与标签之间的物理接口、协议和命令与防碰撞方法。

6）ISO/IEC 18000–7 适用于超高频段 433.92 MHz，属于有源电子标签。规定读写器与标签之间的物理接口、协议和命令与防碰撞方法。

（2）数据标准

1）ISO/IEC 15961 规定读写器与应用程序之间的接口。

2）ISO/IEC 15962 规定数据的编码、压缩、逻辑内存映射格式。

3）ISO/IEC 24753 扩展 ISO/IEC 15962 数据处理能力，适用于具有辅助电源和传感器功能的电子标签。

4）ISO/IEC 15963 规定电子标签唯一标识的编码标准，该标准兼容 ISO/IEC 7816–6、ISO/TS 14816、EAN.UCC 标准编码体系并具有扩展性。

4. 操作方法

（1）关闭计算机电源，拔出键盘接头。

（2）将键盘的电缆接头连接到 RFID 读写器通信电缆的相应插口中。

（3）RFID 读写器的电源是直接取自计算机键盘，对于无法与本电缆插头配套的计算机，用户可自行安装 +5V 电源至 RFID 读写器 / 模块中。

（4）将 RFID 读写器的通信电缆插入到计算机键盘座中，连接好 RS232 串行插口。

（5）连接 RFID 通信电缆和 RFID 读写模块。（RFID 读写器的电缆线出厂时已连好）

（6）将 RFID 天线与 RFID 模块连接好。

（7）打开计算机，将 RFID 系统盘拷贝到计算机中，安装系统软件。

（8）运行 RFID 读写器测试程序，执行系统提供的各个测试命令。

5. RFID 使用过程中的注意事项

（1）方案设计需要结合现场情况。

（2）客户的使用习惯和员工的操作习惯。

（3）产品的选型：

1）高频

近距离读写器：一般指读取距离 0 ~ 5 cm 的读写器，如 YX7036。这种读写器一般用于会员门禁管理，生产制造，自动控制，小额支付等近距离识别场合。

中距离读写器：一般指读取距离 5 ~ 30 cm 的读写器，如 YX9091T。这种读写器一般用于图书档案管理，防伪溯源等中距离识别场合。

远距离读写器：一般指读取距离在 30 ~ 120 cm 的读写器，如 YX9291T。这种读写器一般用于物流仓储，车辆识别，生产线管理等远距离识别场合。

2）超高频

近距离读写器：一般指读取距离 0 ~ 50 cm 的读写器，如 YXU9806。这种读写器一般用于会员管理、生产制造、自动控制、小额支付等近距离识别场合。

中距离读写器：一般指读取距离为 0 ~ 30 m 的读写器，如 YXU1861-8dbi。这种读写器一般用在停车场管理，人员管理等中距离识别场合。

分体式读写器，如 YXU2861，一般应用在多标签阅读场合，如仓储批量进出管理等；在移动场合可以用手持式设备如 YX9187 YXU9183 等。

任务 3　数控加工单元智能控制调试与运行

学习目标

1. 能熟练掌握各组成部分的操作，掌握操作要领及安全注意事项。

2. 通过学习各组成部分的操作方法，掌握智能数控加工单元的调试与运行。

3. 掌握纠错、维护的技能。

任务描述

学员完成智能数控加工单元的整机联机调试、运行。

知识准备

关于安全注意事项的等级区分见表 5-3-1。

表 5-3-1　　安全注意事项的等级区分

<table>
<tr><td></td><td>错误使用时，会发生危险，有可能导致人员中度伤害或重伤，甚至死亡</td></tr>
<tr><td></td><td>错误使用时，会发生危险，有可能导致人员轻伤或重大设备损坏</td></tr>
<tr><td>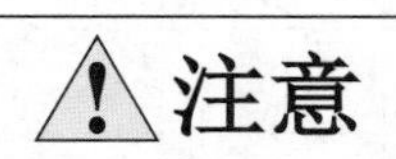</td><td>错误使用时，会引起故障，有可能导致设备元件损坏或设备不能正常使用</td></tr>
</table>

一、安装接线方面的安全注意事项

安装接线的安全注意事项见表 5-3-2。

表 5-3-2　　安装接线的安全注意事项

<table>
<tr><td rowspan="2">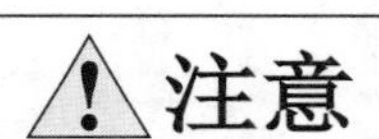</td><td>安装接线时必须断开电源操作，必须严格按要求接好地线</td></tr>
<tr><td>设备里使用了较多的工控元件，部分器件在上电运行时可能存在漏电现象，设备安装时必须有效安全接地，设备现场教室或实训室接地必须符合国家相关标准</td></tr>
<tr><td></td><td>设备安装对位完成后，必须紧固桌体连接件螺栓，防止各工位之间偏位</td></tr>
</table>

二、使用方面的安全注意事项

使用方面的安全注意事项见表 5-3-3。

表 5-3-3　　使用方面的安全注意事项

<table>
<tr><td>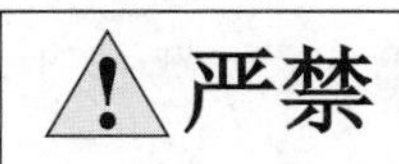</td><td>调试程序时，必须将机器人运行速度设到低速，以免程序错误造成机器人高速运行碰撞到人或设备其他部分</td></tr>
<tr><td rowspan="4"></td><td>设备调试运行时禁止将小物件放置在输送带上，严禁手动触摸台面的接线端子</td></tr>
<tr><td>机器人运行时请勿靠近，禁止对机器人本体施加任何不当的外力，严禁把身体置于工作台里面</td></tr>
<tr><td>PLC 和机器人控制器及机器人本体内的数据存储电池电量会随时间减少，需要定期更换。电池使用寿命请查阅 PLC 及机器人厂家提供的手册</td></tr>
<tr><td>在灰尘较多的环境下，应定期用干布擦拭设备光电传感器，防止灰尘沉积在光电感应头上，干扰设备正常工作</td></tr>
</table>

任务实施

一、工作准备

在工作准备阶段，应填写实训设备及工具材料领用表，表格格式可参考表5-3-4。

表5-3-4　　实训设备及工具材料领用表

序号	分类	名称	型号规格	数量	单位	备注
1	工具					
2						
3						
4						
5						
6	设备器材					
7						
8						
9						

二、调试、运行

数控加工单元调试、运行步骤如下：

1. 上电前检查

（1）观察机构上各元件外表是否有明显移位、松动或损坏等现象，托盘上的物料是否有错漏，如果存在以上现象，应及时调整或更换。

（2）对照接线图检查桌面和挂板接线是否正确，检查24 V电源、电气元件电源线等线路是否有短路、断路现象，特别需检查PLC的24 V输入输出信号是否接到强电220 V线路上。

（3）接通气路，打开气源，手动操作电磁阀，确认各气缸及传感器的原始状态。

2. 例行安全操作规程

（1）上电操作

1）按下车床面板电源按钮，启动车床。

2）按下工作台桌面“上电”按钮，打开机器人控制器旋钮开关。

（2）车床准备

1）车床操作面板切换到手动。

2）液压启动：

按键RESET启动液压复位，报警灯红灯解除，液压正常。然后按卡盘按钮将卡盘锁紧。

3）主轴定向：

➔首先按 键进入 MDI 模式，然后按“程序”按钮进入程序模式。

➔在“MDI 程序”界面输入“M3 S1000”。

➔按 键启动循环运行。

➔按 切换为手动模式，然后按 键停止主轴。

➔按 键完成主轴定向。

4）自动门开关操作：

➔按 进入 MDI 模式，按 键进入程序模式。

➔在“MDI 程序”界面输入“M81”自动门关闭，输入“M80”自动门打开。

5）程序选择，以“0002”号程序或者“0004”号程序为例：

➔按 进入 MDI 模式，按“本地目录”软键。

➔通过“⇧”“⇩”光标选中“0002”或者“0004”程序。

➔按“执行”键打开选中程序。

➔按“ ”键复位程序。

6）按下 键进入自动加工模式。

7）每次停止时需确认车床是否停留在安全位置。

3. 工作台面操作

（1）开机之前检查气泵、气阀是否在开启状态。

（2）按停止按键 + 复位按键让车床复位。

（3）检查托盘物料是否按要求摆放，下端盖是否向上，物料是否有错漏。

4. ABB 机器人操作

（1）检查机器人的位置是否安全，是否回零。

（2）检查变压器控制柜是否处于自动模式和电动机启动模式。

（3）检查程序是否移动至主程序阶段 MAIN。

三、维护

1. 定期检查输送带和搬运机构是否有异响松动情况。

2. 定期检查各传感器接线是否松动，各检测位对位是否正确等。

四、指导、分组练习

教师演示工业机器人的操作过程，并说明操作过程的注意事项。在教师的指导下，学员分组进行简单的机器人操作练习。

任务测评

对任务实施的完成情况进行检查，并将结果填入表 5-3-5。

表 5-3-5 任务测评表

序号	主要内容	考核要求	评分标准	配分	扣分	得分
1	线路装调	正确安装各挂板	每错一处扣 2 分	20		
2	整机调试	各组成部分能够按照既定要求完成相关的动作	具有自检查、自纠错的能力，每错一处扣 5 分	70		
3	安全文明生产	劳动保护用品穿戴整齐；遵守操作规程；讲文明礼貌；操作结束要清理现场	1. 操作中，违反安全文明生产考核要求的任何一项扣 5 分，扣完为止 2. 若在操作中出现重大事故隐患，应立即停止操作，并每次扣安全文明生产总分 5 分	10		
合计				100		
开始时间：			结束时间：			

任务 4 数控加工单元的故障排除

学习目标

1. 能在调试过程中发现问题。
2. 掌握智能数控加工单元常规故障的排除方法。
3. 具备发现问题、分析问题、解决问题的能力。

任务描述

学员根据智能数控加工单元在运行过程中发现的问题，了解常规故障的产生原因，并掌握排除故障的方法。

知识准备

S7-300/400 系列 PLC 的故障诊断

尽管 PLC 在应用方面可靠性较高，但受工作环境等因素的影响，通常每隔半年就需要对 PLC 进行一次常规检查。

常规检查的项目、检查内容及检验标准，详见表 5-4-1。

表 5-4-1　常规检查一览表

检查项目	检查内容	标准
交流电源的电压和稳定度	测量加在 PLC 上的电压是否为额定值，电源电压是否出现频繁急剧的变化	电源电压必须在工作电压范围内，其波动必须在允许范围内
环境条件	温度和湿度是否在相应的范围内（当 PLC 安装在仪表板上时，仪表板的温度可以认为是 PLC 的环境温度），振动和粉尘是否达标	工作环境温度在 0~55 ℃，相对湿度在 85% 以下，振幅小于 0.5 mm（10~55 Hz），无大量灰尘、盐分和铁屑
安装条件	基本单元和扩展单元是否安装牢固，基本单元和扩展单元的连接电缆是否完全插好，接线螺钉是否松动，外部接线是否损坏	安装螺钉必须紧固，连接电缆不能松动，连接螺钉不能松动，外部接线不能有任何外观异常
使用寿命	锂电池使用寿命，继电器输出触点是否正常	工作 5 年左右，寿命 300 万次（35 V 以上）

1. 故障的分类

对于 PLC 的控制系统而言，绝大部分故障属于下属四类故障。

（1）外部设备故障

外部设备故障包括各种开关、传感器、执行机构等发生的故障。

（2）系统故障

系统故障分为固定性故障和偶然性故障。

（3）硬件故障

硬件故障指系统中的模板（特别是 I/O 模板）损坏造成的故障。

（4）软件故障

软件故障指软件本身所包含的错误。

2. 故障诊断方法

（1）宏观诊断

宏观诊断是根据经验、参照发生故障的环境和现象来确定故障部位和原因的诊断方法。诊断时应先检查是否为使用不当引起的故障，常见的使用不当引起的故障包括供电电源故障、端子接线故障、模块安装故障等。

如果不是使用不当引起的故障，则可能是偶然性故障或系统运行时间较长所引起的故障。对于这类故障可按照可编程控制器系统的故障分布，依次检查、判断故障。诊断时首先检查系统中的传感器、检测开关、执行机构等是否有故障，然后检查可编程序控制器的 I/O 模块是否有故障，最后检查可编程序控制器的 CPU 是否有故障。

（2）自诊断

自诊断主要是采用软件来分析并判断故障部位和原因的诊断方法。西门子 S7-300/400 系列 PLC 可以利用 SIMATIC 管理器调用系统诊断功能读出 CPU 硬件组态表进行查看，并通过符号颜色表征哪些模块出现故障。

另外，为了快速地区别是可编程控制器硬件故障还是应用软件故障，可以编制一个只有结束语句的应用程序装入 CPU 中，如果硬件完好则可顺利地冷启动，如果冷启动失败就代表系统硬件有故障。在 PLC 中还提供了有助于处理 CPU 相应故障的组织块，用户通过程序可以编辑这些组织块，来通知 CPU 当出现故障时应如何处理，如果相应的故障组织块 OB 没有编程，当出现故障时，CPU 转到 STOP 状态。

任务实施

一、任务准备

在任务准备阶段，应填写实训设备及工具材料领用表，表格格式可参考表 5–4–2。

表 5–4–2　实训设备及工具材料领用表

序号	分类	名称	型号规格	数量	单位	备注
1	工具					
2						
3						
4						
5						
6						
7						
8						
9	设备器材					
10						
11						
12						
13						

二、常规故障参照表

常规故障参照表见表 5–4–3。

表 5–4–3　常规故障参照表

代码	故障现象	故障原因	解决方法
Er6001	定位气缸不动作	定位传感器异常	调整传感器或更换
		气缸极限位丢失	调整气缸极限位置
		PLC 无输出信号	检查 PLC 及线路

续表

代码	故障现象	故障原因	解决方法
Er6002	进料输送带不动作	不满足转动条件	检查程序及相应条件
		线路故障	检查线路排除故障
		电气元件损坏	更换
		机械卡死或电动机损坏	调整结构或更换电动机
Er6003	出料输送带不动作	不满足转动条件	检查程序及相应条件
		线路故障	检查线路排除故障
		电气元件损坏	更换
		机械卡死或电动机损坏	调整结构或更换电动机
Er6005	阻挡气缸不动作	气压不足	检查气路
		搬运阻挡气缸没有下降到位或下降位距离传感器异常	检查阻挡气缸机构及相应传感器线路
		阻挡气缸前限位传感器异常	调整传感器或更换
		线路故障	检查相关线路电气元件
Er6006	自动门气缸不动作	气压不足	检查气路
		自动门没有关到位	检查自动门相应传感器和连接线路
		自动门气缸前限位传感器异常	调整传感器或更换
		线路故障	检查相关线路电气元件
Er6007	卡盘松紧到位故障	液压压力不足	检查卡盘液压压力
		卡盘夹紧到位或放松到位但传感器距离异常	检查卡盘夹紧或放松机构，检查传感器和连接线路
		传感器异常	调整传感器或更换
		线路故障	检查相关线路电气元件
Er6010	工件夹紧 / 放松气缸不动作	气压不足	检查气路
		搬运夹紧或放松没有到位，到位传感器距离异常	检查搬运机构，传感器和连接线路
		夹紧 / 放松气缸限位传感器异常	调整传感器或更换
		线路故障	检查相关线路电气元件

任务测评

对任务实施的完成情况进行检查，并将结果填入表 5–4–4。

表 5-4-4　　任务测评表

序号	主要内容	考核要求	评分标准	配分	扣分	得分
1	静态检测	能够借助检测设备自行发现故障	少发现一个故障点扣 5 分	20		
2	动态检测	能够根据设备的运行情况发现故障点	少发现一个故障点扣 5 分	20		
3	诊断、排除故障	根据故障点的特征，进行故障的诊断和排除	能诊断并排除故障即可得分 少一个扣 10 分	50		
4	安全文明生产	劳动保护用品穿戴整齐；遵守操作规程；讲文明礼貌；操作结束要清理现场	1. 操作中，违反安全文明生产考核要求的任何一项扣 5 分，扣完为止 2. 若在操作中出现重大事故隐患，应立即停止操作，并每次扣安全文明生产总分 5 分	10		
合计				100		
开始时间：			结束时间：			

附录
PLC 参考程序

一、COMPLETE RESTART［OB100］（完全重新启动程序块 OB100）

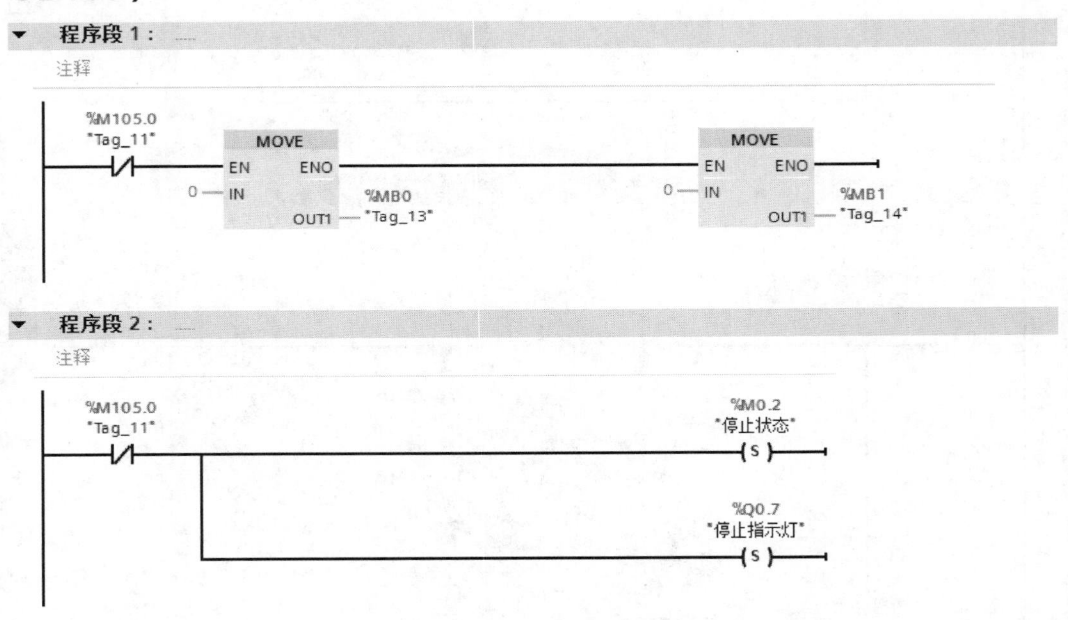

二、Read_ 标签［FC9］（RFID 读取标签程序块 FC9）

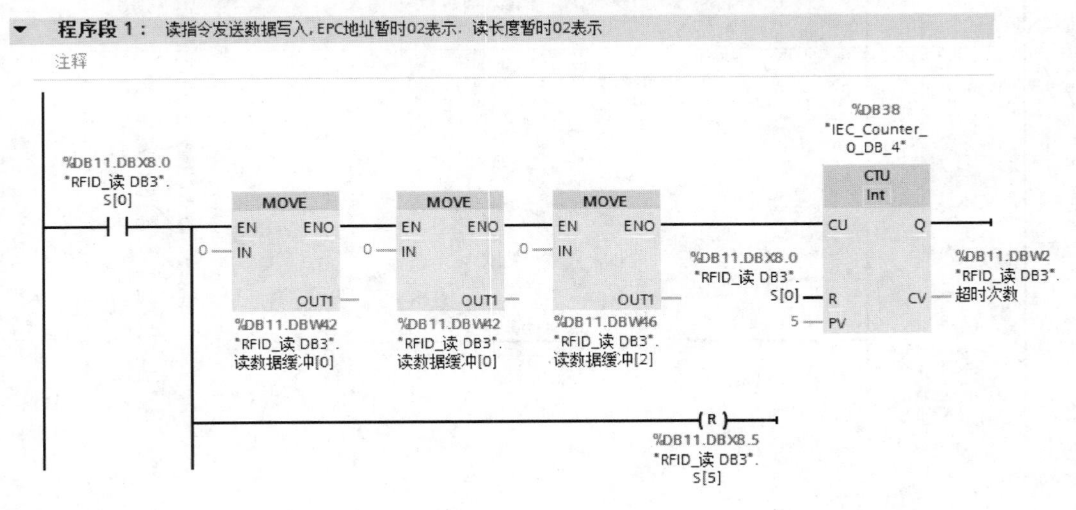

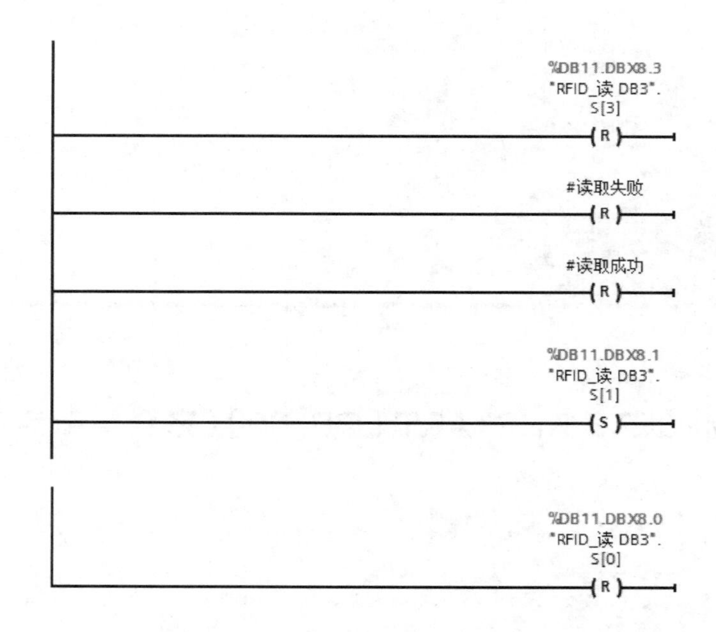

▼ **程序段 2：** 发送读命令

注释

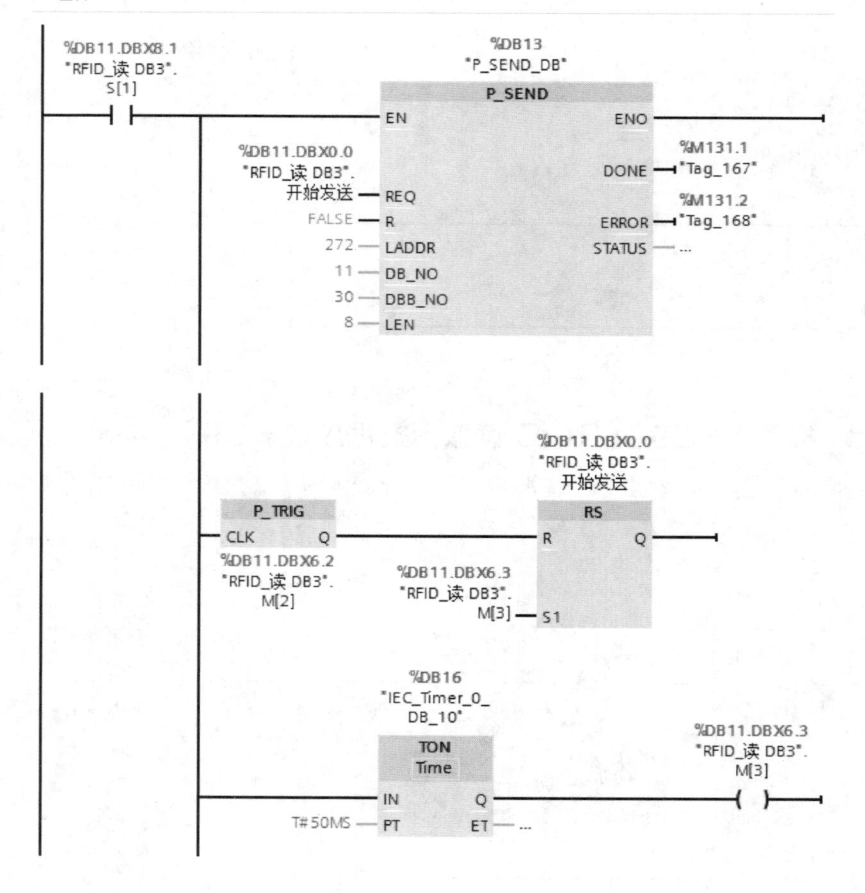

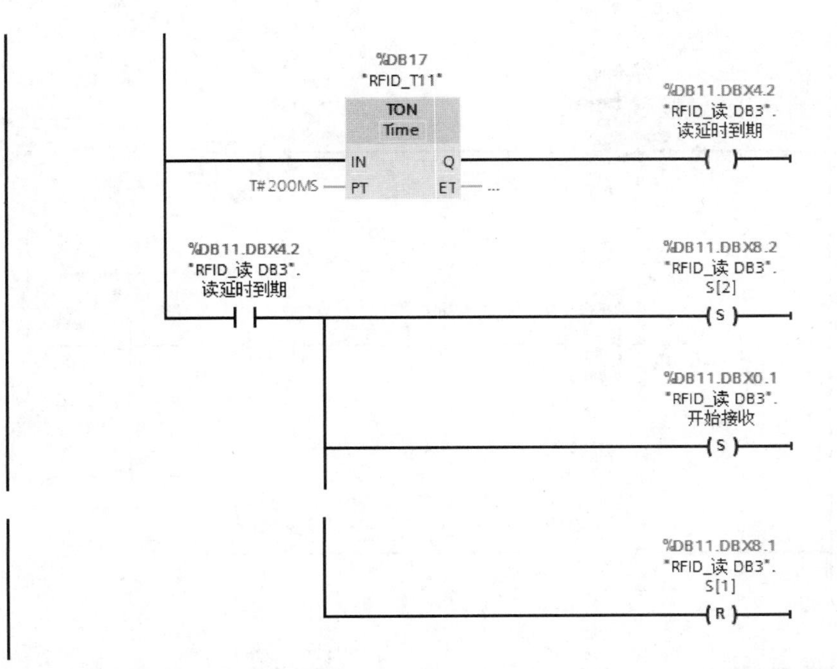

▼ **程序段 3：** 读缓冲，最终读取的有用数据为"RFID_读".读数据缓冲[7 ~ 7+2n-1]的数据，其中n为要读取数据的字数

注释

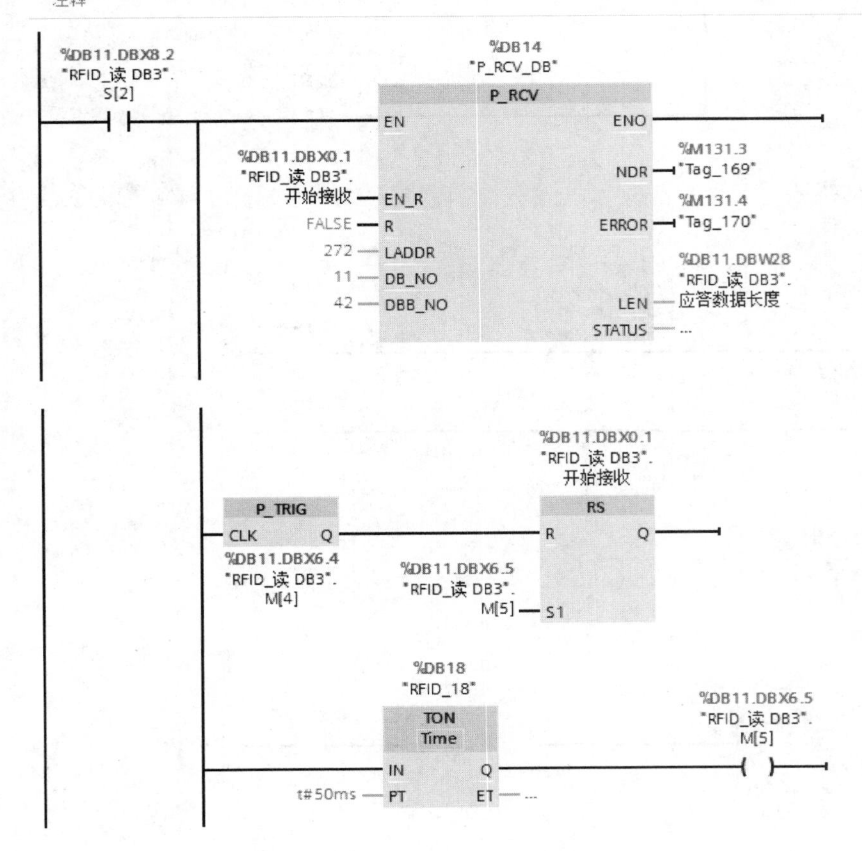

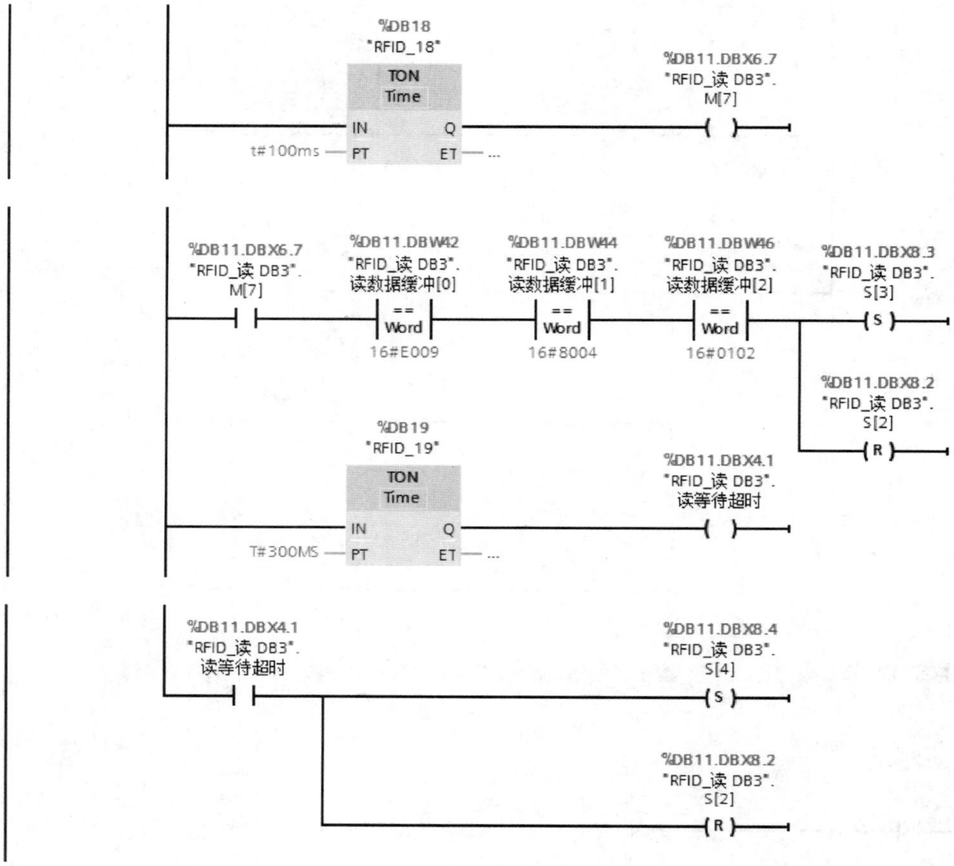

%DB18
"RFID_18"
TON
Time
IN Q
t#100ms — PT ET — ...
%DB11.DBX6.7
"RFID_读 DB3".
M[7]

%DB11.DBX6.7
"RFID_读 DB3".
M[7]
%DB11.DBW42
"RFID_读 DB3".
读数据缓冲[0]
==
Word
16#E009
%DB11.DBW44
"RFID_读 DB3".
读数据缓冲[1]
==
Word
16#8004
%DB11.DBW46
"RFID_读 DB3".
读数据缓冲[2]
==
Word
16#0102
%DB11.DBX8.3
"RFID_读 DB3".
S[3]
(S)
%DB11.DBX8.2
"RFID_读 DB3".
S[2]
(R)

%DB19
"RFID_19"
TON
Time
IN Q
T#300MS — PT ET — ...
%DB11.DBX4.1
"RFID_读 DB3".
读等待超时

%DB11.DBX4.1
"RFID_读 DB3".
读等待超时
%DB11.DBX8.4
"RFID_读 DB3".
S[4]
(S)
%DB11.DBX8.2
"RFID_读 DB3".
S[2]
(R)

程序段 4： 读取成功

注释

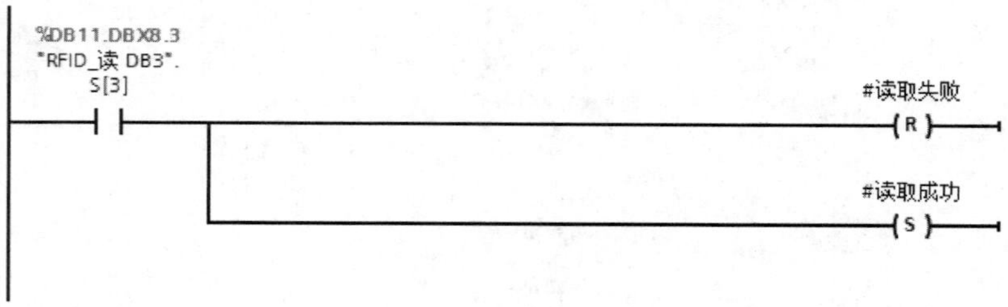

%DB11.DBX8.3
"RFID_读 DB3".
S[3]
#读取失败
(R)
#读取成功
(S)

程序段 5： 接收超时计数

注释

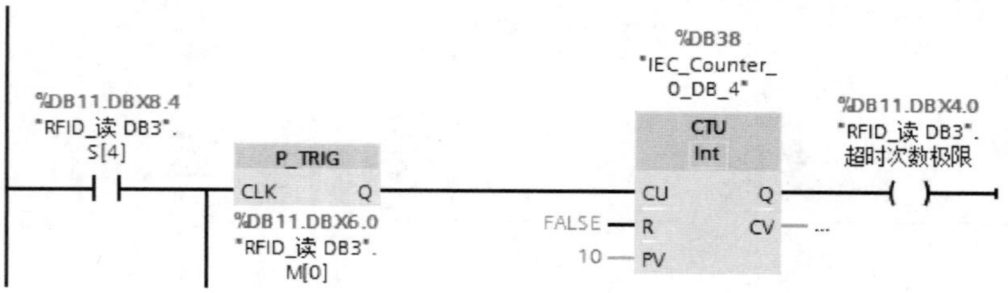

%DB11.DBX8.4
"RFID_读 DB3".
S[4]
P_TRIG
CLK Q
%DB11.DBX6.0
"RFID_读 DB3".
M[0]
%DB38
"IEC_Counter_
0_DB_4"
CTU
Int
CU Q
FALSE — R CV — ...
10 — PV
%DB11.DBX4.0
"RFID_读 DB3".
超时次数极限

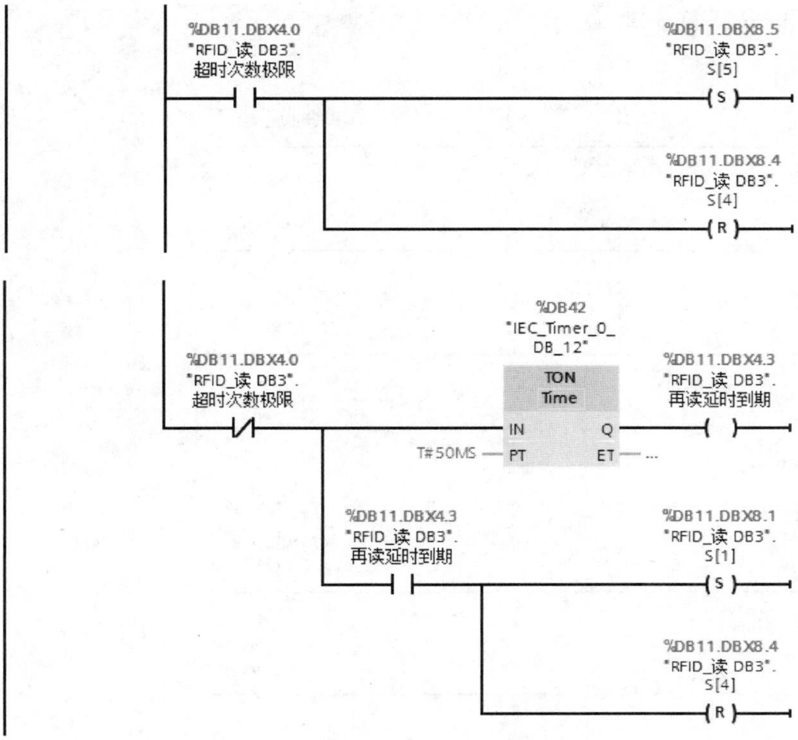

%DB11.DBX4.0
"RFID_读 DB3".
超时次数极限

%DB11.DBX8.5
"RFID_读 DB3".
S[5]
(S)

%DB11.DBX8.4
"RFID_读 DB3".
S[4]
(R)

%DB42
"IEC_Timer_0_
DB_12"
TON
Time
IN Q
T#50MS — PT ET — ...

%DB11.DBX4.0
"RFID_读 DB3".
超时次数极限

%DB11.DBX4.3
"RFID_读 DB3".
再读延时到期
( )

%DB11.DBX4.3
"RFID_读 DB3".
再读延时到期

%DB11.DBX8.1
"RFID_读 DB3".
S[1]
(S)

%DB11.DBX8.4
"RFID_读 DB3".
S[4]
(R)

▼ **程序段 6：** 确认读取失败

注释

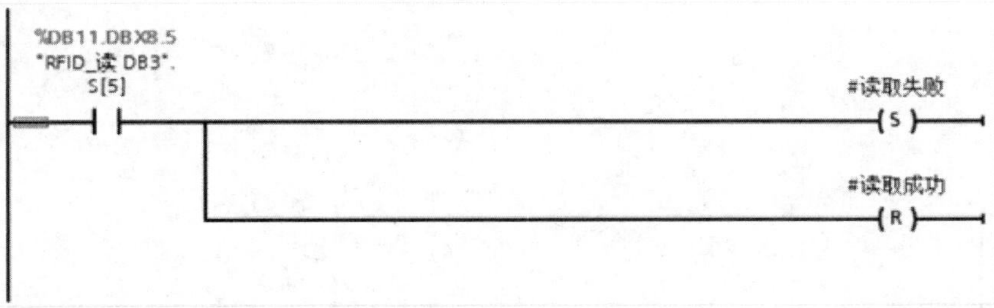

%DB11.DBX8.5
"RFID_读 DB3".
S[5]

#读取失败
(S)

#读取成功
(R)

三、车床加工状态程序块［FC10］

▼ **程序段 1：** 35_dw_jiagong

注释

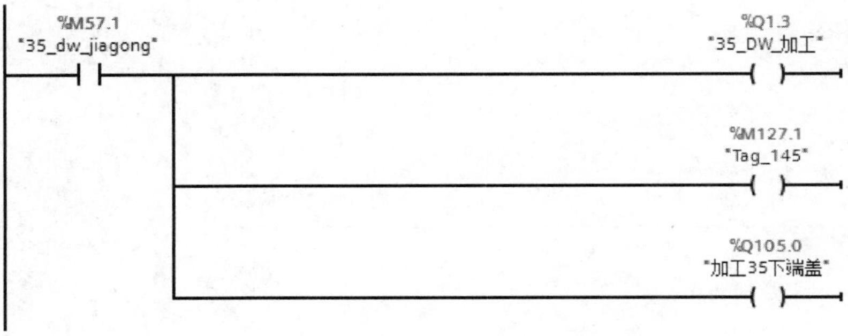

%M57.1
"35_dw_jiagong"

%Q1.3
"35_DW_加工"
( )

%M127.1
"Tag_145"
( )

%Q105.0
"加工35下端盖"
( )

程序段 2： 35_up_jiagong

注释

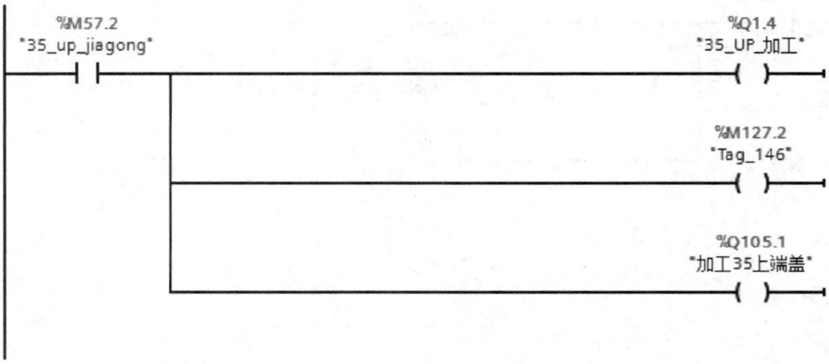

%M57.2 "35_up_jiagong" —| |— ( ) %Q1.4 "35_UP_加工"

( ) %M127.2 "Tag_146"

( ) %Q105.1 "加工35上端盖"

程序段 3： 42_dw_jiagong

注释

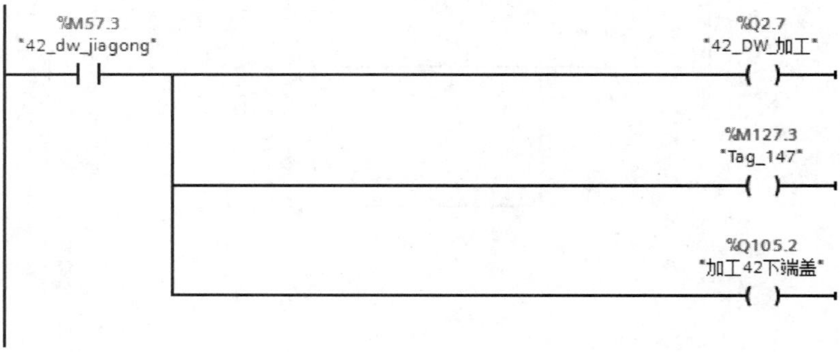

%M57.3 "42_dw_jiagong" —| |— ( ) %Q2.7 "42_DW_加工"

( ) %M127.3 "Tag_147"

( ) %Q105.2 "加工42下端盖"

程序段 4： 42_up_jiagong

注释

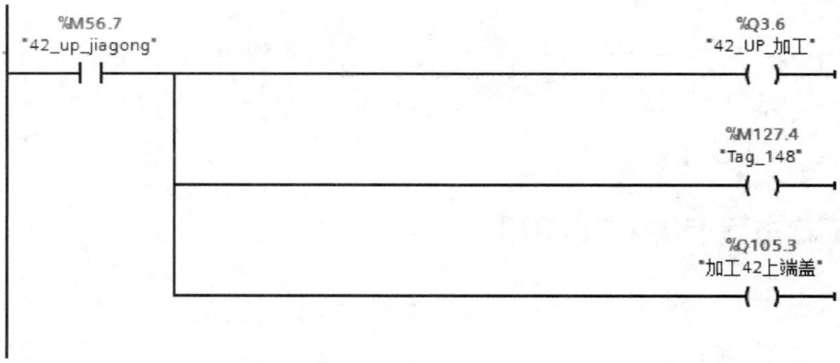

%M56.7 "42_up_jiagong" —| |— ( ) %Q3.6 "42_UP_加工"

( ) %M127.4 "Tag_148"

( ) %Q105.3 "加工42上端盖"

程序段 5： RFID读标签置为35A为M35.1

注释

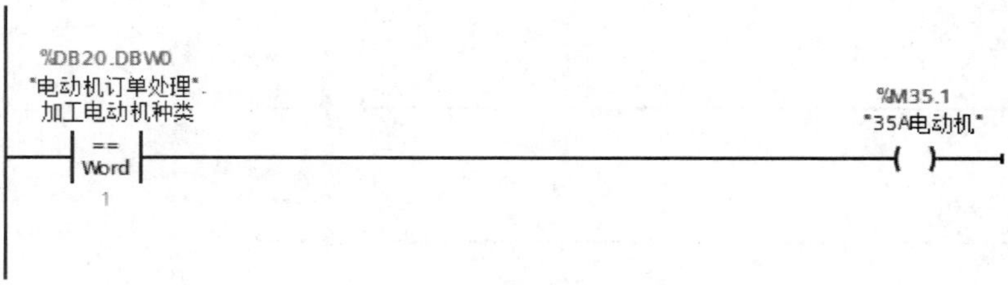

%DB20.DBW0 "电动机订单处理".加工电动机种类 == Word 1 —( ) %M35.1 "35A电动机"

程序段 6： RFID读标签置为35B 为M35.2

注释

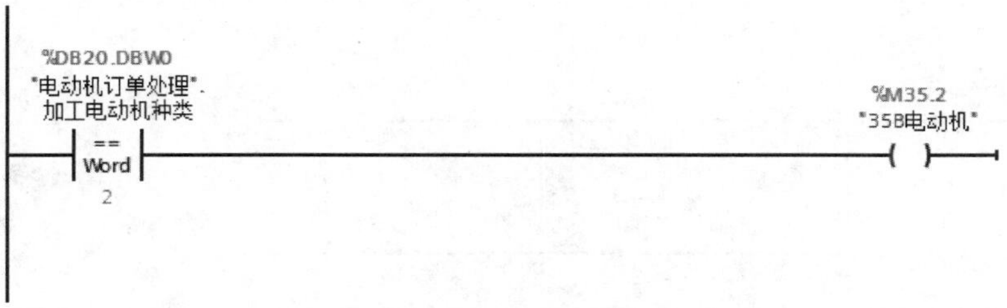

%DB20.DBW0
"电动机订单处理".
加工电动机种类
==
Word
2

%M35.2
"35B电动机"

程序段 7： 35A/35B 2种类型电动机为M35.5

注释

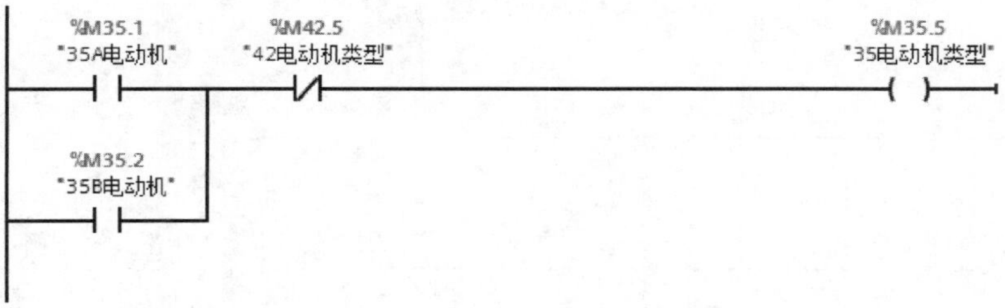

%M35.1
"35A电动机"

%M42.5
"42电动机类型"

%M35.5
"35电动机类型"

%M35.2
"35B电动机"

程序段 8： 42A/42B 2种类型电动机为M42.5

注释

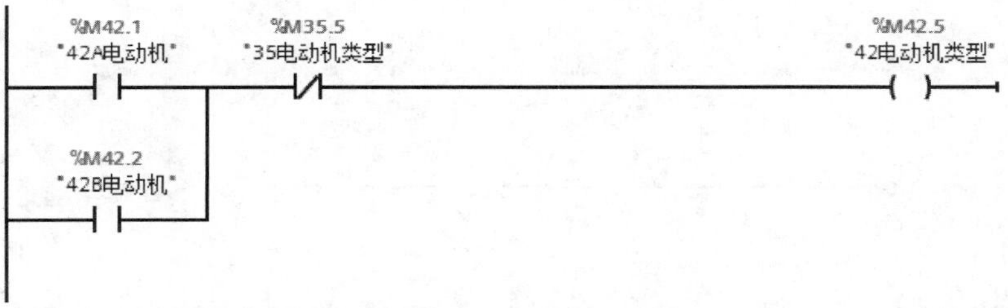

%M42.1
"42A电动机"

%M35.5
"35电动机类型"

%M42.5
"42电动机类型"

%M42.2
"42B电动机"

程序段 9： RFID读标签置为42A 为M42.1

注释

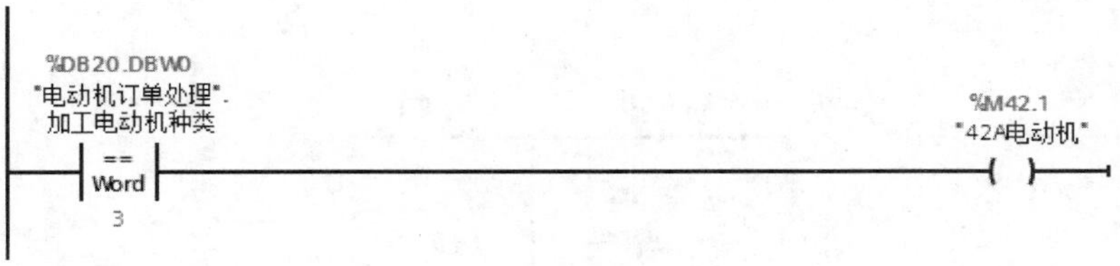

%DB20.DBW0
"电动机订单处理".
加工电动机种类
==
Word
3

%M42.1
"42A电动机"

程序段 10： RFID读标签置为42B 为M42.2

注释

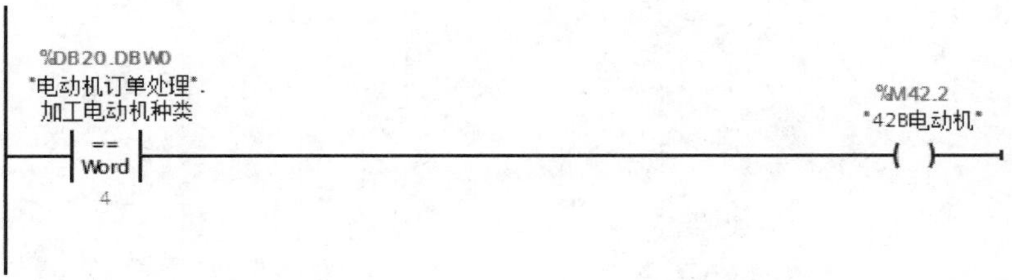

%DB20.DBW0
"电动机订单处理".
加工电动机种类
==
Word
4

%M42.2
"42B电动机"

▼ **程序段 11：** 35类型电动机输出

注释

%M55.4
"35_加工类型前_后"

%M56.0
"42_加工类型前_后"

%Q3.5
"35_Type_motor"

%M127.6
"Tag_164"

▼ **程序段 12：** 42类型电动机输出

注释

%M56.0
"42_加工类型前_后"

%M55.4
"35_加工类型前_后"

%Q4.0
"Tag_172"

%M127.7
"Tag_165"

▼ **程序段 13：** ......

注释

%DB32
"IEC_Timer_0_DB_9"

TON
Time

%M55.1
"托盘搬运请求"

IN Q
T#2S — PT ET — ...

%Q105.5
"托盘搬运状态"

▼ **程序段 14：** 就绪状态（M128.0）

注释

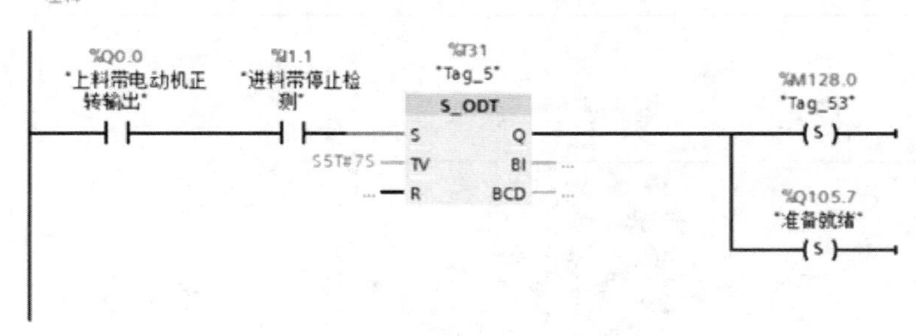

四、启动停止复位程序块 [FC1]

程序段 1： 按启动按钮

注释

%M0.0 "就绪状态"
%I1.2 "启动按钮"
%I100.0 "联机启动"
%M0.1 "启动状态" (S)
%I100.0 "联机启动"
%I1.5 "联机按钮"
%M0.0 "就绪状态" (R)

程序段 2： 按停止按钮

注释

%M0.1 "启动状态"
%I1.3 "停止按钮"
%I100.0 "联机启动"
%M0.2 "停止状态" (S)
%I100.1 "联机停止"
%I1.5 "联机按钮"
%M0.1 "启动状态" (R)
%Q0.0 "上料带电动机正转输出" (R)
%Q0.1 "出料带电动机反转输出" (R)

程序段 3： ......

注释

%M0.2 "停止状态"
%I1.4 "复位按钮"
%I100.0 "联机启动"
%M0.3 "复位中" (S)
%I100.2 "联机复位"
%I1.5 "联机按钮"
%M0.2 "停止状态" (R)
%M250.7 "触摸屏-机器人回到安全点"

程序段 4： ......

注释

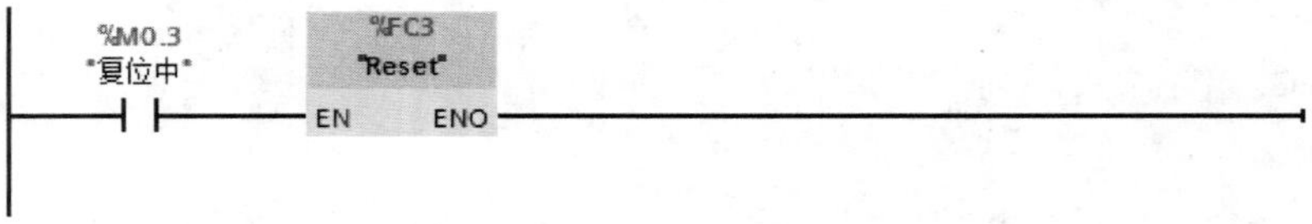

%M0.3 "复位中" —| |— %FC3 "Reset" EN ENO

程序段 5： 复位指示灯输出

注释

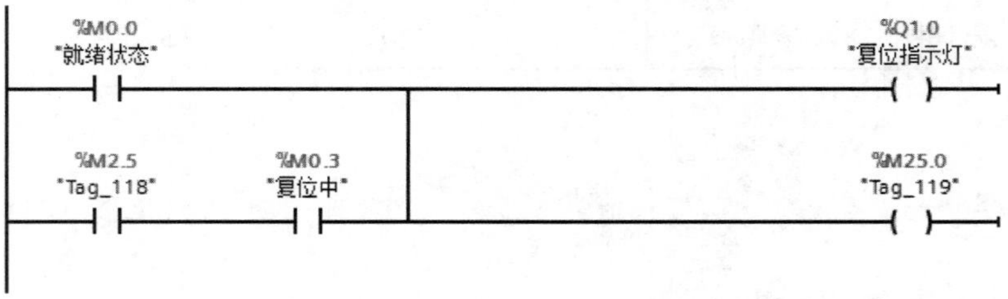

%M0.0 "就绪状态" —| |— ( ) %Q1.0 "复位指示灯"

%M2.5 "Tag_118" —| |— %M0.3 "复位中" —| |— ( ) %M25.0 "Tag_119"

程序段 6： 三色灯绿灯亮的条件

注释

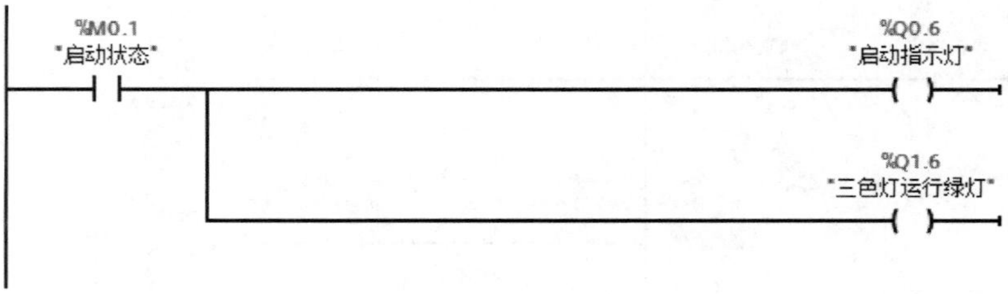

%M0.1 "启动状态" —| |— ( ) %Q0.6 "启动指示灯"

( ) %Q1.6 "三色灯运行绿灯"

程序段 7： 停止状态指示灯

注释

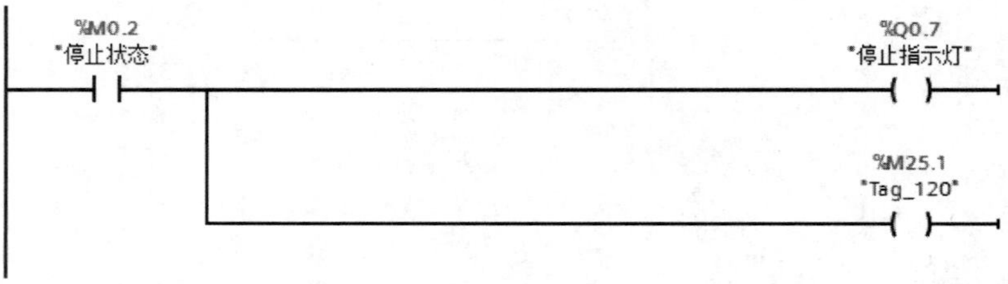

%M0.2 "停止状态" —| |— ( ) %Q0.7 "停止指示灯"

( ) %M25.1 "Tag_120"

程序段 8： 三色灯黄灯亮的条件

注释

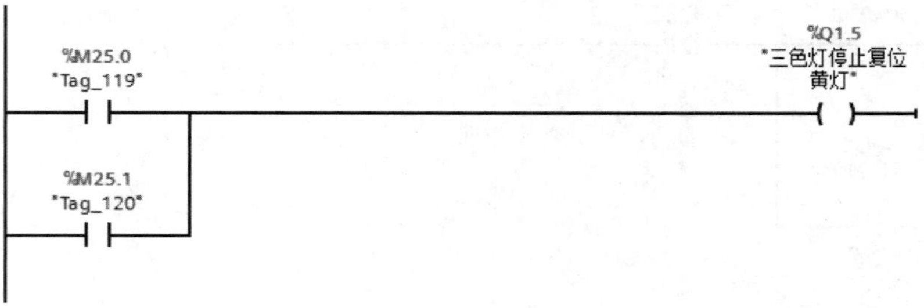

%M25.0 "Tag_119" —| |— ( ) %Q1.5 "三色灯停止复位黄灯"

%M25.1 "Tag_120" —| |—

▼ 程序段 9： I2.0 MOTOR_ON

注释

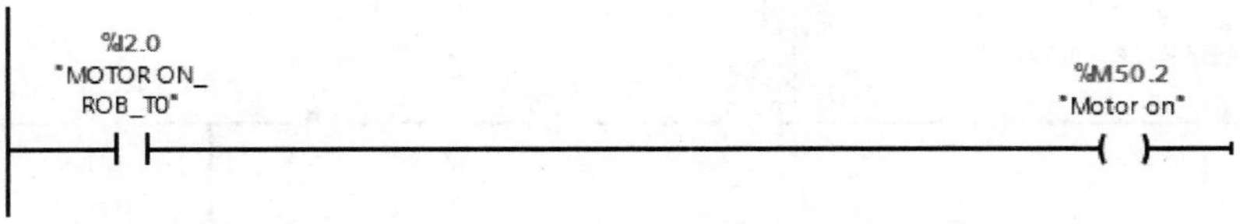

%I2.0
"MOTOR ON_ROB_T0"
%M50.2
"Motor on"

▼ 程序段 10： AUTO模式．伺服电动机ON

注释

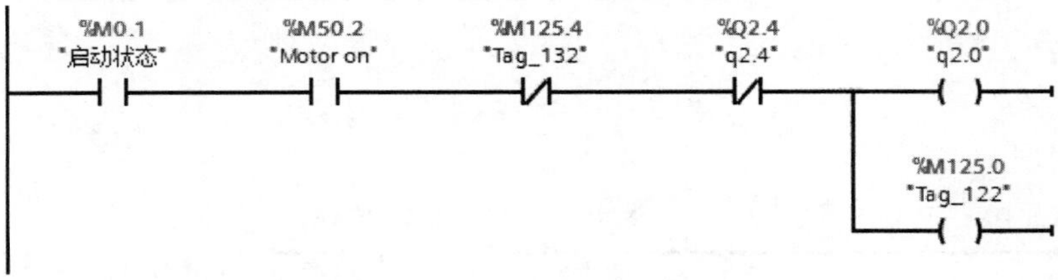

%M0.1
"启动状态"
%M50.2
"Motor on"
%M125.4
"Tag_132"
%Q2.4
"q2.4"
%Q2.0
"q2.0"
%M125.0
"Tag_122"

▼ 程序段 11： I2.1 MOTOR_ON AND START

注释

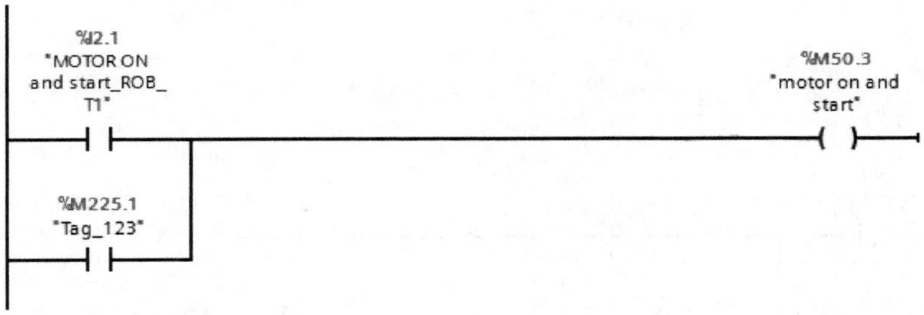

%I2.1
"MOTOR ON and start_ROB_T1"
%M50.3
"motor on and start"
%M225.1
"Tag_123"

▼ 程序段 12： AUTO模式．MOTOR_ON AND START

注释

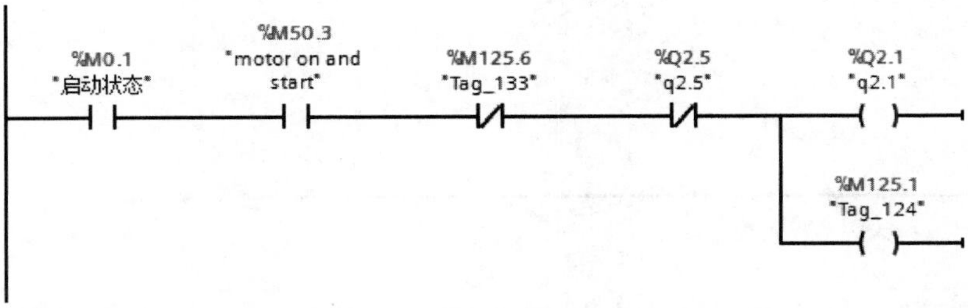

%M0.1
"启动状态"
%M50.3
"motor on and start"
%M125.6
"Tag_133"
%Q2.5
"q2.5"
%Q2.1
"q2.1"
%M125.1
"Tag_124"

▼ 程序段 13： I2.2 START机器人程序

注释

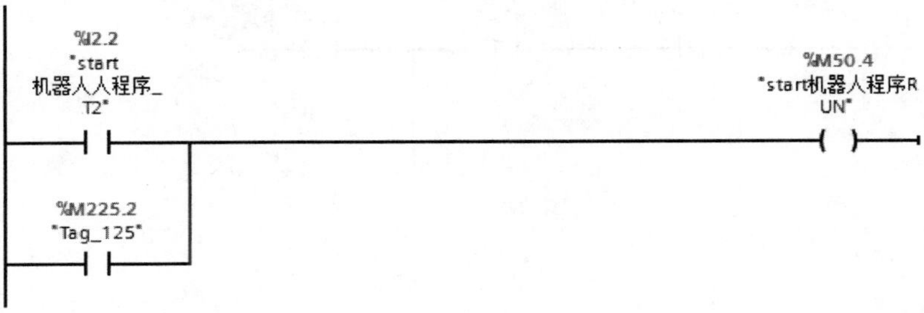

%I2.2
"start 机器人人程序_T2"
%M50.4
"start机器人程序RUN"
%M225.2
"Tag_125"

程序段 14： ......

注释

%M0.1 "启动状态"

%M50.4 "start机器人程序RUN"

%M125.3 "Tag_131"

%Q2.3 "q2.3"

%M125.6 "Tag_133"

%Q2.5 "q2.5"

%Q2.2 "q2.2"

%M125.2 "Tag_130"

程序段 15： I2.3 机器人异常复位

注释

%I2.3 "机器人异常复位_T3"

%M225.3 "Tag_126"

%M50.5 "机器人异常复位"

程序段 16： ......

注释

%M0.1 "启动状态"

%M50.5 "机器人异常复位"

%Q2.3 "q2.3"

%M125.3 "Tag_131"

程序段 17： I2.4 ,MOTOR OFF

注释

%I2.4 "MOTOR OFF_T4"

%M50.6 "Motor off"

程序段 18： ......

注释

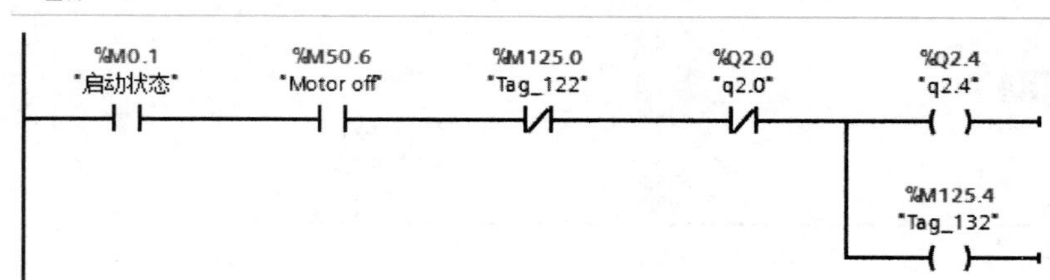

▼ **程序段 19：** I2.6 Stop 机器人程序RUN

注释

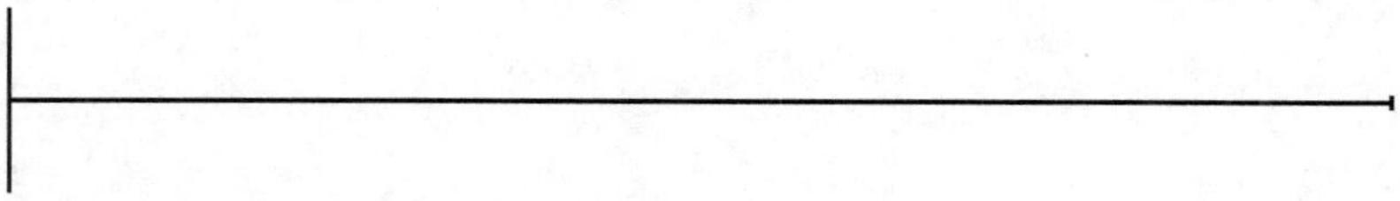

▼ **程序段 20：** ......

注释

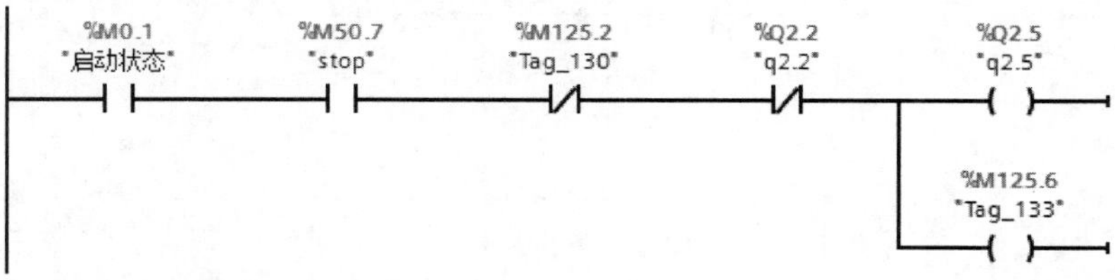

%M0.1 "启动状态"　%M50.7 "stop"　%M125.2 "Tag_130"　%Q2.2 "q2.2"　%Q2.5 "q2.5"

%M125.6 "Tag_133"

▼ **程序段 21：** I2.7 Start at main

注释

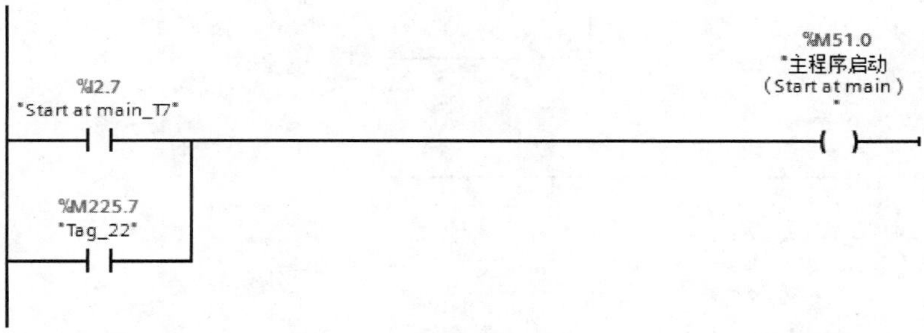

%I2.7 "Start at main_T7"　%M51.0 "主程序启动（Start at main）"

%M225.7 "Tag_22"

▼ **程序段 22：** ......

注释

%M0.1 "启动状态"　%M51.0 "主程序启动（Start at main）"　%M125.3 "Tag_131"　%Q2.3 "q2.3"　%M125.6 "Tag_133"　%Q2.5 "q2.5"　%Q2.6 "q2.6"

%M125.7 "Tag_134"

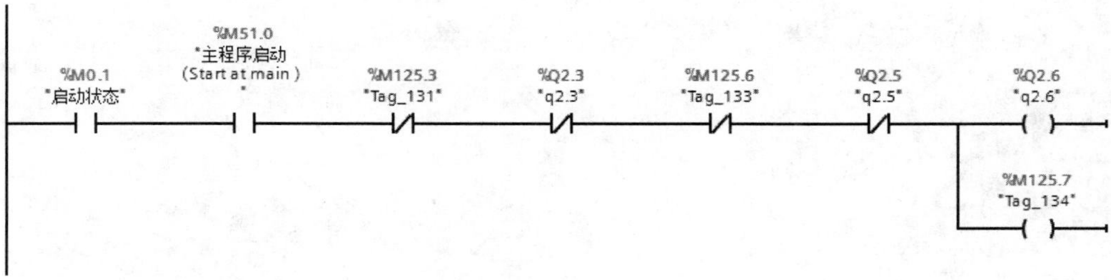

五、托盘出料处理程序块［FC2］

程序段 1： 机器人放托盘到出料带，出料带启动

注释

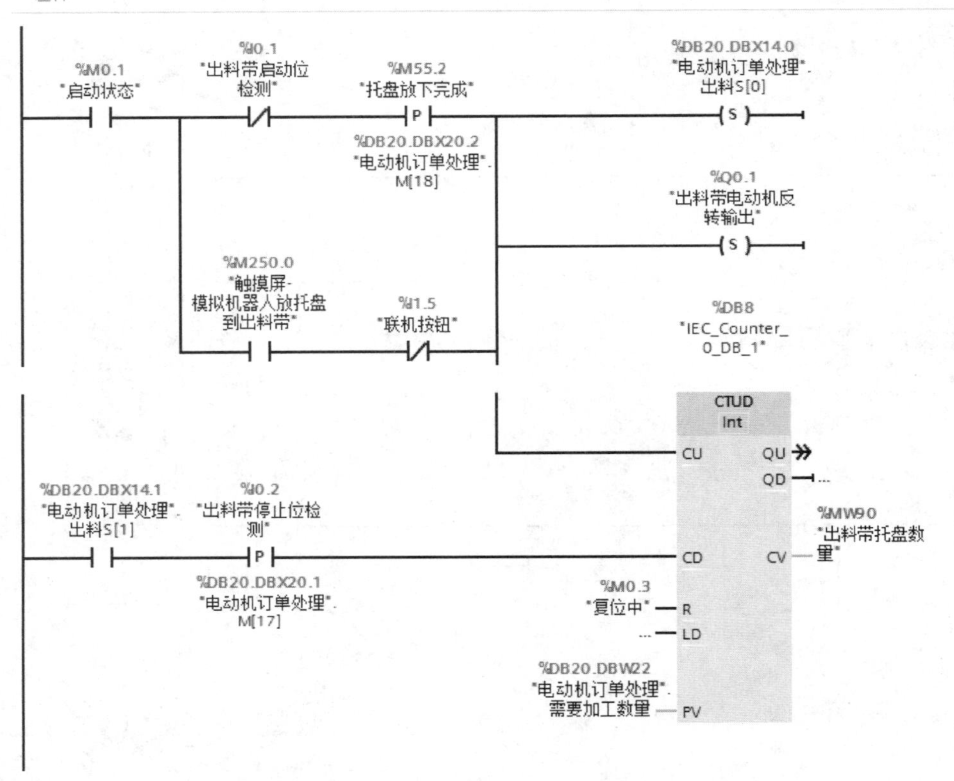

程序段 2： 托盘输送一段距离

注释

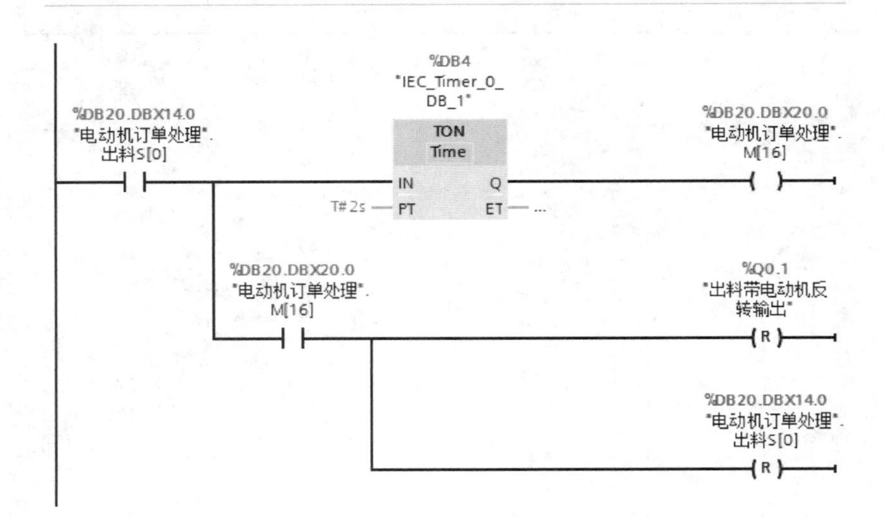

▼ **程序段 3：** "端盖加工3份完成．出料请求"

注释

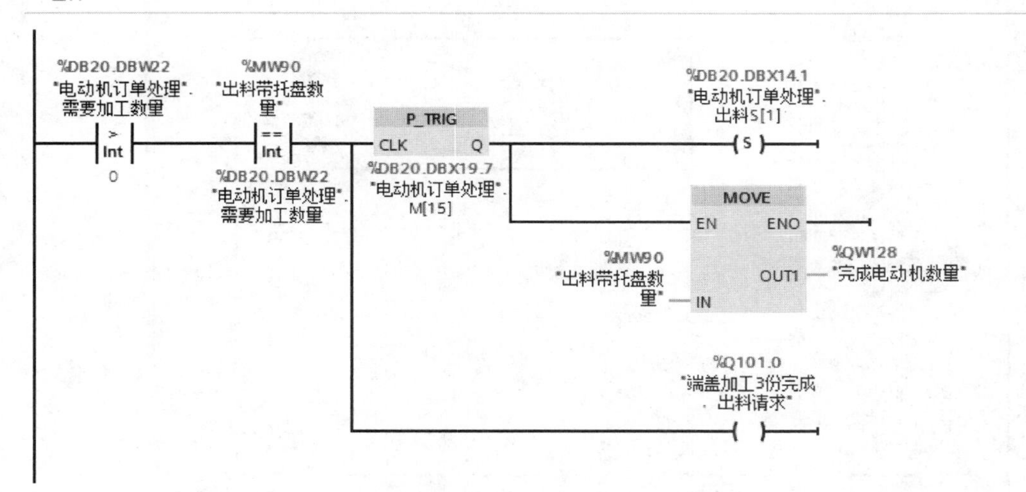

▼ **程序段 4：** 出料

注释

%DB20.DBX14.1
"电动机订单处理".
出料S[1]

%I101.0
"小车到达．可以
出料"

%Q0.1
"出料带电动机反
转输出"
S

%M230.3
"触摸屏模-
小车达出料口"

%Q0.4
"出料阻挡气缸电
磁阀"
R

%MW90
"出料带托盘数
量"
==
Int
0

%DB20.DBX14.1
"电动机订单处理".
出料S[1]
R

%DB20.DBX14.2
"电动机订单处理".
出料S[2]
S

▼ **程序段 5：** 出料完．气缸阻挡

注释

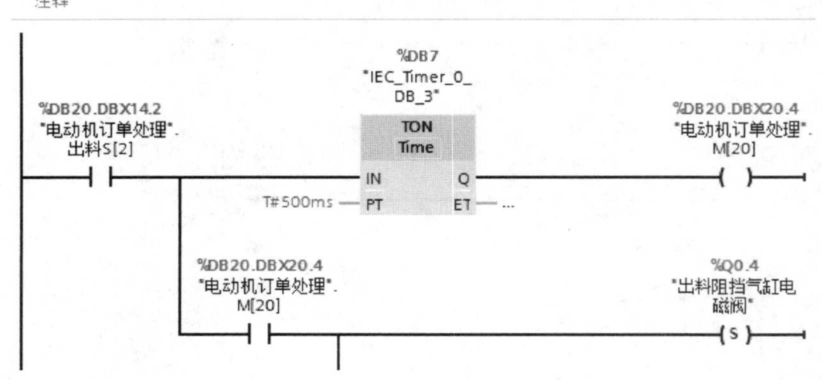

%DB20.DBX14.3
"电动机订单处理".
出料S[3]
S

%DB20.DBX14.2
"电动机订单处理".
出料S[2]
R

程序段 6： 停出料带

注释

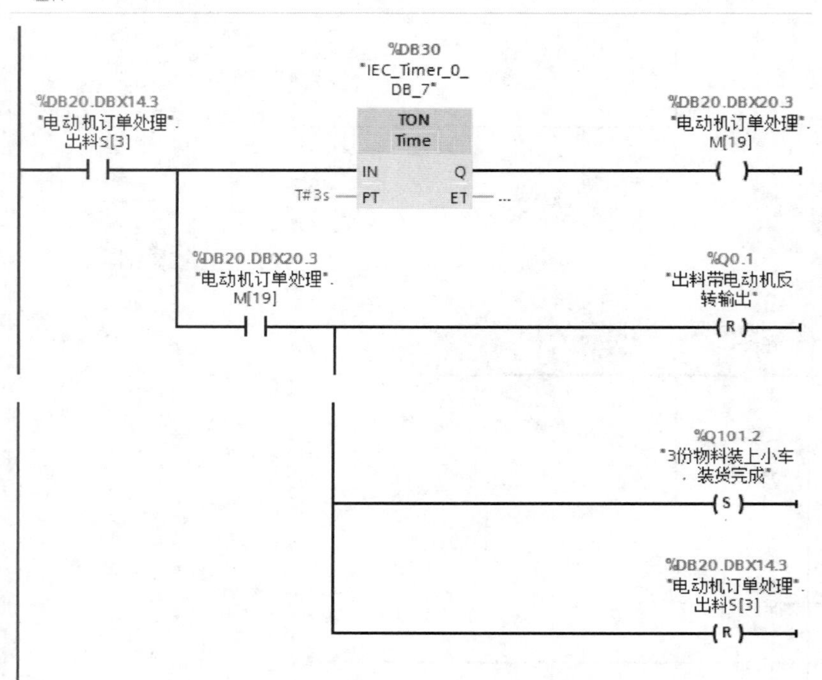

程序段 7： 卸货完成信号保持2S

注释

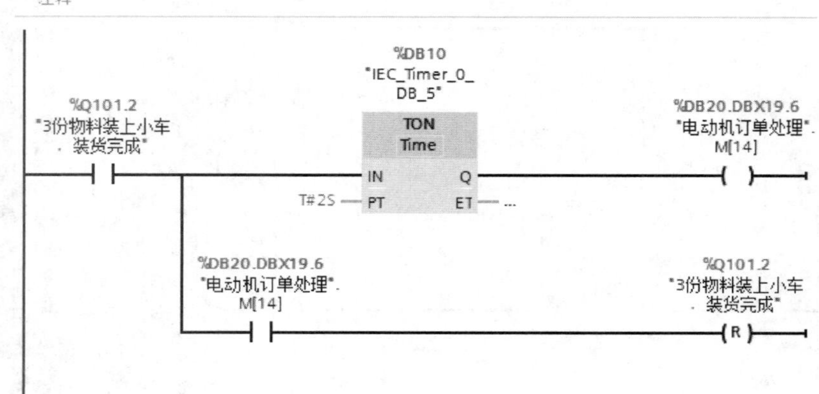

六、托盘进料加工处理程序块［FC5］

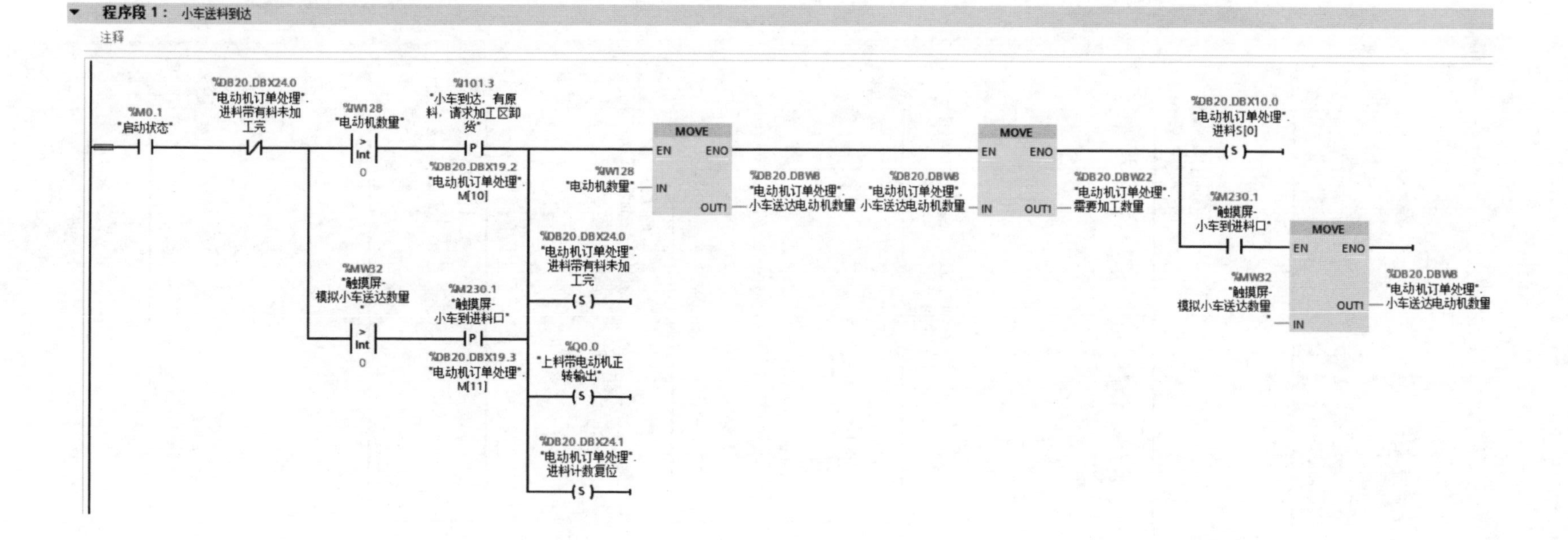

程序段 2： 进料计数清零，准备开始计数

注释

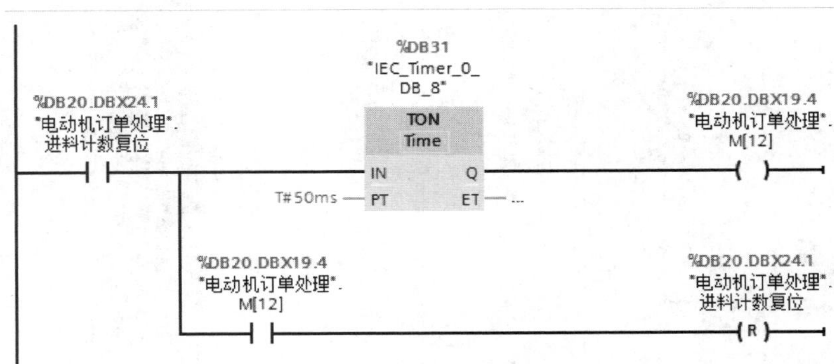

程序段 3： 进料带原料计数

注释

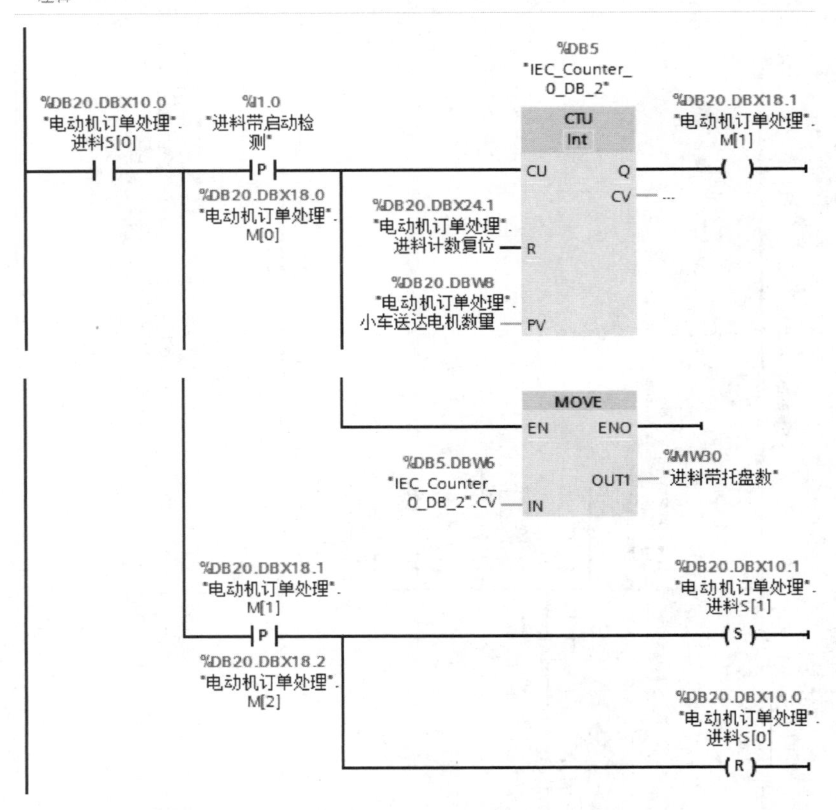

程序段 4： 给卸货完成

注释

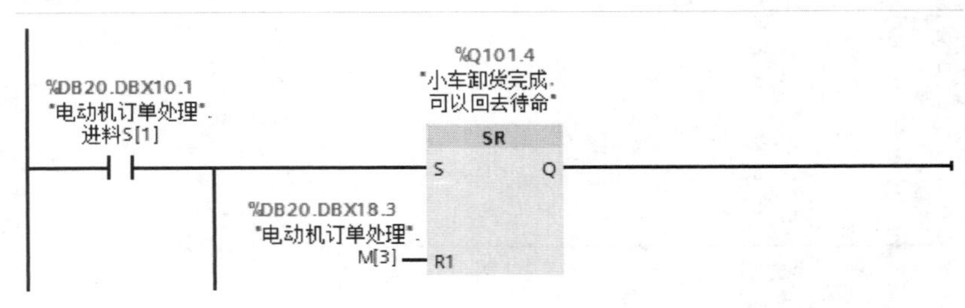

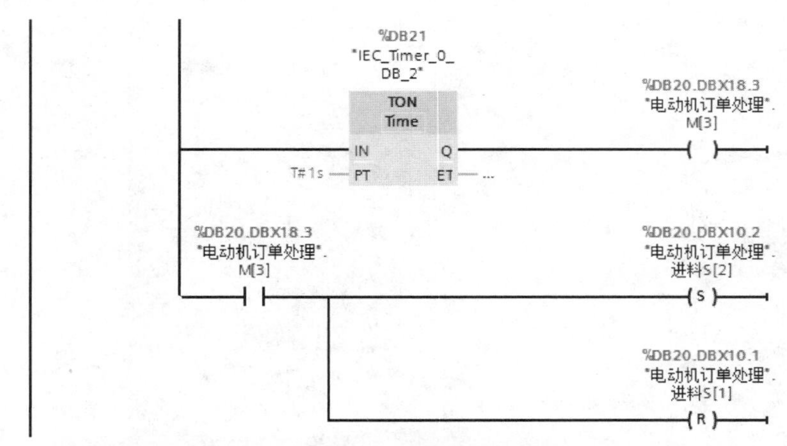

▼ **程序段 5：** 延时后，定位气缸伸出，通知机器人取托盘，停止进料运输

注释

%DB20.DBX10.2
"电动机订单处理".进料S[2]

%I1.1
"进料带停止检测"

%DB3
"IEC_Timer_0_DB"
TON
Time
IN　Q
T#1S — PT　ET — ...

%DB20.DBX18.7
"电动机订单处理".M[7]

%DB20.DBX18.7
"电动机订单处理".M[7]

%Q0.3
"进料阻挡气缸电磁阀"
S

%Q0.0
"上料带电动机正转输出"
R

%I0.5
"进料末端阻挡气缸伸出到位"

%DB20.DBX10.2
"电动机订单处理".进料S[2]
R

%DB20.DBX10.5
"电动机订单处理".进料S[5]
S

▼ **程序段 6：** 读RFID

注释

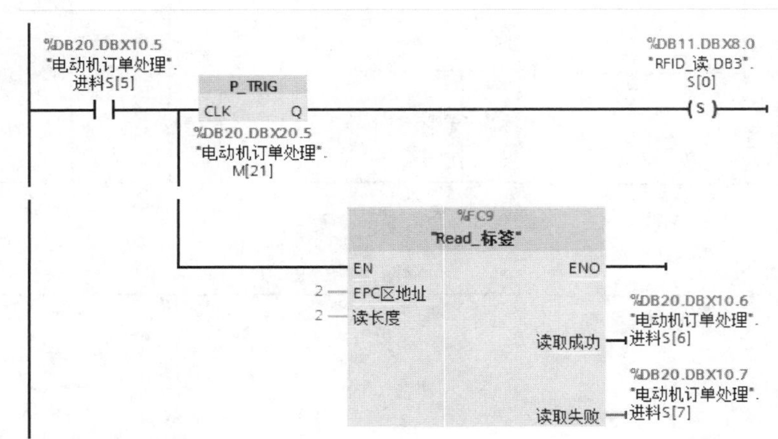

程序段 7： 读成功、提取订单数据
注释

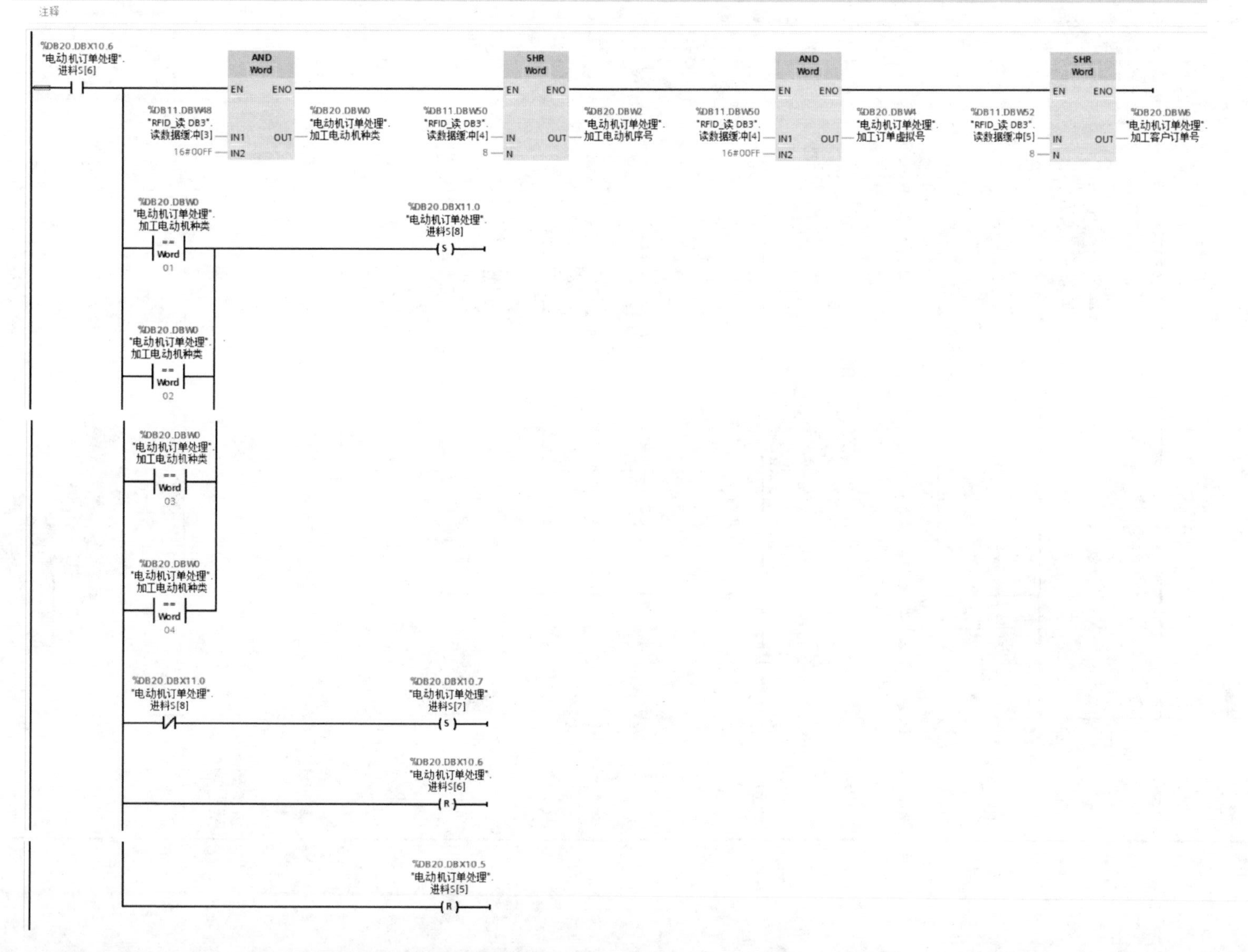
%DB20.DBX10.6
"电动机订单处理".
进料S[6]
AND
Word
EN
ENO
%DB11.DBW48
"RFID_读 DB3".
读数据缓冲[3]
16#00FF
IN1
IN2
OUT
%DB20.DBW0
"电动机订单处理".
加工电动机种类
SHR
Word
%DB11.DBW50
"RFID_读 DB3".
读数据缓冲[4]
8
IN
N
%DB20.DBW2
"电动机订单处理".
加工电动机序号
AND
Word
%DB11.DBW50
"RFID_读 DB3".
读数据缓冲[4]
16#00FF
%DB20.DBW4
"电动机订单处理".
加工订单虚拟号
SHR
Word
%DB11.DBW52
"RFID_读 DB3".
读数据缓冲[5]
8
%DB20.DBW6
"电动机订单处理".
加工客户订单号
%DB20.DBW0
"电动机订单处理".
加工电动机种类
==
Word
01
%DB20.DBX11.0
"电动机订单处理".
进料S[8]
S
02
03
04
%DB20.DBX11.0
"电动机订单处理".
进料S[8]
%DB20.DBX10.7
"电动机订单处理".
进料S[7]
S
%DB20.DBX10.6
"电动机订单处理".
进料S[6]
R
%DB20.DBX10.5
"电动机订单处理".
进料S[5]
R

▼ **程序段 8：** 提取电动机种类信息不准确，或RFID读取失败

注释

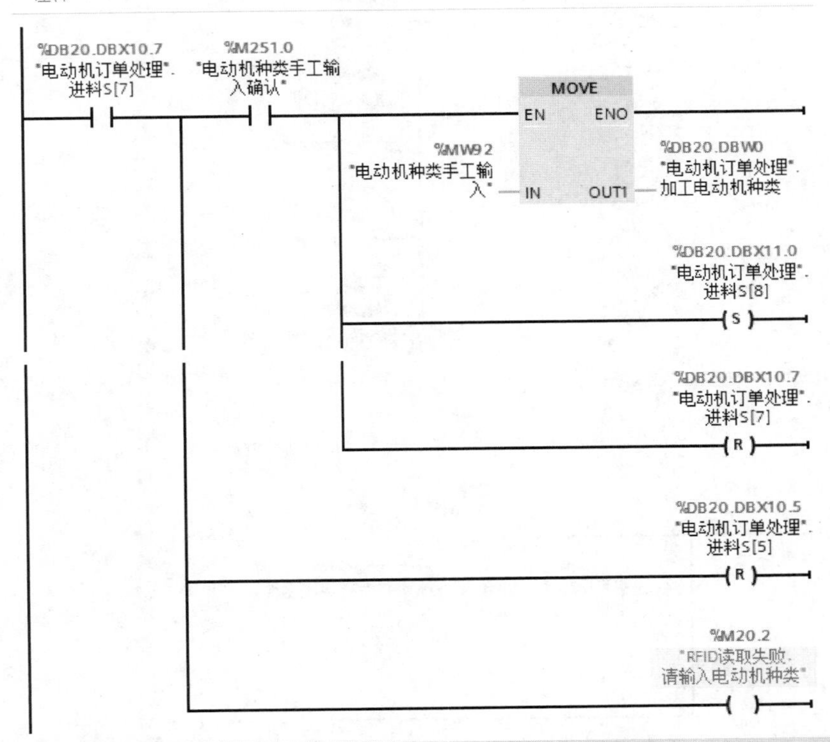

▼ **程序段 9：** 电动机种类确认

注释

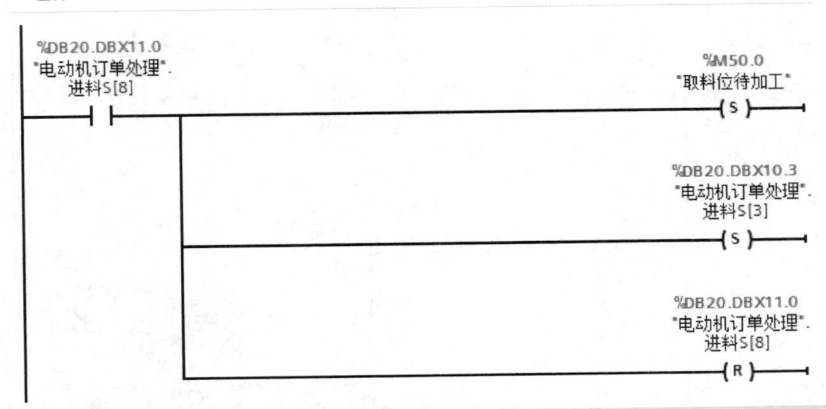

▼ **程序段 10：** 等待加工完成，机器人放下电动机，后准备取托盘

注释

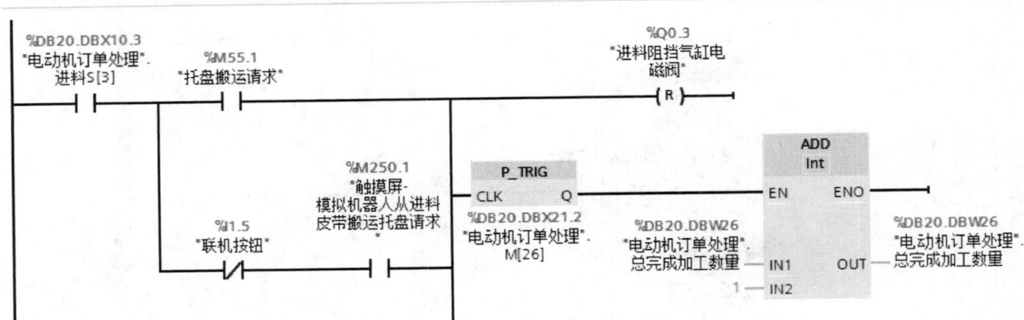

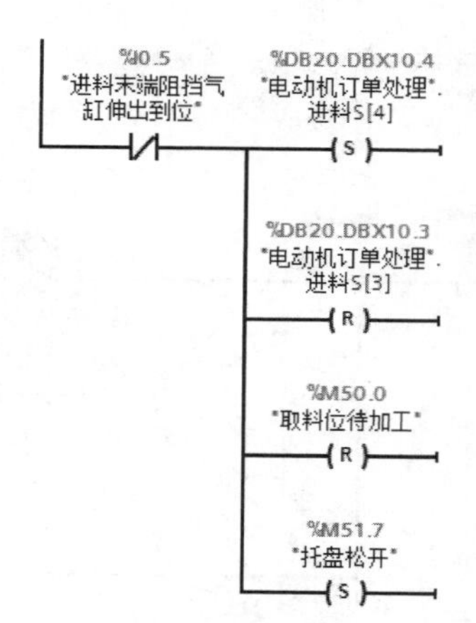

▼ **程序段 11：** 等待托盘取走，取走后重新启动运输

注释

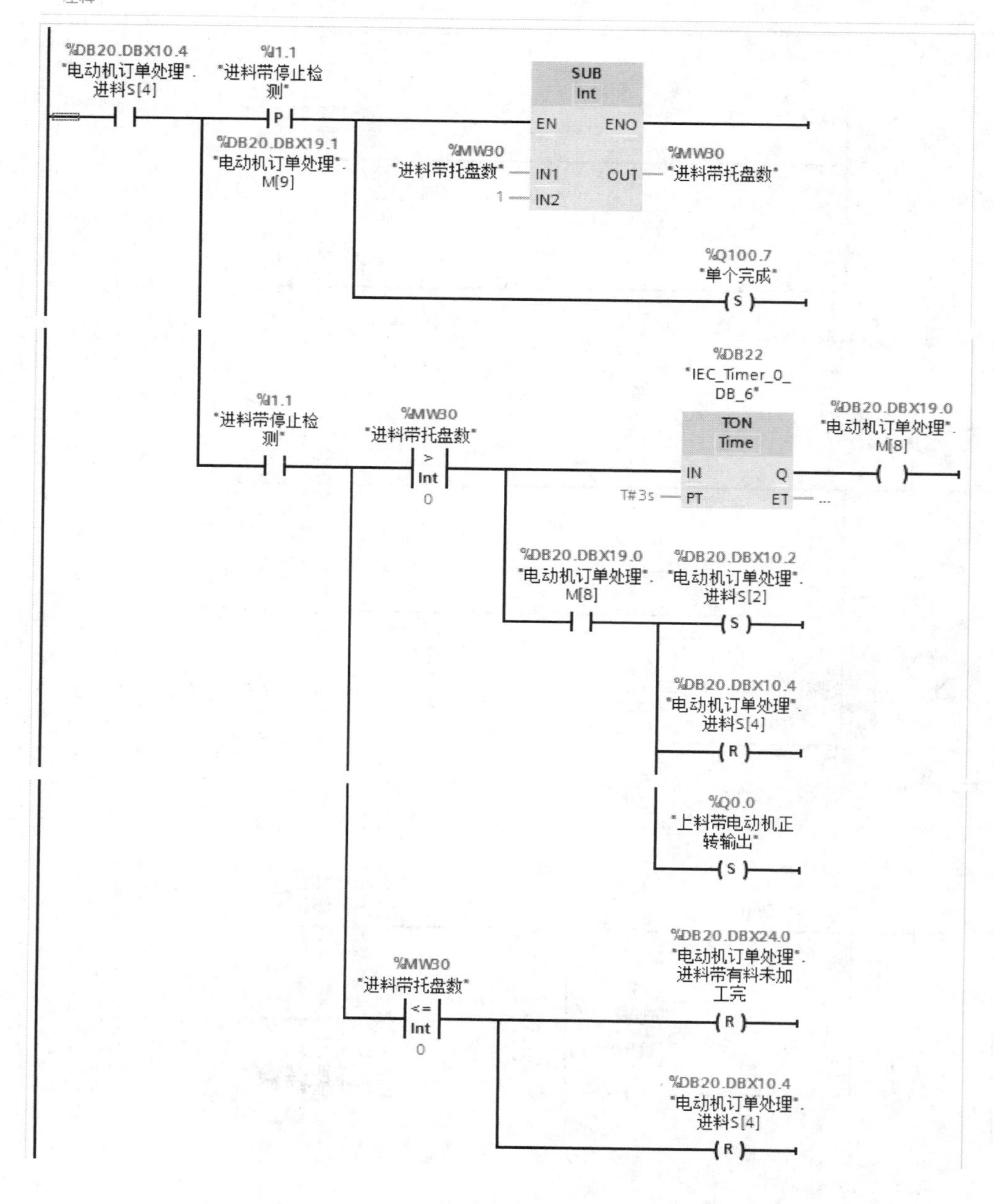

程序段 12： 35电动机 机床程序选择 M55.4为1时 为后端盖,2号程序. M55.4为0时 为前端盖. 1号程序

注释

%Q4.1
"35电动机"
%M55.4
"35_加工类型前_后"
%Q3.0
"程序选择0"
S
%Q3.1
"程序选择1"
R
%Q3.2
"程序选择2"
R

%M55.4
"35_加工类型前_后"
%Q3.0
"程序选择0"
R
%Q3.1
"程序选择1"
S
%Q3.2
"程序选择2"
R

程序段 13： 42电动机. 机床程序选择 M56.0为1时 为后端盖,4号程序. M6.0为0时 为前端盖. 3号程序

注释

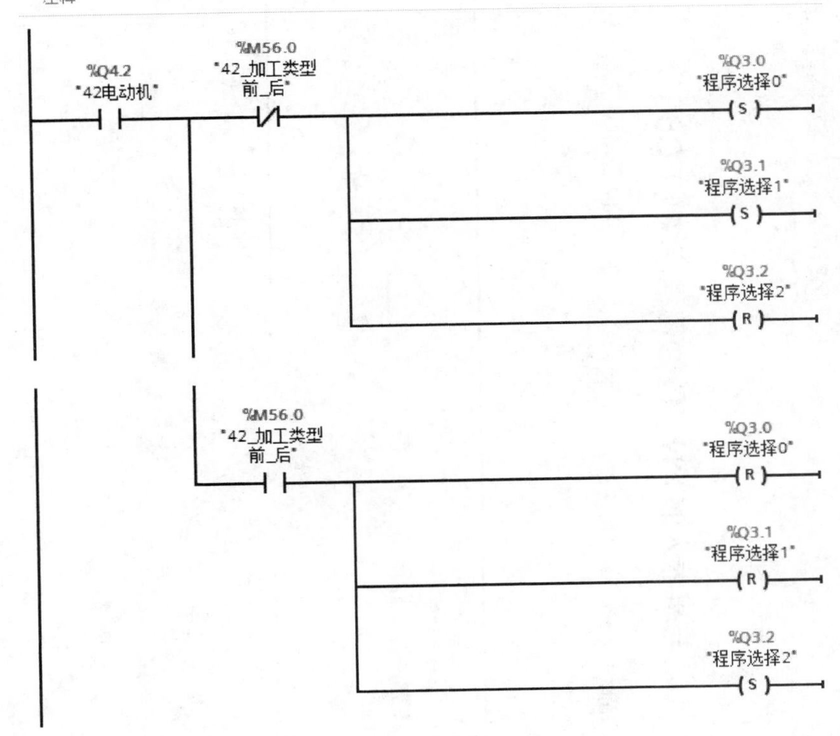

程序段 14：

注释

%M0.1 "启动状态"

MOVE EN ENO IN OUT1: %DB20.DBW0 "电动机订单处理".加工电动机种类 → %MW180 "Tag_34"

MOVE EN ENO IN OUT1: %DB20.DBW2 "电动机订单处理".加工电动机序号 → %MW182 "Tag_37"

MOVE EN ENO IN OUT1: %DB20.DBW4 "电动机订单处理".加工订单虚拟号 → %MW184 "Tag_38"

MOVE EN ENO IN OUT1: %DB20.DBW6 "电动机订单处理".加工客户订单号 → %MW186 "Tag_41"

MOVE EN ENO IN OUT1: %DB20.DBW0 "电动机订单处理".加工电动机种类 → %QW120 "完成电动机种类"

MOVE EN ENO IN OUT1: %DB20.DBW2 "电动机订单处理".加工电动机序号 → %QW122 "完成电动机序号"

MOVE EN ENO IN OUT1: %DB20.DBW4 "电动机订单处理".加工订单虚拟号 → %QW124 "完成虚拟订单号"

MOVE EN ENO IN OUT1: %DB20.DBW6 "电动机订单处理".加工客户订单号 → %QW126 "完成客户订单号"

MOVE EN ENO IN OUT1: %DB20.DBW26 "电动机订单处理".总完成加工数量 → %QW130 "总完成数量"

七、与机器人的 PN_IO 通信程序块［FC6］

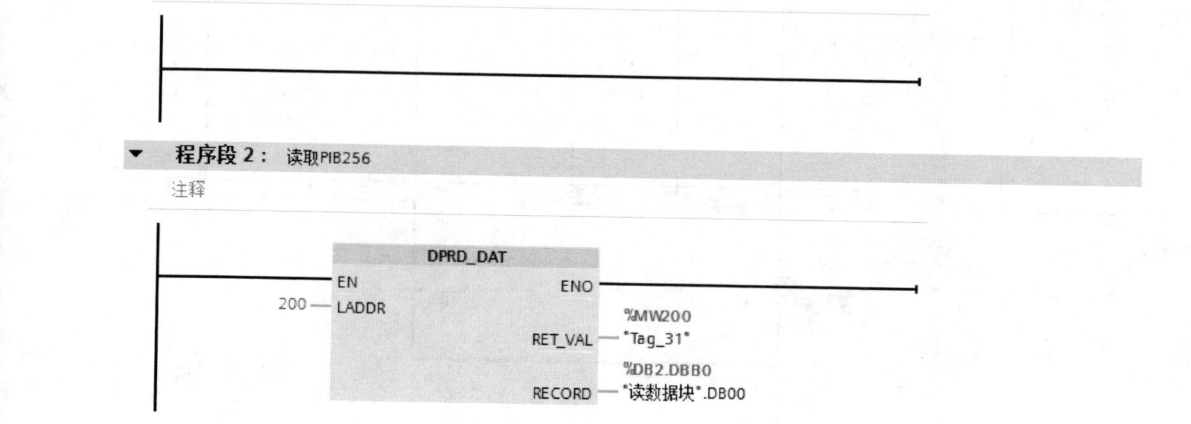

程序段 3： 读取PIB257

注释

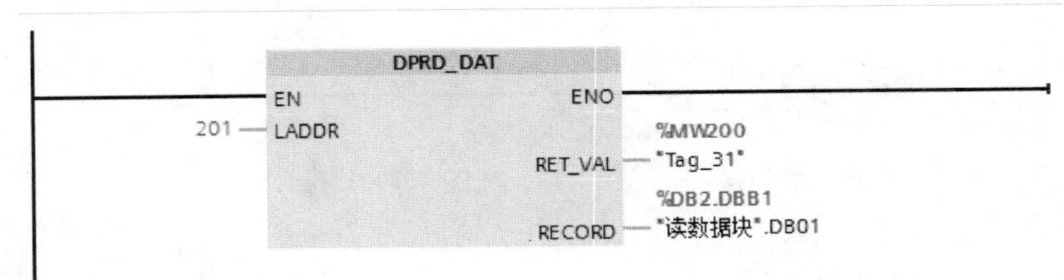

程序段 4： 读取PIB258

注释

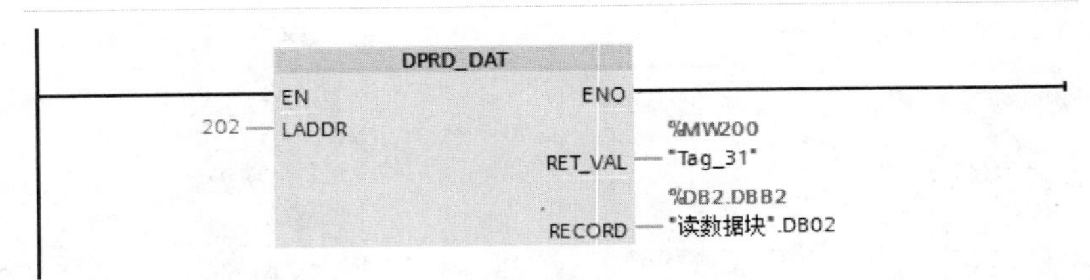

程序段 5： 读取PIB259

注释

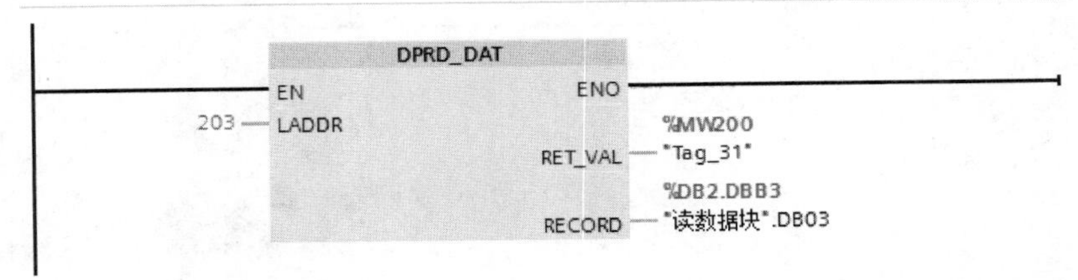

程序段 6： 读取所有PIB256~269到M55~M58

注释

MOVE EN ENO IN OUT1

%DB2.DBB0 "读数据块".DB00 — IN OUT1 — %MB55 "Tag_24"

%DB2.DBB1 "读数据块".DB01 — IN OUT1 — %MB56 "Tag_25"

%DB2.DBB2 "读数据块".DB02 — IN OUT1 — %MB57 "Tag_26"

%DB2.DBB3 "读数据块".DB03 — IN OUT1 — %MB58 "电动机加工类型"

程序段 7： 写M50~53到PQB256~259

注释

MOVE EN ENO IN OUT1

%MB50 "Tag_82" — IN OUT1 — %DB1.DBB0 "写数据块".DB10

%MB51 "Tag_83" — IN OUT1 — %DB1.DBB1 "写数据块".DB11

%MB52 "Tag_84" — IN OUT1 — %DB1.DBB2 "写数据块".DB12

%MB53 "电动机类型输入" — IN OUT1 — %DB1.DBB3 "写数据块".DB13

程序段 8： 写PQB256

注释

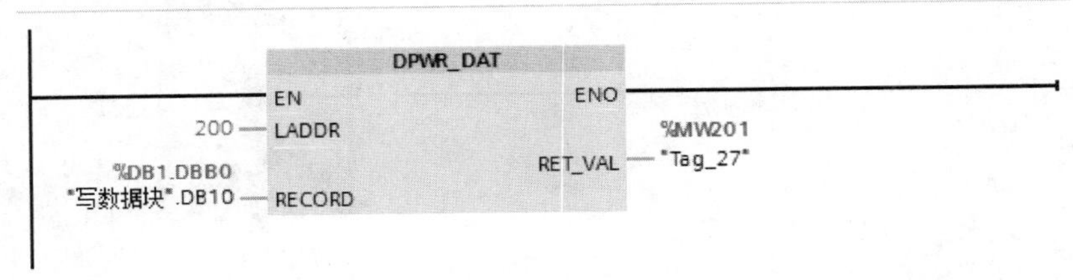

▼ **程序段 9：** 写PQB257

注释

DPWR_DAT

EN ENO

201 — LADDR

%DB1.DBB1
"写数据块".DB11 — RECORD

RET_VAL — %MW201 "Tag_27"

▼ **程序段 10：** 写PQB258

注释

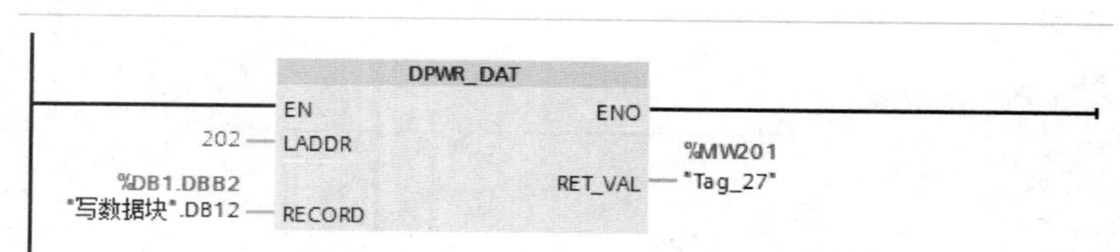

▼ **程序段 11：** 写PQB259

注释

DPWR_DAT

EN ENO

203 — LADDR

%DB1.DBB3
"写数据块".DB13 — RECORD

RET_VAL — %MW201 "Tag_27"

▼ **程序段 12：** 吹气

注释

%M56.3 "到达吹气点输出"

%Q0.2 "清洁吹气电磁阀"

%M127.5 "Tag_149"

%Q105.4 "清洗端盖"

▼ **程序段 13：** ……

注释

%I0.1 "出料带启动位检测"

%M51.6 "托盘可以放下"

程序段 14： 电动机类型、加工35类型

注释

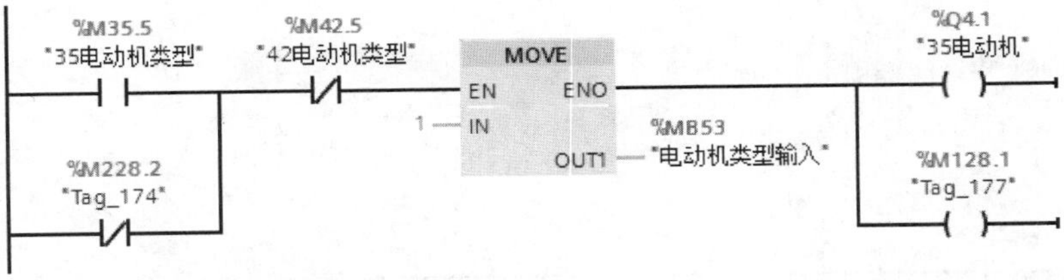

%M35.5 "35电动机类型"　%M42.5 "42电动机类型"　MOVE EN ENO　1 — IN　OUT1 — %MB53 "电动机类型输入"　%Q4.1 "35电动机"
%M228.2 "Tag_174"　%M128.1 "Tag_177"

程序段 15： 电动机类型,加工42类型

注释

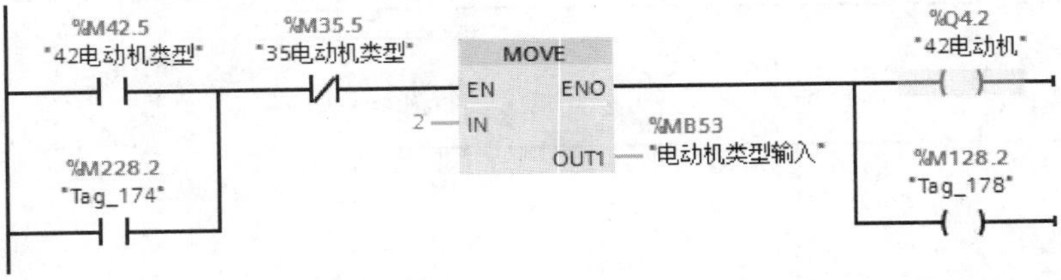

%M42.5 "42电动机类型"　%M35.5 "35电动机类型"　MOVE EN ENO　2 — IN　OUT1 — %MB53 "电动机类型输入"　%Q4.2 "42电动机"
%M228.2 "Tag_174"　%M128.2 "Tag_178"

程序段 16： 机器人急停报警、三色灯红灯亮

注释

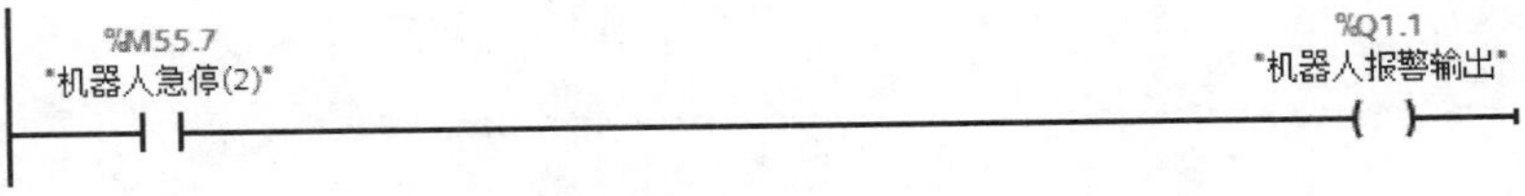

%M55.7 "机器人急停(2)"　%Q1.1 "机器人报警输出"

程序段 17： 机床报警输出、告诉机器人机床报警输入、

注释

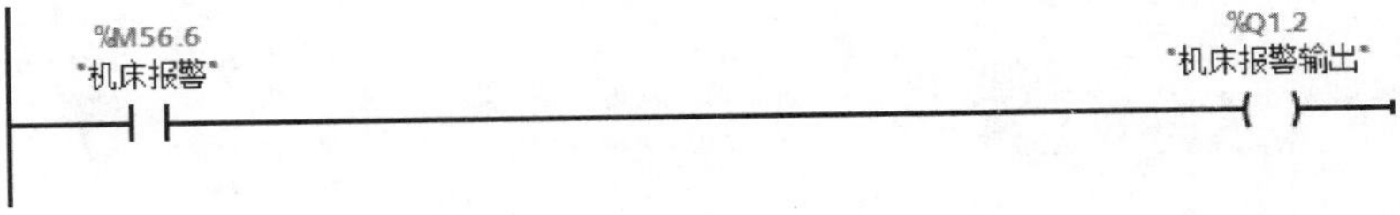

%M56.6 "机床报警"　%Q1.2 "机床报警输出"

程序段 18： ......

注释

%Q1.1 "机器人报警输出"　%M0.4 "报警状态"
%Q1.2 "机床报警输出"

程序段 19： ......

注释

%M0.4 "报警状态"　%Q0.5 "三色灯红灯报警"

八、整机通信块程序块［FC4］

▼ 程序段 1： 向上位几传数据

注释

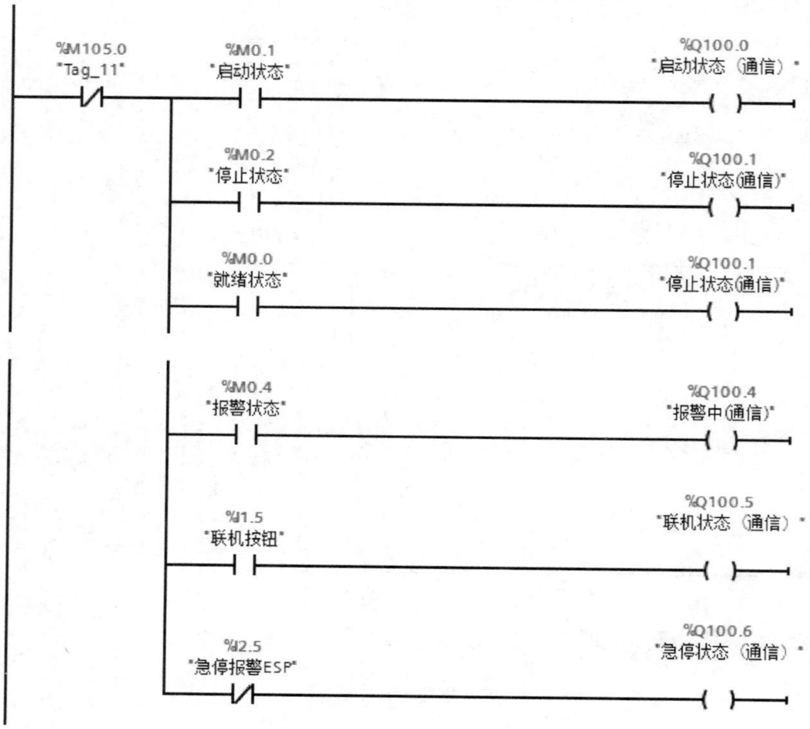

%M105.0
"Tag_11"

%M0.1
"启动状态"

%Q100.0
"启动状态（通信）"

%M0.2
"停止状态"

%Q100.1
"停止状态(通信)"

%M0.0
"就绪状态"

%Q100.1
"停止状态(通信)"

%M0.4
"报警状态"

%Q100.4
"报警中(通信)"

%I1.5
"联机按钮"

%Q100.5
"联机状态（通信）"

%I2.5
"急停报警ESP"

%Q100.6
"急停状态（通信）"

▼ 程序段 2： ……

注释

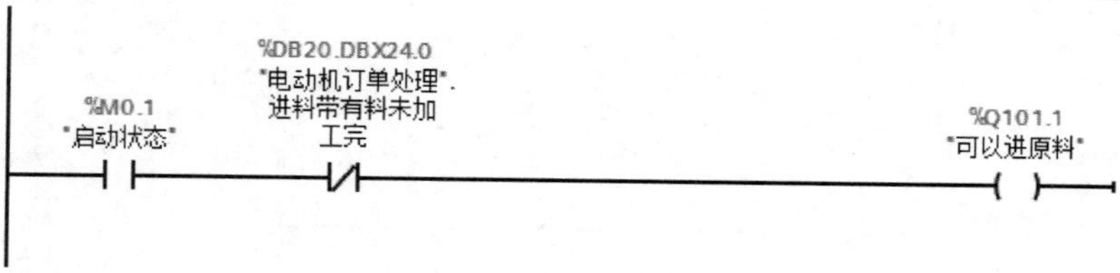

%M0.1
"启动状态"

%DB20.DBX24.0
"电动机订单处理".
进料带有料未加
工完

%Q101.1
"可以进原料"